新编21世纪数据科学与大数据技术系列教材

区块链
技术与应用

杜 玮 陈润宇 许 伟 编著

Blockchain
Technology and Application

中国人民大学出版社
·北京·

内容简介

本书系统介绍了区块链技术的基础知识，并在此基础上，深入分析了区块链在各行业领域中的应用场景，结合丰富的案例，分析了行业痛点与行业需求，以及区块链解决方案。本书通过案例分析可以让读者深入理解区块链技术及其广泛的产业应用。全书共15章，主要分为两部分：第一部分为区块链技术基础（第1～5章），主要介绍区块链的技术基础与核心机制，包括区块链的诞生和发展历程、分布式技术、密码技术、共识机制、智能合约；第二部分为区块链技术应用（第6～15章），包括区块链商业模式变革，以及区块链在金融、贸易、农业、制造业、教育、医疗、版权、司法、社会治理九个领域中的应用。

作者简介

杜　玮　中国人民大学信息学院副教授。主要研究领域为区块链技术应用、区块链监管、金融科技等，在*Decision Support Systems*、*International Journal of Electronic Commerce*、*Scientometrics*、*Internet Research*等国际期刊和信息系统领域国际会议上发表多篇研究论文，主持多项国家自然科学基金、教育部人文社科项目等。

陈润宇　对外经济贸易大学信息学院副教授。主要研究领域为区块链监管、数字藏品与元宇宙、金融科技等，在*Decision Support Systems*、*Information Processing & Management*、*Electronic Commerce Research and Applications*等国际期刊上发表多篇论文，主持或参与多项国家自然科学基金项目、国家级及省部级项目。

许　伟　中国人民大学信息学院副院长、经济信息管理系主任、智慧治理学院副院长，教授、博士生导师。国家级青年人才，北京市青年教学名师，北京市科技新星，北京市优秀人才。中国信息经济学会常务理事、常务副秘书长，中国系统工程学会信息系统工程专业委员会副秘书长。主要研究领域为信息系统、金融科技、商业分析、智慧治理。主持多项国家自然科学基金、北京市自然科学基金等项目，在*ISR*、*POMS*、*JAIS*、*EJOR*、*DSS*、*IEEE Trans.*、*IJCAI*等国内外期刊和会议上发表研究论文150余篇，出版著作6部，获得高等教育国家级教学成果奖、北京市高等教育教学成果奖、北京市哲学社会科学优秀成果奖等。

前言

20世纪60年代以来，互联网技术革命解决了信息的高效传输问题，实现了人和人的连接，为社会带来了广泛和深远的变革。然而，信息互联网仅解决了信息的高效传输问题，却难以解决信息的价值和确权问题。举一个简单的例子，在信息互联网技术背景下，一张电子图片在网上可以零成本无限复制，而图片拥有者却很难对图片使用者进行约束，这就是我们所说的图片版权确权难问题。2008年以来，区块链技术作为一种颠覆性的技术革新，提供了一种基于技术的信用创造机制，从底层解决了数据确权和信任构建问题。随着技术的发展，区块链应用已经超越了数字货币和金融领域的范畴，逐渐向各个垂直领域延伸，解决各行业中的传统场景问题。区块链的出现为现有商业模式创新和业务转型提供了一种新的手段和工具，为各行业领域注入了新活力。

近年来，我国推出了一系列政策和文件来扶持区块链技术的发展。2016年，在工业和信息化部的指导下，《中国区块链技术和应用发展白皮书（2016）》正式亮相，标志着我国区块链技术的发展迎来了首个官方指南文件。2016年12月，国务院印发《“十三五”国家信息化规划》，鼓励区块链等新技术的基础研发和前沿布局。2017年8月，国务院印发《国务院关于进一步扩大和升级信息消费持续释放内需潜力的指导意见》，支持开展区块链等新技术的试点应用。2021年3月，《中华人民共和国国民经济和社会发展第十四个五年规划和2035年远景目标纲要》（以下简称《纲要》）发布，明确指出要培育壮大区块链等新兴数字产业，并将区块链列为数字经济重点产业之一。《纲要》提出要推动智能合约、共识算法、加密算法、分布式系统等区块链技术创新，以联盟链为重点发展区块链服务平台和金融科技、供应链管理、政务服务等领域应用方案，完善监管机制。2022年5月，国务院印发《扎实稳住经济的一揽子政策措施》，鼓励平台企业加快区块链等领域技术的研发突破。这些无不彰显了国家对区块链技术的重视。

当下，区块链技术应用已成为学界、业界关注的热点之一，在相关领域的应用探索更是如火如荼。在此背景下，我们面向中国人民大学本科生开设了“区块链商业应用”课程，希望学生在掌握区块链技术原理的基础上，深入理解区块链技术带来的行业变革。在课程开设过程中，我们收集了大量的区块链技术应用案例并引入课堂，以案例方式开展教学。真实案例促进了学生对于区块链技术的学习和理解，受到了学生的欢迎。这也使我们萌生了编写一本关于区块链技术应用的教材的想法，方便不同学校在开设相关课程时使用。

本书共分为两部分，由杜玮副教授、陈润宇副教授、许伟教授以及其他成员组成的教材编写团队共同协作完成，其中陈润宇副教授负责第一部分的编写工作，杜玮副教授和许伟教授负责第二部分的编写工作。第一部分（第1～5章）主要介绍了区块链技术基础，包括区块链技术概述、分布式技术、密码技术、共识机制和智能合约；第二部分（第6～15章）主要介绍了区块链技术应用，涉及金融、贸易、农业、制造业、教育、医疗、版权、司法、社会治理等行业领域，并对各领域进一步细分，以“一行业多场景，一场景多案例”的形式呈现区块链解决方案，有助于读者理解区块链技术如何解决领域痛点问题。在本书撰写过程中，曹颖、李佳龙、孙朗宸、刘思琦、张晓含、杨懿凡等同学对区块链技术进行了细致的整理，刘含旭、李建兰、夏培媛、姚晗、张楠、黄千惠、冯志昕、张吉元、陈思涵等同学提供了丰富的区块链技术应用案例素材，在此向他们表示由衷的感谢。

限于编者的知识水平和教学经验，本书的缺点和疏漏之处在所难免，敬请读者不吝指正。我们真诚地希望本书的出版能够得到同行或读者的支持和指点，请将意见或反馈等函至中国人民大学信息学院经济信息管理系杜玮副教授（邮政编码：100872），或发送至电子邮箱 ahduwei@ruc. edu. cn。

目录

第一部分

区块链技术基础

第1章

区块链：从信息传递到价值传递

第2章

分布式技术

第3章

密码技术

第 12 章 医疗行业中的区块链应用

第 13 章 版权行业中的区块链应用

第 14 章 司法领域中的区块链应用

第 15 章 社会治理中的区块链应用

PART ONE

|第一部分|

1 区块链技术基础

第1章

区块链：从信息传递到价值传递

学习目标

1. 从互联网发展的角度了解区块链的诞生。
2. 熟悉区块链技术的发展历程。
3. 掌握区块链技术的定义、原理、特性以及核心技术。
4. 掌握三类区块链（公有链、联盟链、私有链）的区别，并理解区块链的层级结构。

1.1 区块链的诞生

继大数据、云计算、人工智能等新兴技术之后，区块链（blockchain）技术在全球范围内又掀起了新一轮的研究热潮。区块链的出现实现了从传递信息的信息互联网向传递价值的价值互联网的进化，其提供了一种新的信用创造机制。究其本质，区块链技术旨在对互联网进行重构，这种重构与以往的云计算、大数据以及人工智能技术有所不同，区块链的重构是一种全局性、根本性、整体性的重构。许多学者、专家认为区块链在未来会成为推动经济、社会与生活变革的重要技术。因此，区块链技术吸引了包括重要经济体、大型科技公司、医疗公益组织、专业咨询服务机构、学术研究机构在内的各行各业的广泛关注。[①]

2018 年初，区块链迅速在国内掀起一股热潮，随即成为第一个风口。这也吸引了大量

① 刘扬. 区块链技术发展历程、趋势及应用. 石油知识，2022，3：60－62.

的人走进这个行业，与此同时越来越多的人对区块链持乐观态度，认为区块链将会逐渐渗透至未来的各行各业，如图 1-1 所示。甚至有人评价："区块链是世界第九大奇迹。"目前没有任何一种技术像区块链那样，会给未来社会的变革带来如此广泛的可能性。

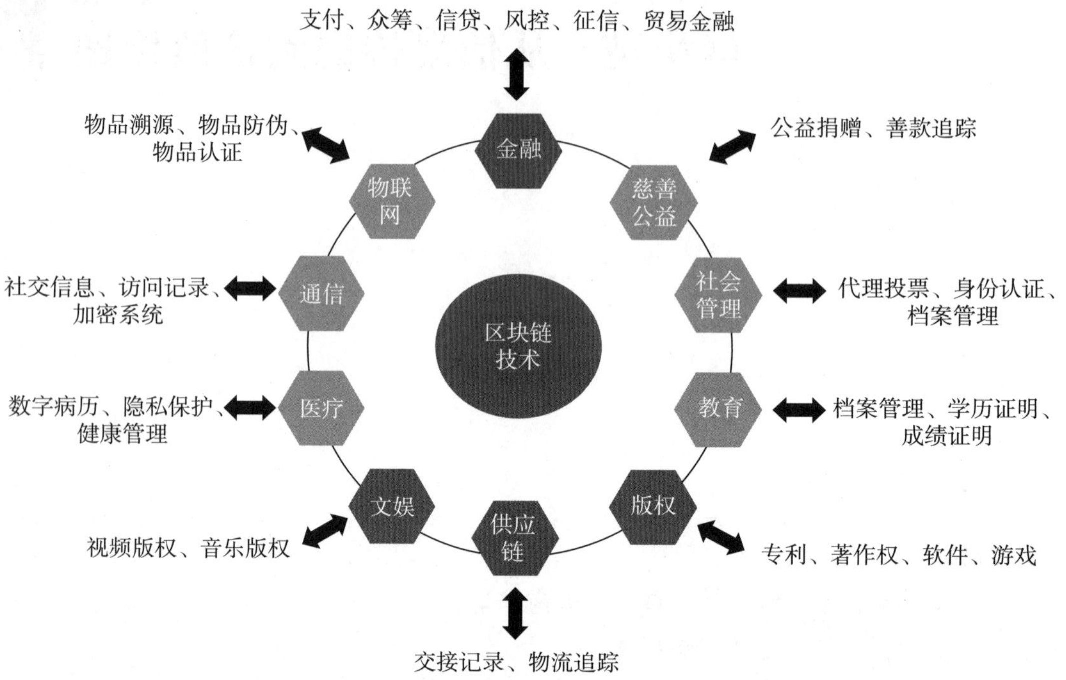

图 1-1 区块链对各行业的影响

区块链因比特币而生。在区块链发展初期，人们倾向于将区块链与比特币视为一种货币系统。但从区块链的功能与发展来说，区块链更像是一类价值传输协议。传统互联网是一种信息传输体系，称为信息互联网；区块链是一种价值传输体系，称为价值互联网。两者都被誉为改变时代的伟大技术。①

本节主要介绍互联网的发展历程、设计局限与新一代互联网，从未来互联网发展的角度来体现区块链的特点与影响。

1.1.1 互联网发展历程

1990 年，蒂姆·伯纳斯·李（Tim Berners-Lee）打造出了世界上第一个互联网网站，首次通过英特尔网络实现了服务器通信。这一开创性事件代表全球的信息障碍被打破。1991 年，他编写了世界上第一个浏览器——World Wide Web，意为万维网（见图 1-2），标志着互联网时代的到来。

Web 其实就是上述的"WWW"（World Wide Web，全球广域网），也就是万维网。Web 自诞生以来，经历了从 Web 1.0 到 Web 2.0 的发展。如今，互联网正朝着 Web 3.0 大步向前发展。而 Web 的每一个发展阶段都有着互不相同的特点，本小节着重介绍 Web

---

① 王启河. 区块链技术研究综述. 现代信息科技，2022，6 (8)：66-71.

图 1－2　蒂姆·伯纳斯·李与他的万维网

1.0 与 Web 2.0 的特征，据此来洞悉互联网的发展历程。

1. Web 1.0 时代——只读网络

Web 1.0 时代，即 1991—2004 年，是万维网革命的第一阶段，通常称为只读网络（见图 1－3）。此时期的网站是信息性的，仅包含超链接在一起的静态内容。简单地说，即网页上没有各类功能、动态链接、交互操作（如用户登录、对博客文章进行评论等）。Web 1.0 是一个内容交付网络，发布者可以在网站上展示各类信息片段。这一时代的网络主要具有以下三个特点：（1）可以用作个人网站；（2）可以根据页面内容向用户收费；（3）具有使用户能够检索特定信息的目录。

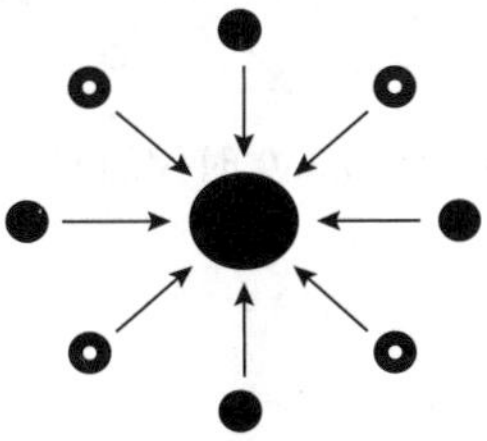

图 1－3　Web 1.0 时代的网络示意图

通俗来讲，新浪、网易、搜狐等这些生活中广泛使用的网站，其内容是由编辑人员或开发者整理并呈现出来的。作为一名普通的互联网用户，只能去阅读（read only），不能参与编写或进行其他操作。

Web 1.0 是最原始的互联网时代，也是一个群雄并起、逐鹿网络的时代。Web 1.0 为许多生于此时代的企业家提供了一个机会，同时也奠定了互联网接下来几十年发展的基础。总的来说，Web 1.0 是一个最简单的信息提供者，让我们可以直观看到想看到的信息，仅此而已。

随着互联网的进步，交互方式也在不断改变。互联网用户不再只是依靠“看”来感受互联网世界，还可以通过写来“说”出自己想要表达的内容，这一阶段最主要的标志就是博客的出现，自此，大量的用户开始贡献内容。互联网从此不但可以读，而且可以写，这就是 Web 2.0。

2. Web 2.0 时代——读写网络

Web 2.0 从 2004 年至今，是万维网革命的第二阶段，通常称为读写网络。它也称为参与式社交网络，社交网络包含许多在线工具和平台，人们可以在其中分享自己的观点、意见、想法和经验，它突出了用户生成的内容、可用性和最终用户的互操作性。自博客出现以来，出现了大量可以写的网络平台，比如：新浪微博，用户可以发表自己的微博；脸书，用户可以发表自己的动态；微信，用户可以发表自己的朋友圈；等等。Web 2.0 应用程序倾向于与用户进行更多交互。因此，最终互联网用户不仅仅是应用程序的使用者，更是工具的参与者。

Web 2.0 是如今互联网用户正在经历的时代，用户 1 可以成为在平台上生产内容的作者，此过程用户 1 与 Web 产生了一次交互，用户 2 可以对用户 1 发布的内容进行评论、点赞等操作，用户 2 也与 Web 产生了一次交互，这就是属于 Web 2.0 的互动。既然有了互动，许多电商和社交平台也顺势而生。除显而易见的交互之外，Web 2.0 促进的不只是电脑和手机的使用频率，如今的电视、音响甚至家居用品（如镜子）都乘上了 Web 2.0 的“快车”，“智能”似乎成为传统媒介的新出路，而它们也都受益于 Web 2.0。Web 2.0 时代的网络示意图如图 1-4 所示。

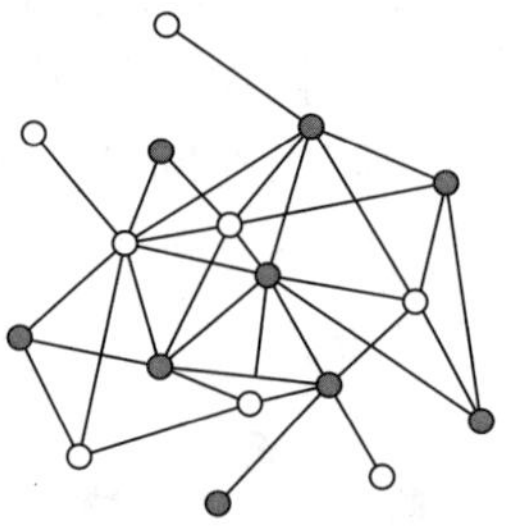

图 1-4　Web 2.0 时代的网络示意图

1.1.2　互联网设计局限

Web 2.0 让人们能够在互联网世界发出自己的声音，表达自己的看法。用户不再像 Web 1.0 那样只能通过阅读来感受互联网世界。但当前的互联网也有其自身的设计局限。本小节通过 Web 2.0 的缺点来进行反映，概括而言就是中心的单一化环境。

在阐述当前互联网的设计局限前，先看一看传统的 Web 2.0 应用程序是如何工作的（见图 1-5）。

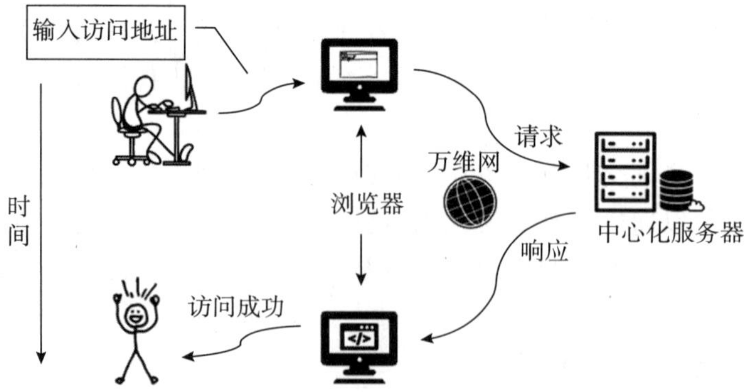

图 1-5　Web 2.0 应用程序工作流程图

位于客户端的用户向服务器发出 HTTP 请求，如果请求正确，请求将找到对应的服务器，服务器则会将某网页作为响应发回。此过程中的主要缺陷是所有数据都存储在由企业、公司等个体控制的集中式服务器上。例如，脸书、谷歌和推特等应用都是将用户所有的数据存储在它们各自的服务器中，以便它们可以通过网络为用户提供更好的内容。

但用户逐渐也意识到了这一过程的漏洞。这些应用背后的公司并不会将隐私信息妥善保存，无论有意还是无意，隐私泄露逐渐成为这个时代备受关注的问题。尽管最初许多企业声称要打造去中心化的 Web 2.0，但从其发展结果来看，大量通信信息和商业活动均集中于少量科技巨头旗下的封闭平台，互联网沉淀的价值大部分也是由少数公司掌控的。公司有可能将用户信息出售给广告商，通过非法侵犯个人隐私来盈利，而用户在这个过程中扮演着无可奈何的被动角色。可见，如今的互联网无疑是中心化的。

除了泄露隐私之外，Web 2.0 也导致了如今不良的竞争格局。在平台发展的中后期，随着其用户数量的增加和影响力的提升，平台与用户和早期相关利益者的博弈关系便会由原本的合作转为零和博弈。例如，平台为了继续保持增长态势，会做出利用用户数据进行不良竞争的行为，这在很大程度上限制了互联网生态的长远、繁荣发展及内部的创新。另外，某些互联网企业会利用中心化的数据进一步对用户进行压榨，对使用时间长的用户进行甄别，通过特定算法抬高该用户需要支付的价格，以获得高收益。

1.1.3 新一代互联网

互联网发展至今，Web 2.0 已经呈现出了传播端过剩、渠道过载、用户注意力短缺、无法满足用户的价值需求等问题。承载着人们对 Web 2.0 中种种问题的不满，Web 3.0 诞生了。Web 3.0 是对 Web 2.0 的改进，在此环境下，用户不必在不同中心化的平台上创建多种身份，而是打造一个去中心化的通用数字身份体系，通行各个平台。Web 3.0 是在区块链技术之上运行的去中心化新一代互联网，与其说 Web 3.0 是即将到来的新一代互联网，不如将其解释为人们理想形态的互联网。因此，也可以把 Web 3.0 理解为消除了当下 Web 2.0 所有缺点的新世界。[①] 互联网发展各阶段及特点如表 1-1 所示。

表 1-1 互联网发展各阶段及特点

阶段	大致时间段	提出人	属性及特点	代表公司或应用	相关核心技术
Web 1.0	1991—2004 年	蒂姆·伯纳斯·李	信息交换和门户展示	网景、雅虎	数据存储、处理和传输
Web 2.0	2004 年至今	Darcy DiNucc	内容创造与交互平台（中心化）	谷歌、脸书、推特	大数据、云计算
Web 3.0	2021—?	Gavin Wood	用户自己创造和掌控的自主环境（去中心化）	比特币、以太坊、NFT	区块链、人工智能、边缘计算

资料来源：https://finance.sina.com.cn/blockchain/roll/2022-07-28/doc-imizirav5710924.shtml.

Web 3.0 旨在创建一个去中心化但安全的互联网，人们可以在其中安全地交换金钱

① 李鸣，张亮，宋文鹏，等. 区块链：元宇宙的核心基础设施. 计算机工程，2022，48（6）：24-32+41.

和信息，而无需中间商或大型科技公司。与将数据存储在单个数据库或云提供商中的 Web 2.0 不同，Web 3.0 应用程序要么在区块链上运行，要么在点对点节点（服务器）上运行。Web 3.0 时代的网络示意图如图 1－6 所示。

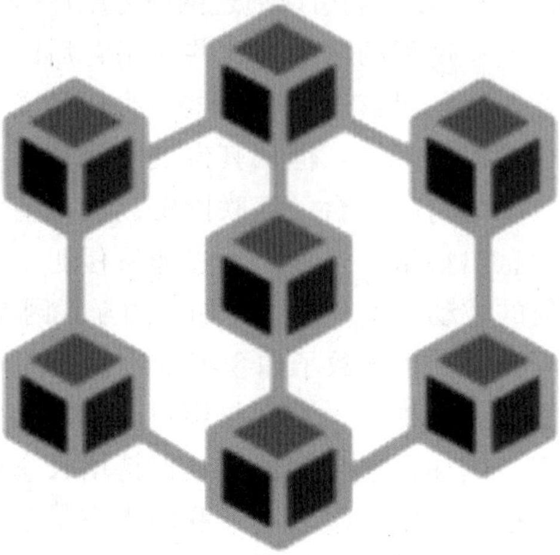

图 1－6　Web 3.0 时代的网络示意图

新一代互联网采用去中心化的模式，用户的所有数据都通过钱包或私钥来控制，而此时数据的所有权属于用户自己，而不是平台方。在 Web 3.0 中，平台方演变为去中心化应用（decentralized application，DApp），它们通过区块链上现有的基础协议和功能来搭建属于自己的应用平台。比如在以太坊上，智能合约（smart contract）使用以太坊虚拟机（Ethereum virtual machine，EVM），数据存储和交互使用 Swarm 协议，信息传递使用 Whisper 协议，DApp 通过构建自己的激励代币——ERC20 代币标准来实现整个应用的激励，通过这种方式使得生态能够稳健运行。

简而言之，Web 3.0 将是一个不依赖任何中心组织、完全由用户掌控的时代。它的到来将彻底打破现在科技巨头的垄断，改写当前数字经济的运行方式，并引发大量自下而上的创新。

Web 3.0 以用户为中心，强调用户拥有自主权，具有以下具体特点。

（1）用户自主管理身份（self-sovereign identity，SSI）。用户无须在互联网平台上开户，而是通过公私钥的签名与验签机制互相识别数字身份。

（2）赋予用户真正的数据自主权。Web 3.0 不仅赋予用户自主管理身份，而且打破了中心化模式下数据控制者对数据的天然垄断。分布式账本（distributed ledger）技术提供了一种全新的自主可控数据隐私保护方案。

（3）提升用户在算法面前的自主权。智能合约是分布式账本上可以被调用的、功能完善、灵活可控的程序，具有透明可信、自动执行、强制履约的优点。用户对可能存在的算法滥用、算法偏见及算法风险均可随时检查和验证。

（4）建立全新的信任与协作关系。在 Web 1.0 和 Web 2.0 时代，用户对互联网平台信任不足。而 Web 3.0 不是集中式的，没有单一的平台可以控制，任何一种服务都有多个提供者。平台通过分布式协议连起来，用户可以通过极小的成本从一个服务商转向另一个服务商。用户与建设者平权，不再存在谁控制谁的问题，这是 Web 3.0 作为分布式基础设施的显著优势。

由上述可知，以信息传递为主导的传统互联网正逐渐向以价值传递为主导的新一代互联网转型。但在新一代互联网上进行价值交换需解决三个主要问题：一是如何确保价值交换的唯一性；二是如何确立价值交换双方的信任关系；三是如何确保双方的承诺能够完全依靠网络的自治机制（智能合约）来自动执行，而无须可信第三方介入。区块链技术的诞生为上述三个问题找到了解决方案。①

1.2 区块链发展历程

在了解互联网的发展历程后可以看出，当今互联网正处于信息传递向价值传递过渡的阶段。而 Web 3.0 又称为在区块链技术上运行的去中心化互联网，其核心是区块链公有链技术。作为元宇宙和 Web 3.0 的底层技术，只有掌握了区块链技术，才能实现新一代互联网。

区块链源于比特币②，2008 年 11 月 1 日，一个自称中本聪（Satoshi Nakamoto）的人发表了《比特币：一种点对点的电子现金系统》一文，阐述了基于 P2P 网络技术、加密技术、时间戳技术、区块链技术等的电子现金系统的构架理念，这标志着比特币的诞生。两个月后，理论步入实践，2009 年 1 月 3 日第一个序号为 0 的创世区块诞生，2009 年 1 月 9 日出现序号为 1 的区块，并与序号为 0 的创世区块相连接形成了链，这标志着区块链的诞生。

本节将通过区块链的前世今生来了解其发展由来与走向，帮助读者更好地了解什么是区块链，区块链会对我们的生活产生怎样的影响。梅兰妮·斯万根据区块链的发展脉络将区块链的发展阶段分为区块链 1.0 时代、区块链 2.0 时代和区块链 3.0 时代，沿着这三个时代，读者可以清晰地看到区块链的现状与未来。

1.2.1 区块链 1.0

比特币的诞生是区块链 1.0 时代到来的标志。在这个时期，区块链技术的发展与数字货币（也称为加密货币或虚拟货币）密切相关，比特币是数字货币的典型代表，区块链技术的应用普遍集中在数字货币的转移、兑换与支付等方面。从某种意义上讲，这个时期的区块链技术找到了一种能够使货币与支付去中心化的方案。

---

① 长铗，韩锋，等. 区块链：从数字货币到信用社会. 北京：中信出版社. 2016：7 - 10.

② 2013 年，中国人民银行颁布了《关于防范比特币风险的通知》，强调比特币不具有法定货币的地位，不得作为货币在市场上流通使用。2017 年 9 月，中国人民银行等七部门联合发布了《关于防范代币发行融资风险的公告》，进一步明确了虚拟货币不由货币当局发行，不具有法偿性与强制性等货币属性，不具有与货币等同的法律地位，不能也不应作为货币在市场上流通使用。尽管如此，中国政府也在积极推动区块链技术的发展，将比特币作为区块链技术的代表之一，因此在区块链技术的研究和发展上，政府是开放且支持的。

在比特币进入大众视野之后，又出现了以太币、狗狗币以及莱特币等数字货币。数字货币这一可编程货币的出现使得互联网传递价值成为可能。这一阶段，区块链构建起了去中心化的数字支付系统，使随时随地的货币交易、毫无障碍的跨国支付以及低成本运营的中心化体系得以实现。在区块链 1.0 时代，比特币等数字货币的出现和发展强烈冲击着传统的金融体系。[①] 2022 年市值前十的加密货币的基本情况如表 1－2 所示。

表 1－2　2022 年市值前十的加密货币的基本情况

货币	市值（亿美元）	货币特征
比特币（BTC）	1 637.03	存在供给上限，总发行量为 2 100 万枚
以太币（ETH）	227.66	货币政策不确定；应用式加密货币
瑞波币（XRP）	88	存在供给上限，总发行量为 1 000 亿枚
泰达币（USDT）	87.99	与法定货币美元挂钩的加密货币
比特币现金（BCH）	42.16	比特币分支，注重加密货币的用户体验
比特币 SV（BSV）	34.09	比特币现金的分支
莱特币（LTC）	27.74	发行量 8 400 万枚；在比特币基础上技术得到改善
币安币（BNB）	25.51	采用通缩货币政策；平台式加密货币
柚子币（EOS）	23.65	低延迟和免交易费；向高效率交易发展
苔丝币（XTZ）	19.5	又叫特佐斯；主要用途为智能合约

专家认为比特币是一种 P2P 形式的数字货币，其点对点的传输意味着去中心化的支付系统。当中本聪提出比特币的概念并公开发行后，它便成为大家研究区块链的源头。在区块链 1.0 时代，主要创新是创建了一套去中心化、公开透明的交易记录总账——其数据库由所有的网络节点共享，由“矿工”更新，所有用户共同维护，单个人或组织不能控制这套总账。这种技术对金融行业的影响不亚于复式记账法的发明。

区块链 1.0 除了属于数字货币的时代外，还有以下特征。

（1）数据层是以区块为单位的链状数据块结构。所谓链状数据块结构，即通过加盖时间戳与使用密码学等技术手段处理后，将系统中的数据块以首尾相连的方式有序链接。

（2）通过全共享账本确保了账本信息的真实性。在区块链网络中，记录历史交易的信息被传递给每个节点，每个节点都能拥有并存储一本完整、一致的交易总账。

（3）非对称加密。非对称加密算法是区块链的一个重要应用，其通过公钥与私钥结合的方式构建比特币的安全防御系统。

（4）源代码开源。区块链网络中设定的共识机制、规则等都可以通过一致的、开源的源代码进行验证。

这一时期区块链在金融领域掀起了一股巨浪。在转账汇款和数字化支付相关领域，区块链技术备受关注。传统方式要经历开户行、清算组织、境外银行（代理行或境外分支机构）等的烦琐的处理过程，时间长，成本高。应用区块链技术后，支付可以实现端

① Yuan Y，Wang F Y. Blockchain and cryptocurrencies：model techniques，and applications. IEEE Transactions on Systems，Man，and Cybernetics：Systems，2018，48（9）：1421－1428.

对端的交易，消除了烦冗的中间机构处理环节，不仅快捷，而且交易成本非常低廉。尤其是在全球性结算方面，基于区块链的支付系统可为用户提供全球范围的跨境、任意币种的实时支付清算服务，跨境支付将以低成本方式瞬间完成。

一些加密货币的 Logo 如图 1－7 所示。

图 1－7　一些加密货币的 Logo①

1.2.2　区块链 2.0

虽然比特币等众多虚拟货币是区块链 1.0 时代最重要的标志，但业界对虚拟货币一直存在批评的声音，原因归纳到一个字，就是“虚”，虚拟货币仿佛从头到脚都是虚拟的，其本身并没有真实的物质存在，而且大多数虚拟货币没有价值支撑，不像法币可以锚定黄金等。同时虚拟货币目前没有实际应用落地，只有投机价值、交易价值，不能解决现实问题。但虚拟货币的缺陷并不代表区块链这一技术被众多研究者否定，相反，越来越多的专家意识到了区块链技术在金融领域的优越性，这在很大程度上推动了区块链迈向 2.0 时代。

在人们将视线集中在区块链上后，区块链的应用范围也超越了数字货币领域，扩展到了金融交易、公共记录、资信证明、实物资产等领域，涌现出了彩色币、以太币、比特股和瑞波币等应用型数字货币。智能合约在金融领域的应用使数字货币能够与传统的银行和金融市场相对接，进而提高交易效率。智能合约也让使用区块链编码的资产成为智能资产，并且在众多其他领域极大地提高了该领域的自治能力。

区块链 2.0 将智能合约与货币相结合，为金融领域提供了更加广泛的应用场景。智能合约是提出较早的概念，具体来说，一个智能合约是一套以数字形式定义的承诺，包括合约参与方可以在区块链上执行这些承诺的协议。

区块链 2.0 的代表是以太坊。以太坊是一个底层公有链平台，它提供了各种模块让用户搭建应用，用户只需要支付极低的成本即可在平台上搭建他们的应用，这是以太坊技术的核心。以太坊提供了一个强大的合约编程环境，通过合约的开发，以太坊实现了各种商业与非商业环境下的复杂逻辑。以太坊的核心与比特币系统其实没有任何区别，但以太坊的本质是智能合约的全面实现，支持了合约编程，让区块链技术不仅仅是发币，而且提供

---

① https://coinmarketcap.com.

了更多的商业、非商业的应用场景。简单来说，以太坊＝区块链 1.0＋智能合约。

比特币、以太坊的对比如图 1－8 所示。

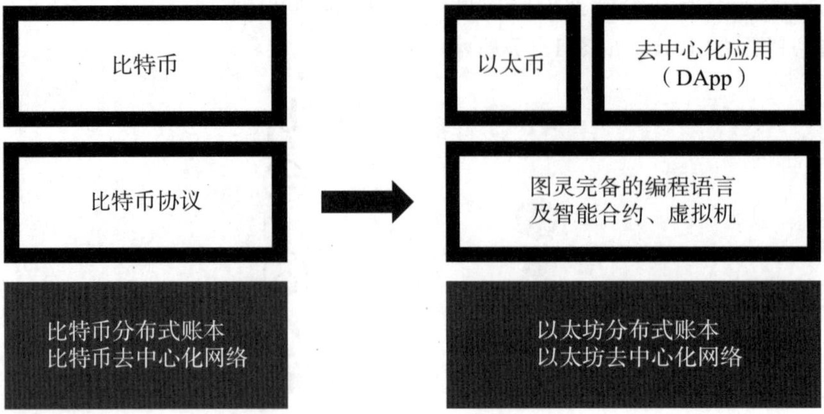

图 1－8　比特币、以太坊的对比

基于区块链可编程的特点，人们尝试将智能合约添加到区块链系统中，形成可编程金融。[①] 区块链 2.0 是可编程金融，是经济、市场和金融领域的区块链应用，例如股票、债券、期货、贷款、抵押、产权、智能财产和智能合约。除了构建货币体系之外，区块链在泛金融领域也有众多的应用机会。

在区块链 2.0 时代，人们利用区块链在互联网上建立智能合约，用算法来代替传统合同。但在这一阶段，公众对智能合约还不够了解，需要时间对公众进行普及。同时，由于智能合约的影响力会逐步扩展到整个社会的其他社会性契约，智能合约也需要新的法律法规，以保障其法律效力。

1.2.3　区块链 3.0

区块链 3.0 是指区块链在金融行业之外的各行业的应用场景，能够满足更加复杂的商业逻辑。区块链 3.0 称为互联网技术之后的新一代技术创新，足以推动更大的产业改革。区块链 3.0 是价值互联网的内核。区块链能够对每个互联网中代表价值的信息和字节进行产权确认、计量和存储，从而实现资产在区块链上可被追踪、控制和交易。

随着区块链技术的不断发展，区块链低成本信用创造、分布式结构以及公开透明等特性在全社会范围内逐步受到重视，陆续应用于物联网、公证、审计、供应链、医疗、通信、慈善等领域。在区块链 3.0 时代，区块链使得所有人和机器都能够连接到一个全球性的网络中，区块链的基础设施以去中心化的方式来配置全球资源，使区块链成为促进社会经济发展的理想框架。若干年后，基于区块链的共享经济将会取代现有的经济模式。未来我们会生活在基于区块链的共享经济社会中，体验分布式人工智能和组织带来的巨大改变。

---

① 唐塔普斯科特，亚力克斯・塔普斯科特．区块链革命：比特币底层技术如何改变货币、商业和世界．中国报道，2016，11：94.

区块链 3.0 将和互联网一样，成为基础设施，应用到更广阔的领域，覆盖人们的日常生活，涵盖社会生活的方方面面。最明显的特点是，不再依靠某个第三方机构获得信任或建立信用，并且可以节约人力和时间成本，提升效率。

区块链会超越金融领域，进入社会公证、智能化领域。区块链 3.0 主要应用于社会治理领域，包括身份认证、公证、仲裁、审计、域名、物流、医疗、邮件、签证、投票等，应用范围扩大到了整个社会，区块链技术有可能成为“万物互联”的一种最底层的协议。区块链 3.0 涉及生活的方方面面，所以区块链 3.0 将更加实用，赋能各行业，通过实现信任的方式提高整体系统的工作效率。

总体来说，区块链 1.0 是区块链技术的萌芽，区块链 2.0 是区块链在金融、智能合约方向的技术落地，而区块链 3.0 是解决各行业的互信问题与数据传递安全性的技术落地和实现。

1.3　区块链基本概念

在了解区块链的发展历程后，很多读者可能还并不清楚区块链究竟是什么。本节将着重介绍区块链的概念性知识，从区块链的定义与原理、区块链的分类和区块链的层级结构来帮助读者更好地认识这一技术。

本节大部分内容为后续章节的基础，多为概念性知识。熟练掌握本节中区块链领域的专有名词有助于读者更好地理解本书后续部分的内容。

1.3.1　区块链的定义与原理

区块链技术的产生与发展离不开比特币，这是毋庸置疑的。但比特币的区块链毕竟是为比特币体系的设计而定制的，因此比特币的区块链技术并不等于我们常说的区块链技术，可以将其理解为后者包含前者。区块链技术应该是可以有更多形态、更多用途、更多规格的技术。

区块链本质上是一个去中心化的数据库，由一串数据块组成。它的每个数据块中都包含了一次网络交易的信息，而这些都是用于验证其信息的有效性和生成下一个区块的。从狭义上讲，区块链就是一种按照时间顺序将数据区块以顺序相连的方式组合成链式数据结构，并以密码学方式保证的不可篡改和不可伪造的分布式账本。而从广义上讲，区块链其实是一种分布式基础架构与计算方式，用于保证数据传输和访问的安全。

区块是构成区块链这个数据库的基本单位，其中包含一定时间内产生的无法被篡改的数据记录信息。区块中包含数据记录、当前区块的根哈希（hash）、前一区块的根哈希、时间戳及其他信息（见图 1－9），数据记录的类型可以根据应用场景进行调整，比如资产交易记录、清算记录、智能合约记录或物联网数据记录等。数据记录在存储过程中通常组织为树形式，比如默克尔树（Merkle tree），而区块根哈希实际就是数据记录树的根节点哈希，是根据数据记录树自下而上地逐步通过 SHA-256 等哈希算法计算得出的。

时间戳为区块的生成时间。其他信息包括区块签名信息、随机值等，也可以根据具体应用场景灵活定义。①

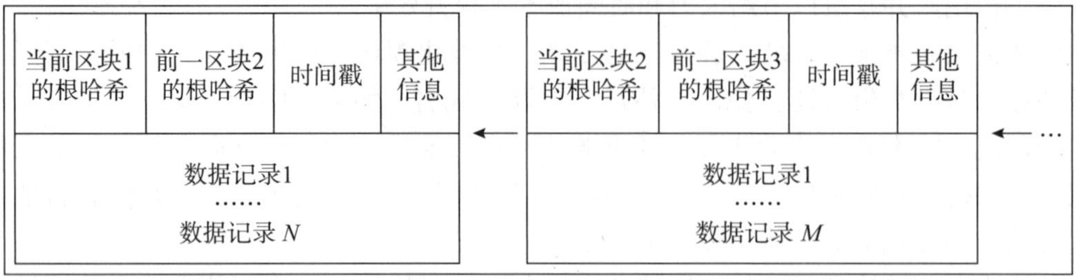

图 1-9　区块链结构示意图

区块链的发展离不开区块链的各个特征，区块链的特征如下。

（1）去中心化。区块链技术不依赖额外的第三方管理机构或硬件设施，没有中心管制，除了自成一体的区块链本身，通过分布式核算和存储，各个节点实现了信息的自我验证、传递和管理。去中心化是区块链最突出、最本质的特征。

（2）开放性。区块链技术基础是开源的，除了交易各方的私有信息被加密外，区块链的数据对所有人开放（具有特殊权限要求的区块链系统除外），任何人都可以通过公开的接口查询区块链数据和开发相关的应用，因此整个系统信息高度透明。

（3）独立性。区块链基于协商一致的规范和协议（类似比特币采用的哈希算法等各种数学算法），整个区块链系统不依赖其他第三方，所有节点能够在系统内自动安全地验证、交换数据，不需要任何人为的干预，且任何外部干预均不起作用。

（4）安全性。除非能够控制系统中全部数据节点的 51%，否则就无法肆意操控和修改网络数据，这使区块链本身变得相对安全，避免了主观人为的数据变更，因此区块链的数据稳定性和可靠性极高。

（5）匿名性。区块链技术解决了节点间的信任问题，因此在数据交换或交易时，各区块节点的身份信息不需要公开或验证，信息传递可以匿名进行。

区块链的诸多特征正是这项技术能够大火的主要原因。要想更深入地认识区块链、理解区块链的运行原理，就要理解区块链的核心技术（见图 1-10）。

1. 非对称加密

存储在区块链上的交易信息是公开的，但账户身份信息是高度加密的，只有在数据拥有者授权的情况下才能访问，从而保证了数据的安全和个人的隐私。非对称加密是接收者将其所持有的公钥公开至全网，发送者使用接收者的公钥对明文进行加密，并将加密后的密文传输给接收者，接收者使用私钥对密文进行解密从而得到明文。通过这种方式，私钥由信息接收者从本地产生，不需要分发至其他用户处。所以非对称加密算法安全性高，即使密文和公钥被窃取，只要私钥不泄露，密文就不会被破译。该部分内容将在第 3 章详细阐述。

2. 分布式账本

与传统的分布式存储有所不同，区块链分布式存储的独特性主要体现在两方面：一

① 崔向博. 区块链技术及其应用前景的释义与解析——《图说区块链》述评. 商业经济研究，2021，21：2.

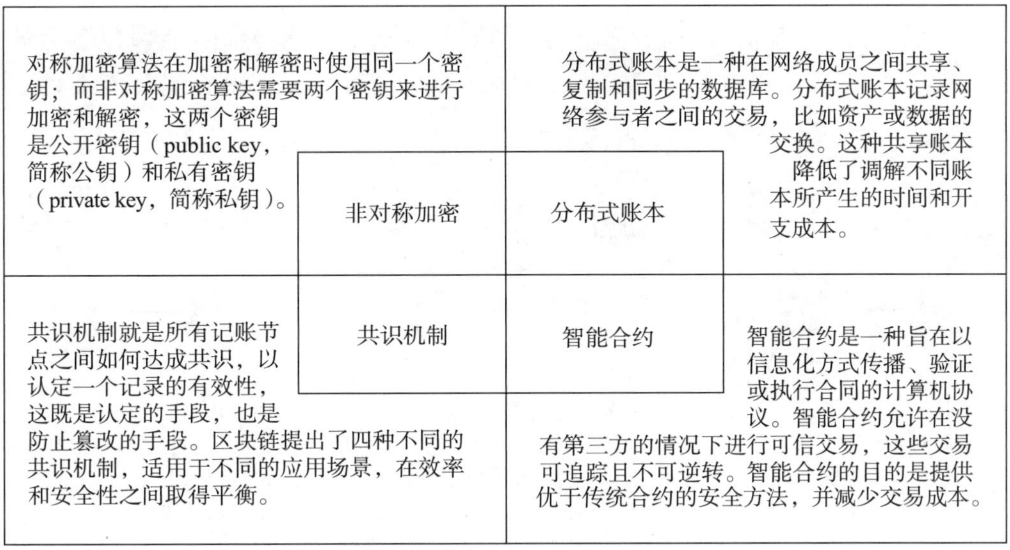

图 1-10　区块链的核心技术

是区块链每个节点都按照块链式结构存储完整的数据，传统分布式存储一般是将数据按照一定的规则分成多份进行存储；二是区块链每个节点的存储都是独立的、地位等同的，依靠共识机制保证存储的一致性，而传统分布式存储一般是通过中心节点向其他备份节点同步数据。没有任何一个节点可以单独记录账本数据，从而避免了单一记账人被控制而“记假账”的可能性。此外，记账节点足够多，理论上讲，除非所有节点都被破坏，否则账目就不会丢失，从而保证了账目数据的安全。

3. 共识机制

区块链的共识机制具有“少数服从多数”以及“人人平等”的特点，其中“少数服从多数”并不完全指节点个数，也可以是计算能力、股权数或者其他的计算机可以比较的特征量。“人人平等”是当节点满足条件时，所有节点都有权优先提出共识结果，直接被其他节点认同后，最后有可能成为最终共识结果。以比特币为例，采用的是工作量证明(PoW)，只有在控制了全网超过51%的记账节点的情况下，才有可能伪造出一条不存在的记录。当加入区块链的节点足够多时，这一过程基本不可能实现，从而杜绝了造假的可能。

4. 智能合约

智能合约基于这些可信的不可篡改的数据，可以自动执行一些预先定义好的规则和条款。以保险为例，如果每个人的信息（包括医疗信息和风险发生的信息）都是真实可信的，就可以很容易地在一些标准化的保险产品中进行自动化理赔。在保险公司的日常业务中，虽然交易不像银行和证券行业那样频繁，但对可信数据的依赖是有增无减的。因此，从数据管理的角度切入，能够有效帮助保险公司提高风险管理的能力。

1.3.2　区块链的分类

目前已知的区块链技术应用大致分为三类——公有链、联盟链和私有链，这三类区块链的开放程度各不相同。各类区块链的示意图如 1-11 所示。

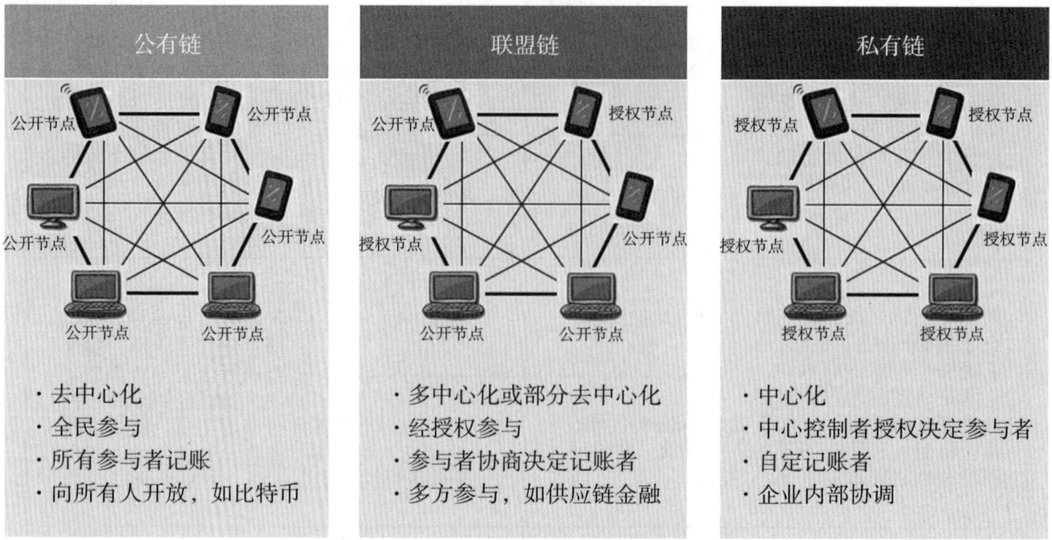

图 1-11　区块链分类及特性示意图

1. 公有链

公有链（public blockchain）又称公共区块链或公链，是指全世界任何人都可读取、发送交易进行有效性确认，都能参与其共识过程的区块链。公有链上的数据记录公开，所有人都可以访问，都可以发出交易请求并通过验证写入区块链。共识过程的参与者通过密码学技术共同维护公有链数据的安全、透明、不可篡改。公有链的典型应用包括比特币、以太坊等。

公有链具有如下特点：

(1) 保护用户免受开发者的影响，在公有链中程序开发者无权干涉用户，所以公有链可以保护使用程序的用户。

(2) 访问门槛低，任何拥有足够技术能力的人都可以访问，也就是说，只要有一台能够联网的计算机，就能够满足访问的条件。

(3) 所有数据默认公开，尽管所有关联的参与者都隐藏自己的真实身份，这种现象十分普遍。他们通过公共性来产生自己的安全性，在这里每个参与者都可以看到所有的账户余额和所有的交易活动。

2. 联盟链

联盟链（consortium blockchain）又称共同体区块链，是指参与区块链的节点是事先选择好的，节点间通常有良好的网络连接等合作关系，区块链上的数据可以是公开的，也可以是内部的，为部分意义上的分布式，可视为“部分去中心化”。

如今，若干家金融机构之间建立了某个联盟链的现象已经普遍存在，每个机构都运行一个节点，而且为了使某区块确认生效，需要获得至少其中若干个机构的确认。该联盟链允许每个参与的机构读取，或只受限于共识验证参与者，或走混合型路线，例如区块的根哈希及应用程序接口对外公开，允许外界进行区块链数据和区块链状态信息查询等，其典型应用包括超级账本（Hyperledger）、R3 区块链联盟（R3CEV）、金链盟（FISCO BCOS）等。

联盟链的参与节点的连接状态良好、验证效率较高，只需较低的成本即可维持运行，提供高速交易处理的同时降低交易费用，有很好的拓展性，数据可以保持一定的隐私性。但是这也意味着在共识达成的前提下，参与节点可以一起篡改数据。

3. 私有链

私有链（private blockchain）又称私有区块链或私链，参与的节点有限，比如特定机构的用户等，数据的访问及使用有严格的权限管理。在完全私有的区块链中，写入权限仅在参与者手里，读取权限可对外开放，也可以进行任意程度的限制。

私有链具有如下特点：

（1）交易速度快。

私有链上只有少量节点，且具有很高的信任度，交易不需要所有网络节点的确认，所以其交易速度比任何其他区块链都快。

（2）隐私保障良好。

由于读取权限是由该组织决定的，参与者难以获得私有链上的数据，因此组织自身的隐私保障良好。

（3）交易成本低。

私有链的交易只需要几个受到普遍认可的高算力节点确认即可，其交易成本与公有链和联盟链相比极低。

（4）安全性较高。

私有链的链上成员都是经过审核授权的，所以被恶意攻击的可能性相对较小。

不过，私有链也存在问题，比如：权限被少数节点控制，不能根本解决作弊问题，背离了去中心化的初衷；此外，私有链上的数据可能被操纵，代码也可能被修改。

目前一些人认为私有链一般供私人企业使用，用处不大，因为私有链让用户依赖第三方机构——管理区块链的公司，还有人认为私有链并不是区块链，而是已经存在的分布式账本技术。不过大多数人认为私有链能给许多金融企业问题提供公有链无法提供的解决方案，如遵守《健康保险可携性和责任法案》（HIPAA）、反洗钱（AML）和了解你的客户（KYC）制度。

总体来说，公有链适用于对可信度、安全性有很高要求，而对交易速度要求不高的场景。联盟链或私有链更适合对隐私保护、交易速度和内部监管等具有很高要求的应用。三者各有特色和优缺点，具体区别如表 1-3 所示。

表 1-3　三类区块链特征对比

	公有链	联盟链	私有链
参与者	任何人自由进出	联盟成员	个体或公司内部用户
共识机制	PoW/PoS/DPoS	分布式一致性算法	分布式一致性算法
记账人	所有参与者	联盟成员协商确定	自定义
激励机制	需要	可选	不需要
中心化程度	去中心化	多中心化或部分去中心化	中心化

续表

	公有链	联盟链	私有链
突出特点	信用的自建立	效率和成本优化	透明和可追溯
承载能力	3～200 000 笔/秒	1 000～10 000 笔/秒	1 000～100 000 笔/秒
典型场景	虚拟货币	支付、结算	审计、发行

1.3.3 区块链的层级结构

区块链是由数据层、网络层、共识层、激励层、合约层和应用层这六个基础架构组成的（见图 1－12）。①

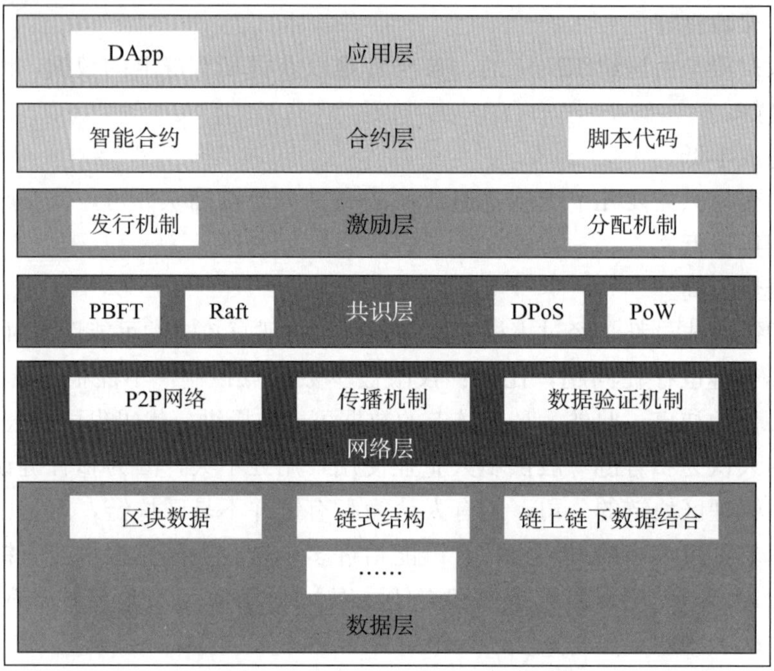

图 1－12 区块链的层级结构示意图

其中，数据层封装了底层数据区块以及相关的数据加密和时间戳等基础数据和基本算法；网络层则包括分布式组网机制、数据传播机制和数据验证机制等；共识层主要封装网络节点的各类共识算法；激励层将经济因素集成到区块链技术体系中，主要包括经济激励的发行机制和分配机制等；合约层主要封装各类脚本、算法和智能合约，是区块链可编程特性的基础；应用层则封装了区块链的各种应用场景和案例。接下来将对各层进行详细介绍。

1. 数据层

数据层是区块链层级结构里的最底层。数据层可以理解成数据库，只不过对于区块

① 韩磊，陈武平，曾志强，等. 区块链层级网络结构与应用研究. 信息网络安全，2020，20（9）：112－116.

链来讲，这个数据库是不可篡改的、分布式的，也就是所谓的分布式账本。

数据层存放着区块链上的数据信息，封装着区块的块链式结构、非对称加密技术、哈希算法等技术手段，用以保证数据在全网公开的情况下的安全性。在区块链网络中，节点采用共识算法来维持数据层数据的一致性，采用密码学中的非对称加密和哈希算法来确保这个分布式数据库的不可篡改和可追溯。

这就构成了区块链技术中最底层的数据结构。但只有分布式数据库还不够，还需要让数据库里的数据信息可以共享交流，这就需要用到数据层的上一层——网络层。

2. 网络层

网络层是区块链的网络系统，本质上是一个点对点（P2P）网络。点对点意味着不需要中间环节或中心化服务器来操控这个系统，网络中的所有资源和服务都分配给各个节点，两个节点之间的信息传输可以直接进行。

所以，区块链的网络层实际上就是一个十分强大的点对点网络系统。在这个系统中，每个节点既可以生产信息，也可以接收信息，就好比收发邮件，用户既可以写自己的邮件，也可以收到别人发送过来的邮件。

在区块链网络上，所有节点需要共同维护区块链系统，每当一个节点创造出新的区块后，就需要以广播的形式通知其他节点，其他节点收到信息后对该区块进行验证，然后在该区块的基础上创建新的区块，这样一来，全网便可以共同维护更新区块链系统这个总账本。

但是，全网要依据什么规则来维护更新区块链系统这个总账本呢？这就涉及所谓的规则，也就是共识层。

3. 共识层

在区块链的世界里，所谓共识，简单来讲就是全网都要依据一个统一的、大家一致同意的规则来维护更新区块链系统。让高度分散的节点在去中心化的区块链网络中高效达成共识，是区块链的核心技术之一，也是区块链社区的治理机制。目前主流的共识算法有：比特币的工作量证明（PoW）、以太坊的权益证明（PoS）、EOS 的委托权益证明（DPoS，又称股份授权证明）等。

数据层、网络层、共识层这三层保证了区块链上有数据、有网络、有在网络上更新数据的规则，但是“天下没有免费的午餐”，如何让节点积极踊跃地参与区块链系统维护呢？这就涉及激励机制，也就是下面要介绍的激励层。

4. 激励层

激励层其实就是所谓的挖矿机制。挖矿机制也可以理解为激励机制：节点为区块链系统做了多少贡献，就可以得到多少奖励。这种激励机制能够鼓励全网节点参与区块链上的数据记录与维护工作。

挖矿机制和共识机制其实是一个道理，共识机制可以理解为公司的总规章制度，而挖矿机制可以理解为在这个总的规章制度之中，员工在哪方面做好了能够得到什么相应的奖励，是一种奖励规则。例如：比特币的共识机制 PoW 的规定是多劳多得，能够第一个找到正确哈希值的节点就可以得到一定数量的比特币奖励；而以太坊的 PoS 机制则规定了哪个节点持币时间越久，其能得到奖励的概率就越大。

需要注意的是，激励层一般只有公有链才具备，因为公有链必须依赖全网节点共同维护数据，所以必须有一套这样的激励机制，才能激励全网节点参与区块链系统的建设和维护，进而保证区块链系统的安全性和可靠性。

5. 合约层

合约层主要包括各种脚本代码、算法机制及智能合约，是区块链可编程的基础。本书所提到的智能合约便位于合约层。

如果说比特币系统不够智能，那么以太坊提出的智能合约能够满足许多应用场景。合约层的原理主要是将代码嵌入区块链系统，以实现能够自定义的智能合约。这样一来，在区块链系统中，一旦触发了智能合约的条款，系统就能够自动执行命令。

6. 应用层

应用层的概念很简单，顾名思义，就是区块链的各种应用场景和案例，人们所说的“区块链＋”就是所谓的应用层。智能合约、链码和去中心化应用（DApp）构成了应用层。应用层包括最终用户用来与区块链进行网络通信的程序。脚本、应用程序编程接口（API）、用户界面和框架都是应用层的一部分，其中包括但不限于在数字货币、金融、实体经济中的各类实践应用。

关键术语

区块链发展历程　新一代互联网　价值传递　去中心化　公有链
联盟链　私有链　智能合约　层级结构

思考题

1. 区块链所代表的传输协议与传统互联网有何不同？

2. Web 1.0 与 Web 2.0 有何不同之处？新一代互联网（Web 3.0）的核心技术将会是什么？

3. 请用一句话概括区块链各发展阶段（区块链 1.0、区块链 2.0、区块链 3.0）的特点。

4. 区块链具有哪些特征？其中最突出、最本质的特征是什么？请结合这一特征说明公有链、联盟链、私有链三类区块链之间最核心的区别是什么。

5. 区块链由数据层、网络层、共识层、激励层、合约层和应用层六个层级组成，请简述各层级的作用。

第2章

分布式技术

学习目标

1. 了解各种分布式系统架构及其优缺点。
2. 理解 ACID，了解 FLP 原理、CAP 理论和 BASE 理论。
3. 了解分布式系统在数据存储和业务处理逻辑方面的各种设计及其优缺点。
4. 掌握分布式哈希表和 Kademlia 协议。

2.1 分布式系统架构

分布式技术是一种基于网络的计算机处理技术，随着个人计算机性能的极大提高和使用的普及，将处理能力分布到网络中的所有计算机上成为可能。分布式系统是一组计算机通过网络相互连接传递消息与通信，并协调它们的行为而形成的系统。分布式系统的组件之间彼此交互以实现一个共同的目标，把需要进行大量计算的工程数据分割成小块，由多台计算机分别计算，在上传运算结果后，将结果统一合并得出数据结论。①

分布式系统架构听起来是一个很复杂的概念，很难用简短的几段话阐述清楚。所以我们先介绍系统架构的相关概念，让读者对系统架构有一定的了解，然后对分布式系统进行详细介绍。

① 谢文辉. 分布式应用系统架构设计与实践. 北京：人民邮电出版社，2022：3-6.

2.1.1 系统架构的概念

架构的概念是在系统设计过程中不断抽象和衍生出来的，为了便于读者理解架构的相关概念，这里先对架构的产生过程进行简要介绍。

在具体的商务应用场景中，最开始的系统由于用户较少，以提供基础使用功能为主，此时将业务处理逻辑和数据存储部署在一台服务器上就可以满足使用需求，用户请求的处理和数据的存储均在这台服务器上完成。随着系统和相关业务的发展，更多使用功能得以设计和加入，系统的业务处理逻辑变得更加复杂，此时仍然使用一台服务器来同时完成业务处理和数据存储会限制系统的处理能力，将两大功能分开部署在不同服务器上会更合适，不同服务器间通过数据传输来进行协调。此后，用户数量逐渐增多，一方面给负责业务处理逻辑任务的服务器带来了过量负担，另一方面也给负责数据存储的服务器的存取性能带来了挑战，这时引入反向代理服务器，方便后端的业务进行逻辑扩展，并且对数据存储进行读写分离，用独立的读服务器和写服务器提升系统的数据存储性能是最适合的优化方案。系统在之前的基础上继续发展，还可能会面临业务逻辑服务需要拆分、避免不同模块间访问的干扰、基于不同业务的数据也需要拆分等问题。

上述过程简单描述了一个系统发展过程中优化的几个阶段，系统架构就是一个系统优化的过程。

要衡量一个架构设计的优劣，就需要使用一些指标，比如系统的性能、可用性、可扩展性以及可维护性，好的架构设计必然追求高性能、高可用性、可扩展性并且具备完整可维护的系统。

在架构设计的过程中，性能往往是非常重要的，该指标的提高可以有效提升用户的操作体验，有助于实现对服务资源的高效利用，常用的做法是采用 Nginx 作为接入网关，连接更多的接入服务，以实现系统的水平扩展；可用性关注的是服务在出现故障之后可否快速、高效恢复，可以在架构的机房层、机架层、服务层、数据存储层设置服务冗余或者业务故障自动发现机制来实现；可扩展性关注的是系统依据访问请求的大小实现资源的自动扩容的能力，可以通过在接入层实现无状态化、在服务层依据高可用性的要求改进、在数据存储层采用数据路由存储的方法来实现；可维护性主要是指系统的监控、故障修复、线上运维的便利性以及问题发现的及时性等，可以通过对所有业务系统进行系统运行状态和日志的采集与分析，自定义实现告警或者故障切换等操作来实现。

分布式系统架构就是为了实现系统的高性能、高可用性、可扩展性、可维护性等目标而进行的一系列优化过程。

2.1.2 分布式系统介绍

今天几乎所有的计算机系统都是分布式的，一方面，地理上大的公司和组织必然分布在多个地方，配套的计算机系统也必然部署在多个地方；另一方面，随着时代的发展，系统并行化的需求不断增加，我们需要使用多核处理器或者计算机集群来加速计算。① 所以系统的架构是由单体架构不断向分布式架构演进的，分布式架构又细分为分层架构、面向服务的架构和微服务架构，本节将对这几种架构的定义和在业务场景中的优缺点进行介绍。

1. 单体架构

单体架构是应用系统最早期的形态，最开始指将业务系统的所有功能模块都包含在一个包里，这个包也只部署在一台服务器上运行，同时业务系统所需的数据存储服务也在这台服务器上部署。因此，单体主要指两个概念：一是业务功能模块没有拆分，统一归总到一个服务包里；二是运行服务器没有做切分，都放在同一台服务器上。单体架构的模型如图 2－1 所示。

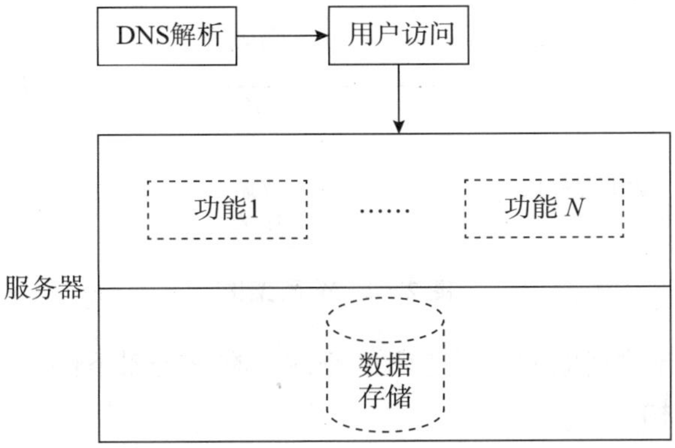

图 2－1　单体架构

单体架构的优点有：开发测试比较简单，不需要太多的系统配合，部署运维也很方便，适合部署初期以及业务团队规模非常有限的场景。单体架构的缺点有：框架更新起来较为复杂，系统各功能间依赖严重，系统的可用性和性能都有瓶颈。单体架构不适合大型复杂系统的开发，会导致维护成本增加，测试和开发效率也会大打折扣。

2. 分层架构

分层架构也称为多层体系架构，是指将系统按照业务抽象出不同层，每层与上一层服务之间是层调用的限制关系，同时也可以降低系统不同层之间的依赖关系。关于分层架构的划分，最典型的是由微软公司提出的三层架构模式：表示层、业务逻辑层和数据访问层。三层架构的业务逻辑层由于承载了所有业务处理逻辑，会随着系统的不断发展而愈发庞大。因此，可以将这一层进一步优化，分离为接入层和服务层，接入层更为简单，拥有更好的可扩展性，服务层则专注于实现业务逻辑的处理。同时，数据规模的增大会导致对系统处理能力要求的提高，所以可以在数据访问层之下抽象出一个数据存储层。分层架构的模型如图 2－2 所示。

分层架构的优点有：开发效率较高，系统内各部分的相互依赖程度较低，系统维护成本较低，标准化程度较高，易于开发，模块可复用性较强。分层架构的缺点有：表示

① Roger Wattenhofer. 区块链核心算法解析. 陈晋川，等，译. 北京：电子工业出版社，2017：1－2.

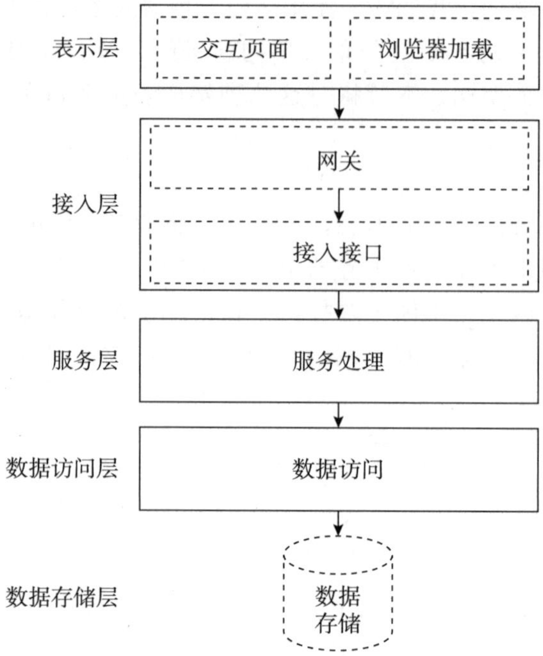

图 2-2　分层架构

层数据的改动可能会导致其他相关层逻辑的修改，在该场景下的开发效率会因此而降低。

3. 面向服务的架构

面向服务的架构是依据业务的属性对服务进行划分和定义。结合两大标准机构——万维网联盟（W3C）和 Gartner 对面向服务的架构的定义，面向服务的架构是一种组件服务化的架构模式，它将业务按照不同的功能拆分成不同的服务，并在服务之间通过定义一些良好的接口和协议进行通信；同时这些接口独立于各种系统、平台和语言，能够实现跨平台的兼容和处理，实现一种统一通用的交互方式。图 2-3 是一种常见的面向服务的架构的模型。

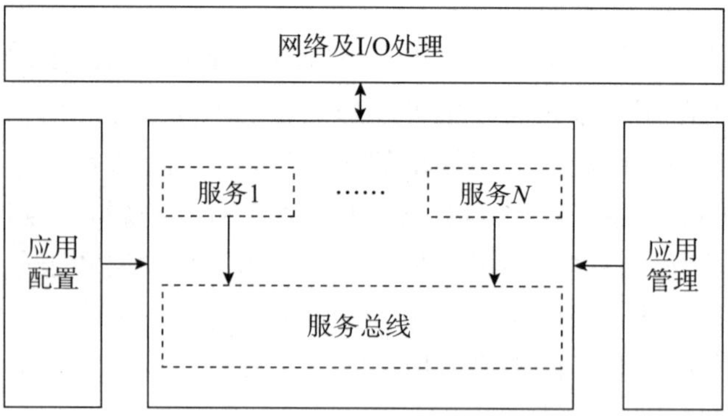

图 2-3　面向服务的架构

所有服务通过应用配置和应用管理实现个性化配置的下发和应用的管控，并抽象出一层平台兼容的网络及 I/O 处理模块，所有服务通过服务总线进行服务注册和发现。而服务内部采用标准化的服务接口和定义来实现服务的逻辑层以及数据访问层和数据存储层。服务内部采用通用的通信和处理机制来实现服务的协议对接，如通用的接口封装、通用的语言格式、通用的容错机制等，这些是面向服务的架构服务标准化的重要组成部分，同时也是服务总线的核心功能。图 2－4 就是常见的业务分层架构。

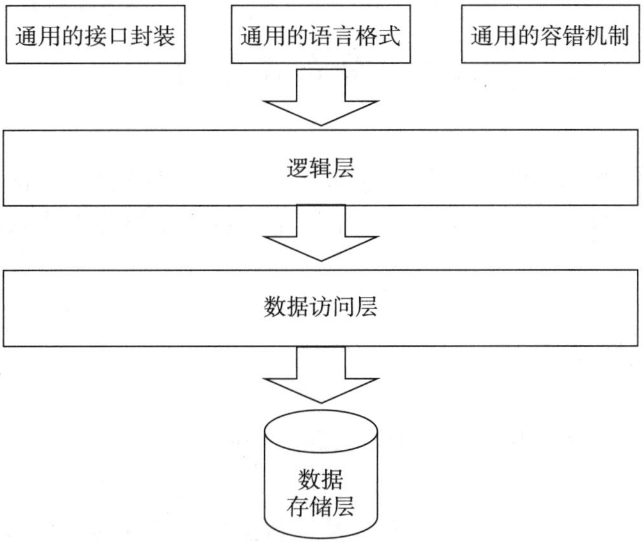

图 2－4　业务分层架构

面向服务的架构的优点有：能使服务更具业务价值，响应速度更快，复用性也更强，具有服务间相互依赖性低、系统具有平台无关性以及可复用性强的特点。面向服务的架构的缺点有：可能导致系统整体复杂度提高，服务间通信开销较大，有时还会因过度拆分而影响系统的整体性能和稳定性，并且在小规模应用程序中适用性较差。

4. 微服务架构

微服务架构从面向服务的架构衍生而来，更强调业务需要彻底的服务化和组件化，业务从 API 网关开始作为系统的唯一入口，所有模块都按照业务进行拆分。相较于面向服务的架构针对逻辑服务进行拆分，微服务架构从接入服务开始就一直拆分到数据访问，从业务层面将服务彻底组件化。微服务架构的模型如图 2－5 所示。

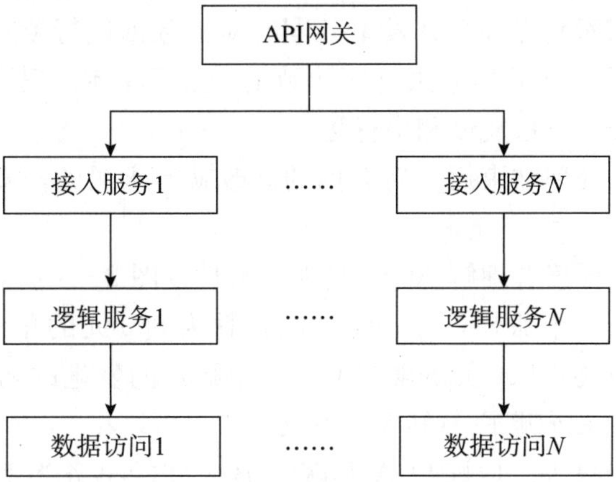

图 2－5　微服务架构

微服务架构的优点有：开发复杂度低，微服务间的依赖性低，具有跨语言特性，微服务独立开发部署。微服务架构的缺点有：链修改导致业务修改复杂，对服务进行拆分导致系统测试复杂。

2.2 分布式存储

前面讨论了系统架构的两个主要组成部分：业务处理逻辑和数据存储。本节将就数据存储部分首先介绍分布式系统相关的几个理论，然后介绍分布式系统使用的几种物理架构。

2.2.1 分布式系统理论

本节将介绍分布式系统相关的一个要求和三个理论。

1. ACID

在数据库系统中，一个事务是指由一系列数据库操作组成的一个完整的逻辑过程。例如银行转账，从原账户扣除金额以及向目标账户添加金额，这两个数据库操作的总和构成一个完整的逻辑过程，不可拆分。在数据库管理系统写入或更新资料的过程中，为保证事务是正确可靠的，必须具备四个特性——原子性（atomicity）、一致性（consistency）、隔离性（isolation）、持久性（durability），ACID 就是这四个特性的缩写。关于这四个特性，ISO/IEC 做了以下定义。

（1）原子性：一个事务中的所有操作，要么全部完成，要么全部不完成，不会在中间某个环节结束。事务在执行过程中发生错误会恢复到事务开始前的状态，就像该事务从来没有执行过一样。

（2）一致性：在事务开始之前和事务结束以后，数据库的完整性没有被破坏。这表示写入的资料必须完全符合所有的预设规则，包括资料的精确度、串联性以及后续数据库可以自发地完成预定的工作。

（3）隔离性：数据库允许多个并发事务同时对其数据进行读写和修改，隔离性可以防止多个事务并发执行时由于交叉执行而导致的数据不一致。事务隔离分为不同级别，包括读未提交、读提交、可重复读和串行化。

（4）持久性：事务处理结束后，对数据的修改就是永久的，即便系统出现故障也不会丢失。

这里举一个例子方便读者理解 ACID 这四个特性。图 2－6 描述了两个银行账户转账事务，这两个事务涉及三个账户，分别是初始存款为 800 元的账户 A、初始存款为 200 元的账户 B 和初始存款为 1 000 元的账户 C。三个账户间发生的两个事务是账户 A 向账户 B 转账 200 元，账户 C 向账户 B 转账 100 元。

原子性针对同一个事务。以账户 A 和账户 B 之间的事务为例，该事务涉及两个步骤，分别是账户 A 减少 200 元和账户 B 增加 200 元。原子性要求这两个步骤要么一起成

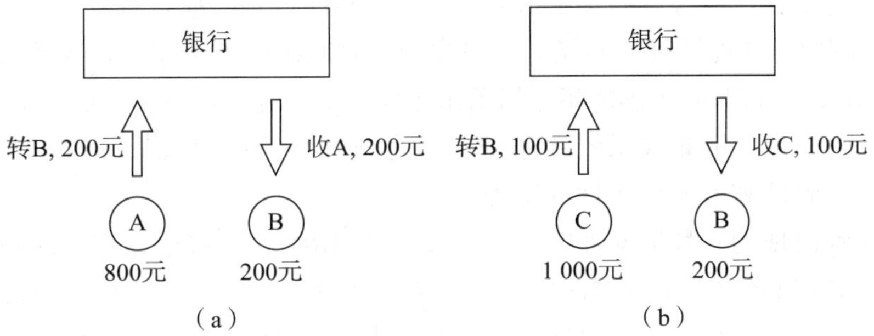

图 2-6　两个银行账户转账事务

功，要么一起失败，不能只有一个步骤完成。

一致性针对一个事务操作前后的状态一致。仍以账户 A 和账户 B 之间的事务为例，该事务发生前，账户 A 拥有资产 800 元，账户 B 拥有资产 200 元；该事务发生后，账户 A 应拥有资产 600 元，账户 B 应拥有资产 400 元。一致性要求事务发生后，结果应符合逻辑运算。

持久性表示事务结束后的数据不因外界原因而发生丢失。仍以账户 A 和账户 B 之间的事务为例，该事务发生前，账户 A 拥有资产 800 元，账户 B 拥有资产 200 元；该事务发生后，账户 A 拥有资产 600 元，账户 B 拥有资产 400 元。持久性要求，如果在事务尚未提交时发生服务器宕机，那么重启数据库后，数据的状态应为账户 A 拥有资产 800 元，账户 B 拥有资产 200 元；如果在事务提交后发生服务器宕机，那么重启数据库后，数据的状态应为账户 A 拥有资产 600 元，账户 B 拥有资产 400 元。

隔离性针对多个事务同时操作，主要排除其他事务对本事务的影响。当图 2-6 中两个事务同时发生时，隔离性要求最终的结果应为账户 A 拥有资产 600 元，账户 B 拥有资产 500 元，账户 C 拥有资产 900 元，两个事务分别正确执行，互不影响。

2. FLP 原理

分布式数据存储必然会涉及分布在不同服务器上的数据的一致性问题，FLP 原理就是针对异步分布式系统下的共识算法提出的。在分布式系统中，异步是指系统中各个节点可能存在较大的时钟差异，同时消息传输时间是任意长的，各节点对消息处理的时间也可能是任意长的，这就导致无法判断某个消息迟迟没有被响应是节点故障还是传输故障。

FLP 原理指出，在网络可靠但允许节点失效的最小化异步模型系统中，不存在可以解决一致性问题的确定性共识算法。这个原理实际上说明，对于允许节点失效的情况，纯粹的异步模型系统无法确保一致性在有限时间内完成，不存在在任何场景下都能实现共识的算法。

3. CAP 理论

评价分布式系统常见的三个指标为：数据一致性（consistency）、系统可用性（availability）和分区容错性（partition tolerance，也称系统连通性）。

（1）数据一致性：共享数据副本之间呈现出统一且实时的数据内容。数据一致性问题产生于数据分区，只有数据存在多分区存储时，才需要进行数据的一致性处理。当同步网络出现故障时，就会出现数据不一致的情况。

（2）系统可用性：所有数据操作总会在一定时间内得到响应。系统可用性强调系统在允许的时间范围内对外提供服务的能力，关注的是时间维度的可用性，与系统可靠性相区别，后者强调系统在接收到正确的指令后给出正确输出的能力，关注的是信息的准确性。

（3）分区容错性：分布式系统在遇到某节点或网络分区出现故障时，仍然能够对外提供满足数据一致性和系统可用性的服务。

数据不一致出现的一种情况如图 2-7 所示。初始状态下数据 v 在主从数据库中都为 a，业务在某一时刻修改了主数据库中的 v 为 b，这时主从同步网络出现故障，导致从数据库中的 v 仍为 a，这就出现了数据不一致的问题。数据不一致的问题很常见，只要在多分区场景（例如数据库主从、数据库和缓存、多数据中心数据等）下就会存在。

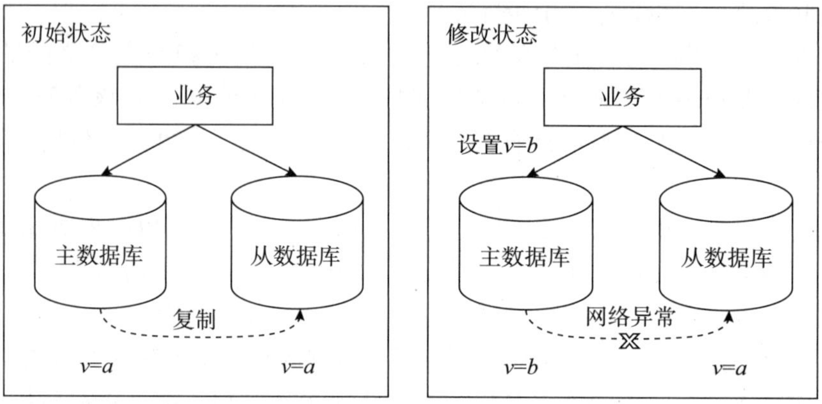

（a）　　　　　　　　　　（b）

图 2-7　主从数据一致性

通常来说，数据一致性问题的处理方式有两种：一种是数据串行化处理，例如使用消息队列的分区机制实现；另一种是通过为数据加上标准化的时间戳来实现，这样数据无须有序处理，并发处理也可以，最终只需要对时间戳进行比较，按照最新的时间戳进行设置。

系统可用性描述了一个系统在允许的时间范围内对外提供服务的能力，一般采用 N 个 9 的方式来表示。例如 99%的系统可用性代表系统全年约有 87 小时发生故障，而 99.999%称为 5 个 9 稳定性，代表系统全年故障时间不到 6 分钟。

将数据一致性、系统可用性、分区容错性这三个指标的英文首字母大写即得 CAP 理论。CAP 理论指出，分布式系统中这三者无法同时实现，只能实现其二。由于在分布式多副本场景中，网络抖动导致的数据分区客观存在，因此分区容错性问题不可避免。CAP 在分布式多副本场景下最终关注的是选择 AP 还是 CP。

4. BASE 理论

BASE 理论是 eBay 架构师 Dan Pritchett 对大规模分布式系统的实践总结，他在 ACM 上发表文章全面阐述了 BASE 理论。BASE 理论由 CAP 理论演化而来，它的核心思想是如果一个系统无法做到强一致性，那么可以依据业务自身的特性采取适当的方法使系统达到最终一致性。BASE 理论涉及以下三个概念：

（1）基本可用。基本可用是相对于高可用而言的，它表示的是系统在出现故障时还可以使用，只是有一定损失，例如响应速度变慢，功能有所损失。

（2）软状态。软状态是相对于原子性处理而言的，原子性处理要求所有阶段都保持一致，做到一致成功或一致失败，而软状态允许在不影响系统可用性的前提下，出现中间不一致的状态。

（3）最终一致性。软状态只是一个中间状态，所以在业务允许的时间范围内需要做到最终一致，这个时间取决于网络延迟、系统负载、数据复制方案设计等因素。最终一致性根据业务场景可分为因果一致性（causal consistency）、读已之所写一致性（read-your-writes consistency）、会话一致性（session consistency）、单调读一致性（monotonic read consistency）和单调写一致性（monotonic write consistency）。

2.2.2　数据存储

由于分布式系统架构在数据存储方面的高性能更多关注数据库的相关设计，是所有系统架构都关注的部分，与分布式的关系不大，所以这里从高可用的角度来介绍分布式系统架构在数据存储方面的设计。高可用角度下分布式系统架构在数据存储方面主要指两个层面，从服务器层面讲是双机架构，从数据层面讲是数据多副本。

1. 双机架构

一般将单机房场景下的两台服务器配合实现高可用称为双机架构，常见的双机架构有主备模式、主从模式和双主模式。

（1）主备模式。

主备模式是一种最简单的架构（见图 2－8），由一个主数据库和一个备数据库组成。备数据库在正常情况下不使用，只有在主数据库出现故障时才启用。

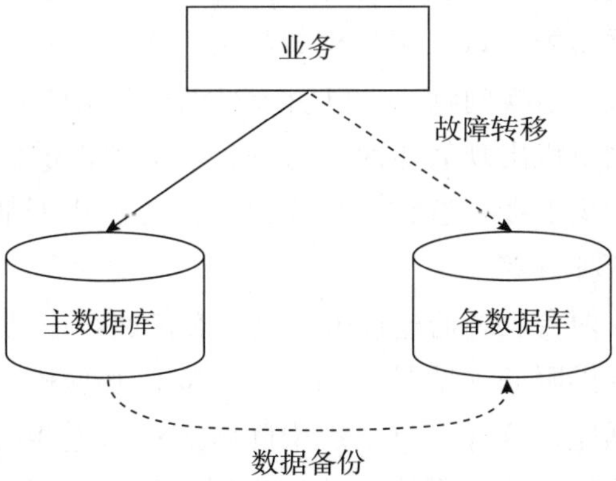

图 2－8　主备模式

两个数据库提供数据存储服务，主数据库接收线上所有的读写请求，备数据库离线从主数据库实时获取数据备份，一旦主数据库出现故障，就通过人工切换的方式将业务请求转移到备数据库。此时主数据库下线，由备数据库作为主数据库继续提供服务。

主备模式的优点是实现非常简单，对外业务只需要感知主数据库的地址，备数据库对业务透明，它只需要从主数据库同步数据。

在正常业务场景下，备数据库不提供服务，这就导致备数据库在资源层面上没有得到有效利用，数据库的性能（特别是读取性能）无法得到有效提升。另外，备数据库的切换只能靠人工实现，因此会提高运维成本，降低系统可用性。

（2）主从模式。

主从模式是在主备模式基础上的一个升级，它将正常场景下的备数据库提升为可用的从数据库，见图 2-9。

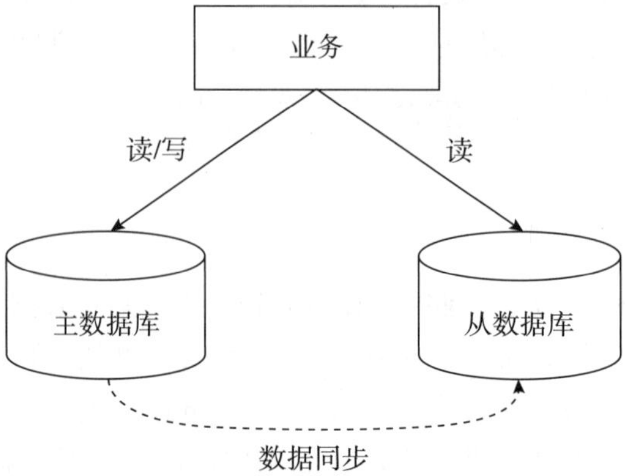

图 2-9　主从模式

业务将写入及某些读操作分发到主数据库，将另一部分读操作分发到从数据库，以缓解主数据库的读取压力，同时主数据库的任何改动都同步到从数据库。

主从模式解决了主备模式下的资源浪费问题，提升了线上读取数据的性能。但这种模式的缺点也比较明显，即业务需要感知主从数据库，并且需要判断什么场景下分发到哪个数据库进行读取，例如，写入后的数据需要立即读取，此时需要在主数据库中读取，其他场景下可以在从数据库中读取。主从模式的另一个缺点是当出现故障时，仍然需要人工介入切换。为解决人工切换问题，可以引入双机自动切换方案。

双机自动切换是指当主机出现故障时，另一台服务器能够感知并自动切换为主机来提供服务，同时原来的主机下线，这在主从模式和主备模式下都适用，具体有双机互探模式和第三方探测模式两种方案。

双机互探模式将主从两台服务器连接来实现状态传递，一旦从机发现主机出现故障，就将本机提升为主机来提供服务（见图 2-10）。在双机互探模式下，两台服务器自行决定是否提升自己为主数据库，这样一旦出现中间状态传递连接的网络故障，两台服务器都会向业务报告将自己提升为主数据库，从而出现“脑裂”问题，此时需要引入第三方探测模式。

在第三方探测模式中，主从两台服务器仍然正常提供服务，它们之间不做任何状态传递，新增一个第三方服务器进行状态检测。通过第三方服务器主动对主/从数据库进行状态探测，并对两者的状态进行判断，进而选择出一台服务器提升为主数据库（见图 2-11）。这种模式使得状态的探测更为独立，并且由于第三方的介入，可以依据状态只选择一台服务器提供服务，避免了“脑裂”问题。

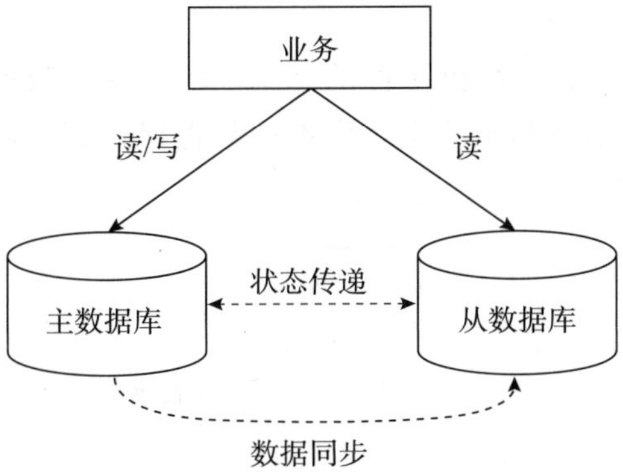

图 2－10　双机互探模式

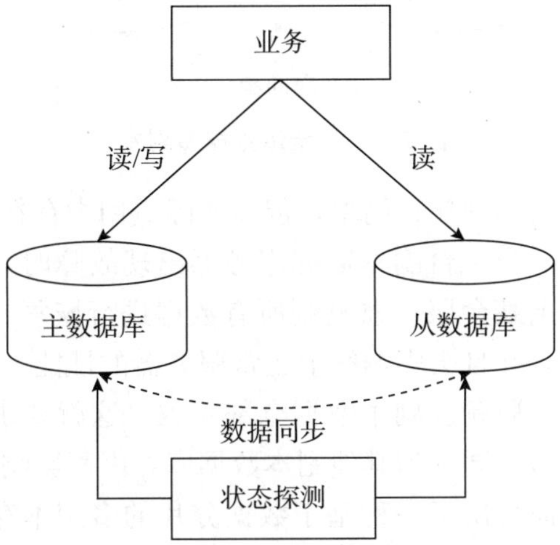

图 2－11　第三方探测模式

（3）双主模式。

双主模式是指两个数据库互为主从，都对外提供读写，当客户端访问时，可以以某种策略来连接后端的两台服务器（见图 2－12）。在这种模式下，业务对后端任意数据库都可以进行读写，最核心的问题在于数据库间的双向同步。这种模式适用于对数据一致性不敏感的场景。

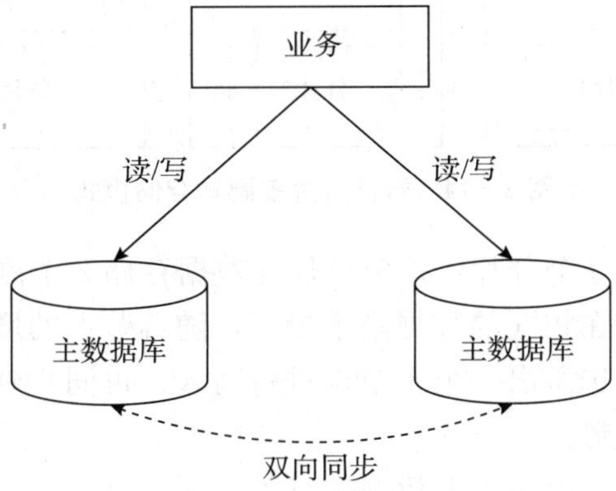

图 2－12　双主模式

2. 数据多副本

副本是分布式系统容错、提高可用性的基本手段，一般数据副本的基本策略以机器为单位，每个副本存储在不同的机器上，副本的数据保持完全一致，称为全量数据多副本，如图 2－13 所示。

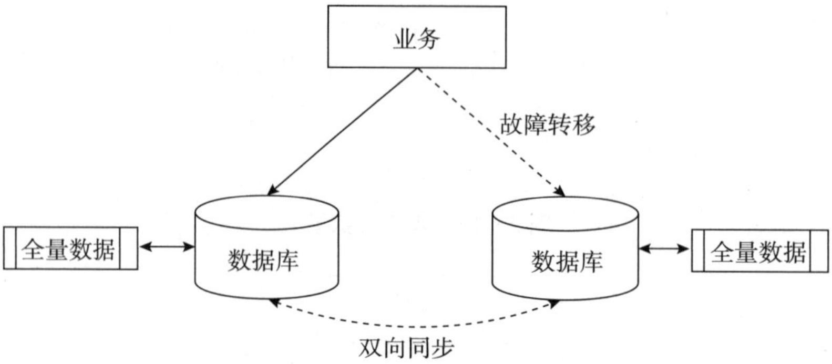

图 2－13　全量数据多副本

全量数据多副本模式的实现比较简单，但在实际应用中存在以下问题：

（1）数据恢复效率低。当一台副本数据服务器出现故障时，就需要上线一台新的服务器，新服务器需要从线上某台服务器复制所有数据进行恢复。当数据规模较大时，数据恢复就需要较长的时间，并且会影响线上正常服务器的性能。

（2）数据写入性能成为瓶颈。副本数据全部一致，这就要求写入数据时有一个主写入，所有数据都从这个主写入同步到其他副本数据库，因而影响数据的写入性能。

针对以上两点不足，演变出了一种基于数据分片的多副本存储模式，将每个业务的数据进行分片，每个分片的数据再采取多副本存储模式，如图 2－14 所示。

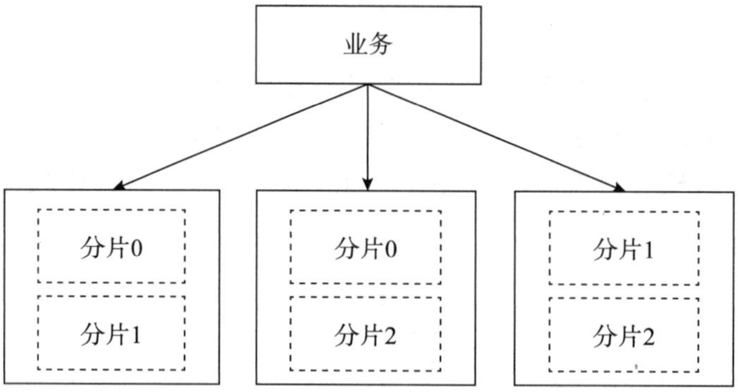

图 2－14　数据分片多副本存储模式

图 2－14 将数据分为 3 个分片，每个分片的数据存储 2 个副本，这样每个节点存储的是全量数据的一部分，在相同的数据副本量下，随着节点的增多，每个节点上存储的数据就会减少，每个分片选举出一个主节点进行写入，再同步到其他副本集。这种优化后的分片模式具有以下优势：

（1）数据写入性能好。由于每个数据进行了分片，每个分片数据都有一个主节点进行写入，因此数据分片数量越多，数据就可以分发到越多的节点进行并行写入，写入的性能就越好，避免了单节点写入的瓶颈。

（2）数据恢复效率高。如果一个节点出现故障，新加入的节点只需恢复故障节点上的数据。而新加入的节点对于故障节点上的数据，可以依据分片从不同节点并行获取。这样节点出现故障后新加入的节点需要复制的数据量减少，同时复制的并行度提高，数据恢复效率也就提高了。

（3）扩容便捷。新加入的节点不用担心原来集群的节点数量，只需要按照业务需求扩容，但会出现不同节点上有数据倾斜的情况。

在业务场景下，数据分片策略一般包括基于区域的数据分片、基于用户 ID 的数据分片和基于时间的数据分片，需要结合具体业务场景进行选择和优化。

由于数据采取多副本存储，依据 CAP 理论就需要考虑数据一致性问题，这里简单介绍几种数据一致性的实现方案。

（1）链式写入，保障所有副本写入后返回。这种模式只需要主节点复制一次数据到从节点，接下来从节点再链式地复制数据到下一层从节点，以期将对主节点的数据复制性能的影响降到最低，同时也可以实现数据强一致性。缺点是整个复制链条的时间响应较长，性能较差。链式写入实现数据一致性的过程如图 2－15 所示。

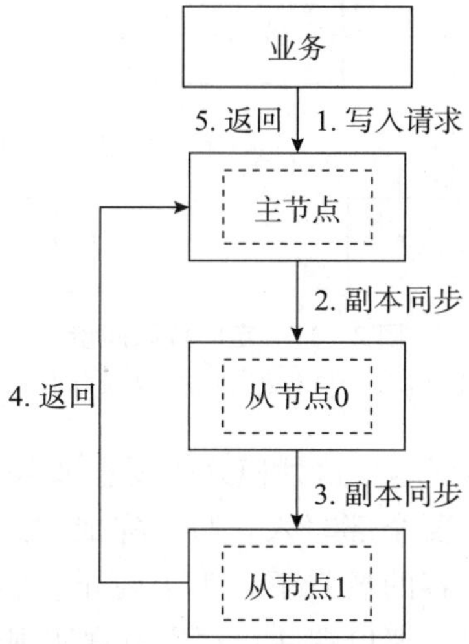

图 2－15　链式写入实现数据一致性

资料来源：谢文辉. 分布式应用系统架构设计与实践. 北京：人民邮电出版社，2022：121.

（2）主节点并行写入，保障所有副本写入完成后返回。当业务提出写入请求时，主节点接收后本地节点先写入，然后将数据同时分发到所有从节点进行写入，只有所有从节点的副本写入完成后才反馈写入成功。这种模式也可以实现数据的强一致性，性能相对于链式写入更优，数据同步性能取决于性能最差的从节点的写入能力。主节点并行写入实现数据一致性的过程如图 2－16 所示。

（3）主节点写入完成即返回。在有的场景下，若不一定需要强一致性同步，则可以采用这种策略，所有从节点的副本数据可以通过定时任务进行同步。这种方式中，主节点写入后就返回，其他从节点从主节点定时拉取数据同步，可以有效地提升写入性能，但存在定时拉取数据同步失败或者丢失的问题，在一致性上不如前面两种模式。定时拉

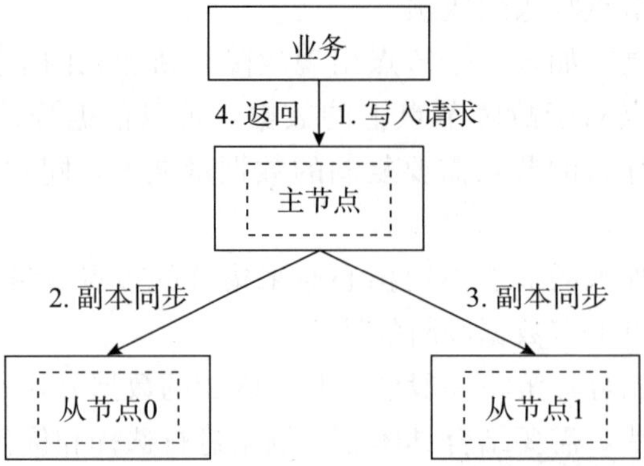

图 2-16　主节点并行写入实现数据一致性

资料来源：谢文辉．分布式应用系统架构设计与实践．北京：人民邮电出版社，2022：121．

取同步的过程如图 2-17 所示。

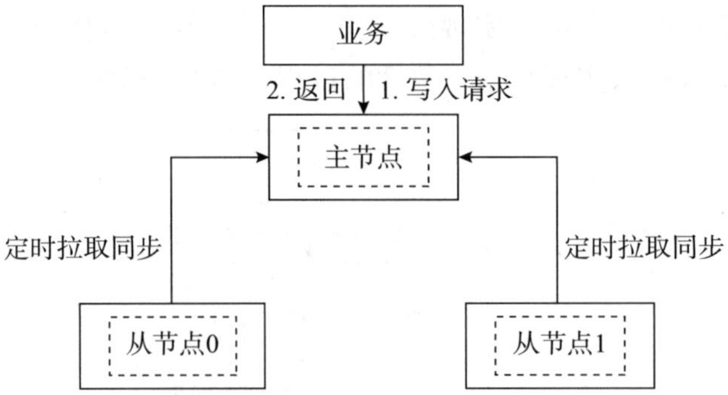

图 2-17　定时拉取同步

资料来源：谢文辉．分布式应用系统架构设计与实践．北京：人民邮电出版社，2022：122．

（4）由客户端并行写入多副本。这种模式需要在业务层实现，对业务侵入性较大。所有数据只要有多副本，就需要全部写入，写入完成才返回，这会影响业务端的写入性能，一般来说，在数据库扩容的场景下，为了防止扩容失败，数据需要做回档处理时，会短暂采取这种模式实现。客户端并行写入数据实现数据一致性的过程如图 2-18 所示。

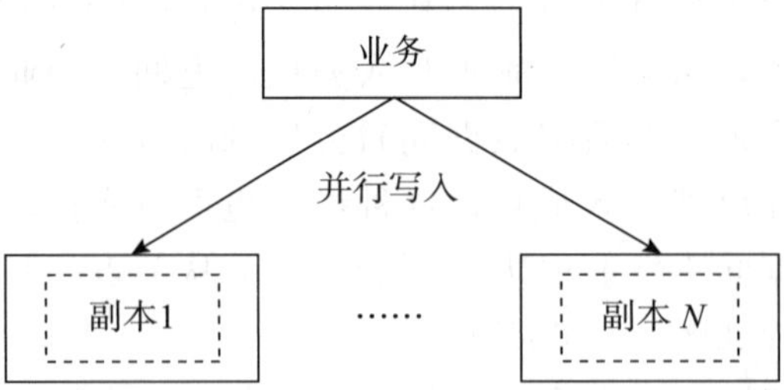

图 2-18　客户端并行写入实现数据一致性

资料来源：谢文辉．分布式应用系统架构设计与实践．北京：人民邮电出版社，2022：122．

2.2.3　多机房架构

业务的多机房部署现在已经比较常见，相较于单机房部署，多机房部署在扩展性、容灾能力和系统性能方面都具有优势。一般来说，多机房将一个系统进行了网络分区，依据 CAP 理论，就需要考虑系统可用性和数据一致性的问题。由于提升系统可用性是多机房架构的一项很重要的功能，因此数据一致性是多机房架构的重点关注问题。依照数据的读写特性，多机房架构可以分为如下四类：跨机房写、消息队列写、双向写以及用户切分。

1. 跨机房写

跨机房写是一种比较典型的主从机房实现方案，和单机房场景下的主从数据库的部署模式类似。其结构如图 2 - 19 所示。

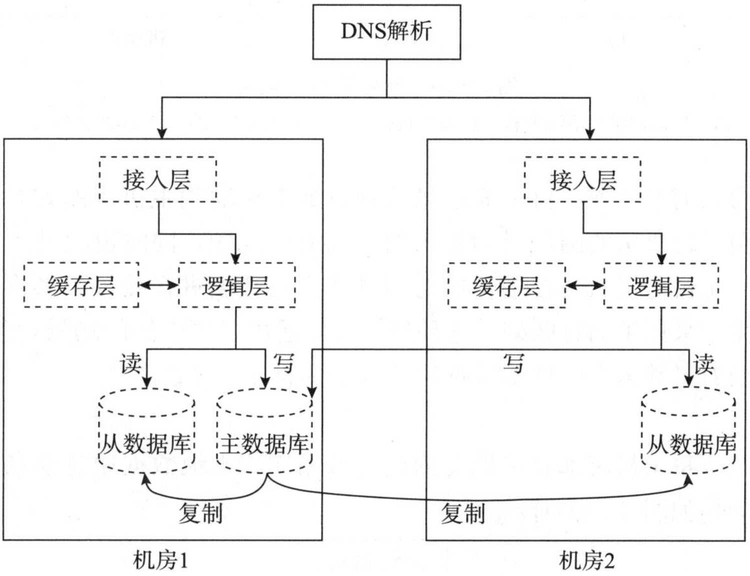

图 2 - 19　跨机房写结构

资料来源：谢文辉. 分布式应用系统架构设计与实践. 北京：人民邮电出版社，2022：134.

通过 DNS 解析将不同区域的用户分发到指定机房，流量上没有主从之分，但是从读写的角度来看，机房已分为主从机房。主机房负责数据的写入和读取，从机房只负责数据的读取，从机房需要将数据通过机房间专线写入主机房的主数据库，多机房的数据同步采用数据库的主从复制实现。

跨机房写的优势很明显：实现比较简单，在数据库层实现读写分离，业务只要配置读写数据库连接即可实现多机房部署。由于数据在从机房写入需要经过机房间专线，所以业务对机房间专线的依赖较大，适合读多写少的场景。

2. 消息队列写

消息队列写解决了跨机房直接写场景下网络不稳定带来的业务可用性降低的问题。其架构如图 2 - 20 所示。

消息队列写和跨机房写的架构很相似，只是在从机房写入时不是跨机房直接写入，

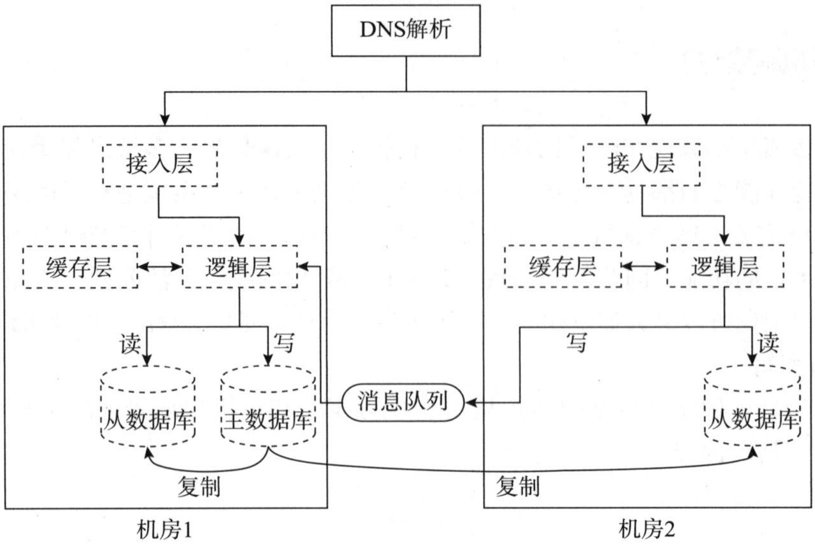

图 2-20　消息队列写架构

资料来源：谢文辉. 分布式应用系统架构设计与实践. 北京：人民邮电出版社，2022：135.

而是采取了先写入消息队列，再依靠消息队列将数据传输到主机房的方式，写入是在本地完成的，避免了跨机房的网络抖动带来的写入故障问题，同时也提升了系统在从机房的写入性能。在主机房仍然是在逻辑层对消息队列的数据进行接收，再将数据写入主机房的数据库。由于采用了消息队列，这种模式可以适用于更广泛的场景，包括读多写少、读写均衡，以及对于数据实时性不敏感的写多读少业务。

3. 双向写

双向写模式下每个机房都有本地化的读写数据库，本地数据通过消息队列进行双向同步修改。其架构如图 2-21 所示。

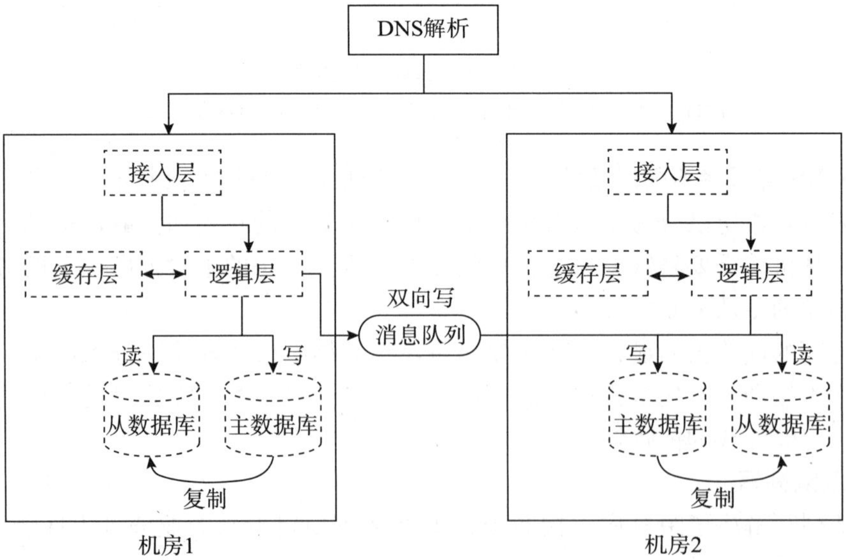

图 2-21　双向写架构

资料来源：谢文辉. 分布式应用系统架构设计与实践. 北京：人民邮电出版社，2022：136.

双向写模式已经具有双活形态，每个机房都可以独立地进行读写，本地通过主从数据库进行同步，如果本地有新增或者修改的数据，都通过消息队列同步更新。数据的双向同步实现方案如果基于逻辑层，比如图 2－21 展示的架构会对逻辑层有较大入侵，也可基于数据库的日志 binlog 解析进行同步（见图 2－22），有效解决对逻辑层入侵的问题。

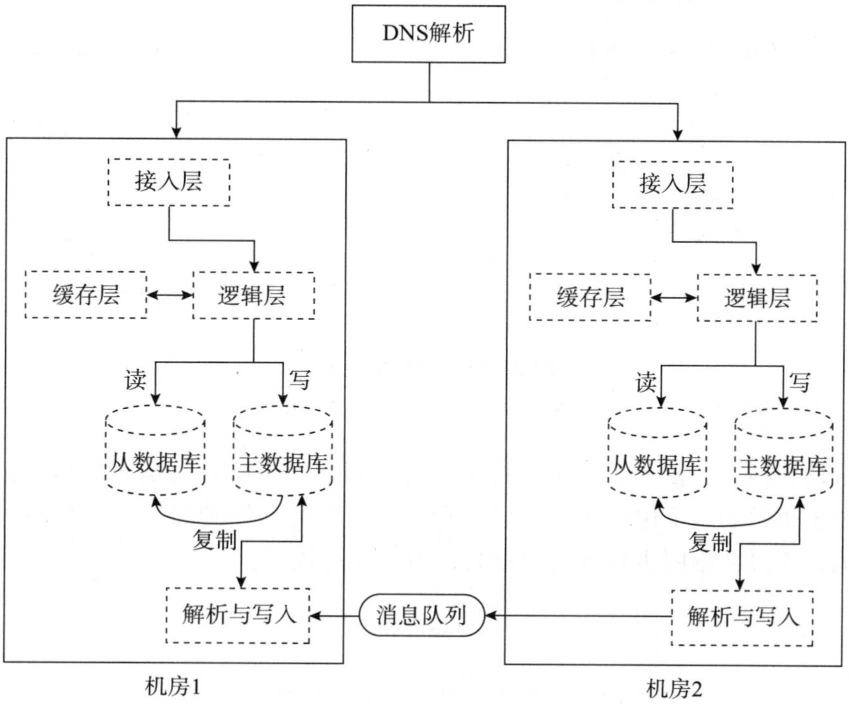

图 2－22　数据库日志解析双向同步架构

资料来源：谢文辉. 分布式应用系统架构设计与实践. 北京：人民邮电出版社，2022：136.

独立出一个数据同步组件，以实现解析数据库的日志 binlog，并通过消息队列写入进行双向同步。这里需要注意数据循环复制的问题，可以在解析的数据库日志中加上机房的标识，再写入消息队列进行同步，当另一个机房写入数据时先判断数据是不是本地机房的，如果不是才写入本地数据库。

双向写模式主要适合写比较多的业务场景。

4. 用户切分

用户切分是依据用户的一些属性，将用户请求固定分发到不同的机房进行访问，从而实现多机房的数据存储。其架构如图 2－23 所示。

用户切分模式依据用户的一些属性，将用户请求固定分发到一个机房，如果发现该用户不属于本机房，则通过机房间专线强制转发到用户所在的机房进行处理。每个机房的数据是独立的，所有机房的数据合集构成全网用户数据。但如果其中一个机房出现故障，由于机房间数据独立，用户请求的处理就会出现问题，解决方法是引入双向同步组件。

正常访问场景下按照用户切分进行本地访问，并引入数据库双向同步组件进行数据同步（见图 2－24），当其中一个机房出现故障时，直接将流量切换到另一个机房，并设

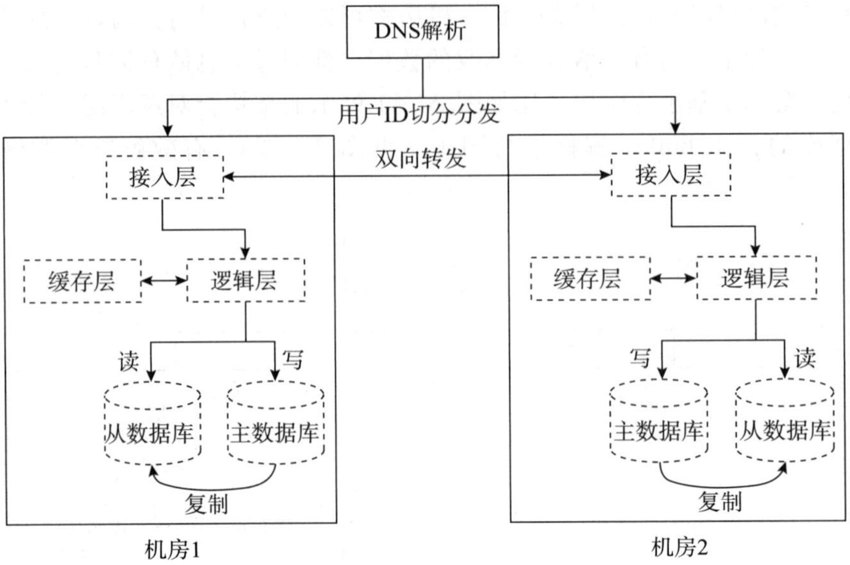

图 2-23　用户切分架构

资料来源：谢文辉. 分布式应用系统架构设计与实践. 北京：人民邮电出版社，2022：137.

置服务流量切换标志，提示接入层不将用户转发到指定机房，而是通过本地机房的数据库访问。由于正常场景下用户的数据已实现同步，因此切换到另一个机房也可以访问该用户的数据，不过数据同步效率会导致数据短暂不一致。

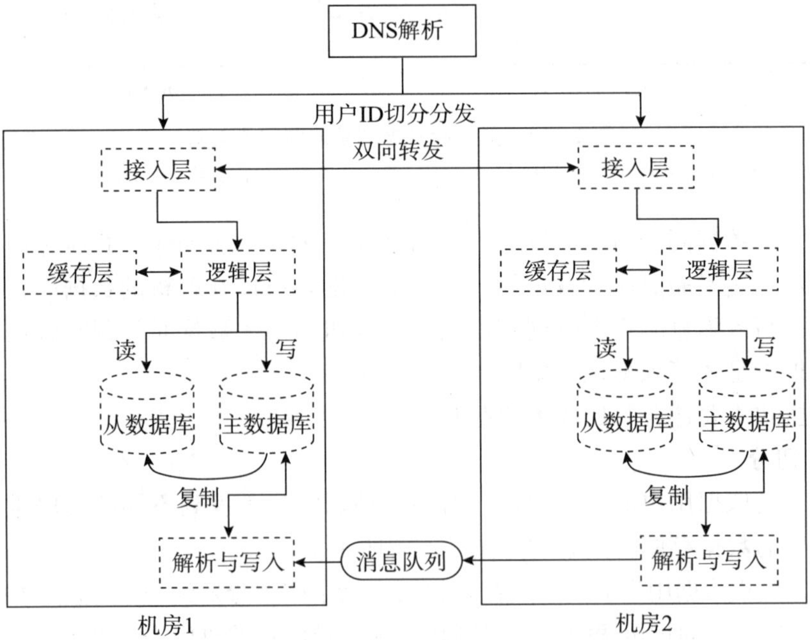

图 2-24　用户切分并引入数据双向同步架构

资料来源：谢文辉. 分布式应用系统架构设计与实践. 北京：人民邮电出版社，2022：138.

2.3　分布式网络

上一节主要讨论分布式技术在数据存储方面的相关理论和应用方法，分布式技术在区块链中主要体现在 P2P 网络。P2P 网络是一种分布式网络，在比特币、以太坊等经典区块链应用中单独作为一个网络层，占据举足轻重的地位。本节将对 P2P 网络进行介绍，并介绍 P2P 网络的相关算法和协议。

2.3.1　P2P 网络简介

P2P 是 peer-to-peer 的缩写，可以直译为点对点。P2P 网络是一种典型的自组织性计算机网络，它是由一些具有相同地位、能够提供某类服务的计算机组成的网络，也是一种基于互联网的分布式计算机模型或网络系统。

关于 P2P 网络尚未有统一的定义。一些具有代表性的 IT 公司或研究人员对 P2P 网络的定义如下：

（1）P2P 是一种通过计算机系统之间的直接交换来实现计算机资源与服务共享的技术（英特尔公司，2001 年）。

（2）P2P 是由若干相互连接、协同工作的计算机构成的系统，它具有如下特点：①系统依靠边缘化（非中央服务器）的协同工作，使系统中每个计算机成员直接从其他计算机成员而不是从中央服务器受益；②系统中的成员同时扮演服务器与客户端的角色；③系统中各用户能够意识到彼此的存在，它们之间构成了一个虚拟或实际的群体（IBM 公司，2001 年）。

（3）P2P 是一种每个节点都具有相同能力与责任的网络结构，P2P 网络的网络结构与 C/S 的网络结构完全不同。通常，在 C/S 的网络结构中，使用一台或多台中央服务器为其他客户端提供服务；P2P 网络使节点之间的数据与信息的实时传输变得更加容易，节点既可以起到客户端的作用，又可以起到服务器的作用，每个节点具有自治性且能够维护那些中断连接节点和没有固定 IP 地址的节点（Mike Miller 等，2001 年）。

（4）P2P 网络是一类使用分布式资源以分散方式执行功能的系统和应用程序。这些资源包括计算机能力、数据（存储和内容）、网络带宽等（计算机、人力和其他资源）（Milojicic 等，2002 年）。

从上面的定义可以看出，关于 P2P 网络定义的描述具有相通之处。所以 P2P 网络应该是一种架构在互联网之上的网络，并且网络中的节点间是对等关系且同时具备生产资源和消费资源的行为模式，以无中介、对等的方式进行双向交换。P2P 网络依赖节点的存在而存在，节点可以自由地加入或退出，并且当任意节点加入或退出时，网络的组织、结构等特性不发生改变。①

---

① 高胜，朱建明，等. 区块链技术与实践. 北京：机械工业出版社，2021：58－61.

与传统的C/S模式相比，P2P模式具有以下优点：

（1）分布式。在P2P网络中，资源和服务分散在所有节点上，信息的传输和服务的实现都直接在节点之间进行，可以无需中间环节和中介服务器。

（2）拓扑动态性。P2P网络是一种分布式的动态网络，随着各对等点的动态加入与退出，整个网络的资源总量、拓扑结构、路由方式都处于动态变化之中。

（3）网络健壮性。P2P架构天生具有耐攻击、高容错的优点。由于服务是分散在各节点之间进行的，部分节点或网络遭到破坏对其他部分的影响很小。P2P网络一般在部分节点失效、退出以及新节点加入时能够自动调整整体的拓扑结构，保持其他节点的连通性。

（4）负载均衡性。在P2P网络环境下，由于各个节点既是服务器又是客户端，减少了对传统C/S结构模式下服务器计算能力、存储能力的要求。同时因为资源分布在多个节点中，所以更好地实现了整个网络的负载均衡。

（5）高性价比。P2P网络架构可以有效地利用互联网中散布的大量普通节点，将计算任务或存储资料分布到所有节点上，利用其中闲置的计算能力或存储空间，达到高性能和海量存储的目的。

（6）隐私性。在P2P网络中，由于信息的传输分散在各节点之间进行而无须经过某个集中环节，用户的隐私信息被窃听和泄露的可能性大大降低。此外，在P2P网络中，所有参与者都可以提供中继转发功能，大大降低了传统模式中依赖单一中继服务器所带来的弊端，提升了匿名通信的灵活性和可靠性，这也是当前基于P2P传输机制的区块链技术具有良好隐私保护性的重要原因之一。

P2P主要存在四种不同的网络模型——集中式、分布式、混合式和结构化模型，代表着P2P网络技术发展的不同阶段。[①]

集中式是最简单的路由方式，即存在一个中心节点保存了其他所有节点的索引信息。索引信息包括节点的IP地址、端口、资源等。集中式路由的优点是结构简单、实现容易；缺点是由于中心节点需要存储所有节点的路由信息，当节点规模扩展时，就容易出现性能瓶颈，也存在单点故障的问题。集中式结构如图2-25所示。

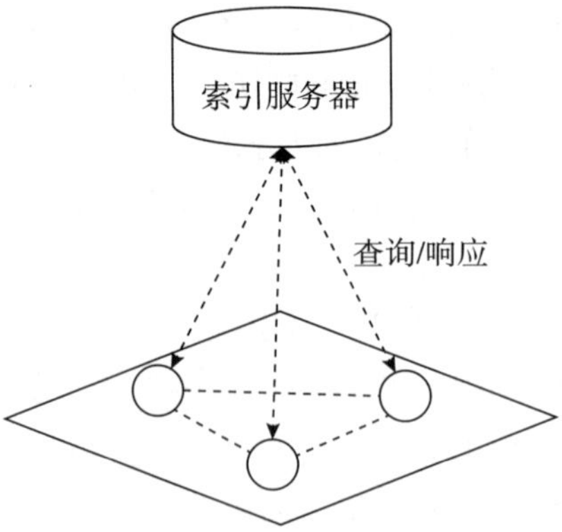

图2-25　P2P网络集中式结构

① 武春岭，袁煜明，卢建云. 区块链应用技术. 北京：电子工业出版社，2022：79.

分布式移除了中心节点，在P2P节点之间建立随机网络，在一个新加入节点和P2P网络中的某个节点间随机建立连接通道，从而形成一个随机拓扑结构。新节点加入网络的实现方法有多种，最简单的就是随机选择一个已经存在的节点，并建立邻居关系。新节点与邻居节点建立连接后，还需要进行全网广播，让整个网络都知道该节点的存在。分布式结构如图2-26所示。

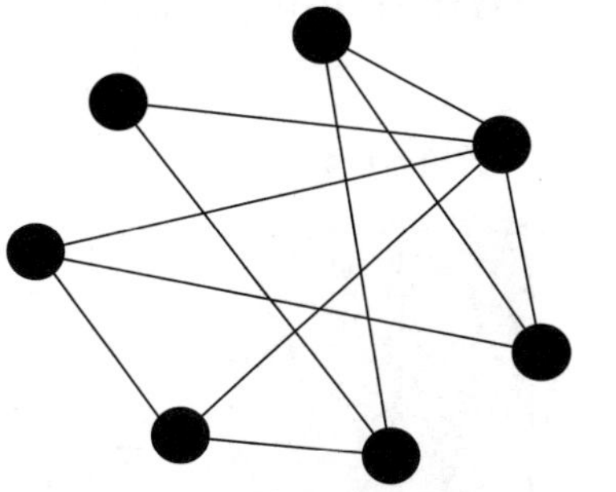

图2-26　P2P网络分布式结构

混合式结合了集中式和分布式结构。网络中存在多个超级节点组成的分布式网络，每个超级节点都有多个普通节点与它组成局部的集中式网络。一个新的普通节点加入，需要先选择一个超级节点进行通信，该超级节点再将其他超级节点列表推送给新加入节点，新加入节点根据列表中超级节点的状态决定具体将哪个超级节点作为父节点。其结构如图2-27所示。

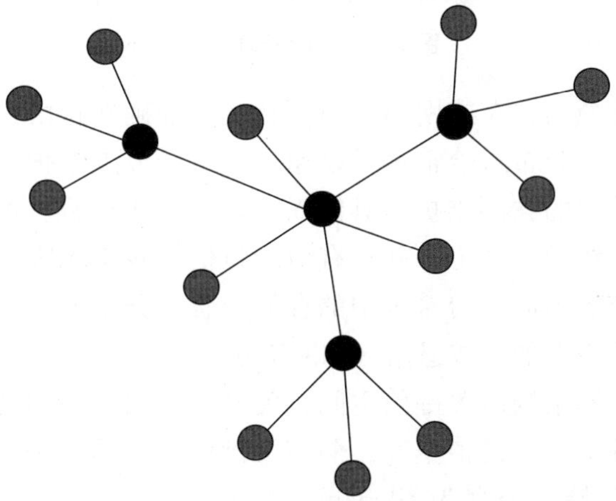

图2-27　P2P网络混合式结构

结构化模型将所有节点按照某种结构进行有序组织，如形成一个环状网络或树状网络。结构化模型的具体实现主要基于分布式哈希表（distributed hash table，DHT）思想，需要解决如何在分布式环境下快速、准确地进行路由和定位数据的问题。

2.3.2　分布式哈希表

分布式哈希表是哈希表的一种变体形式，在理解分布式哈希表之前，先看看常用的数据结构——哈希表。

哈希表存储的数据有键（key）和值（value）两部分，其利用哈希函数将键映射到一个存储位置来访问记录，查询的时间复杂度可以达到 O(1)。

图 2－28 所示的是一个简单的哈希表，其中键为人名，值为 Bucket 中的电话号码，可以将 Bucket 看作一个长度为 16 的数组。人名通过哈希函数转换为数字，数字作为 Bucket 数组的下标。下标对应的数组空间用来存储电话号码，最终构成一个简单的哈希表。[①]

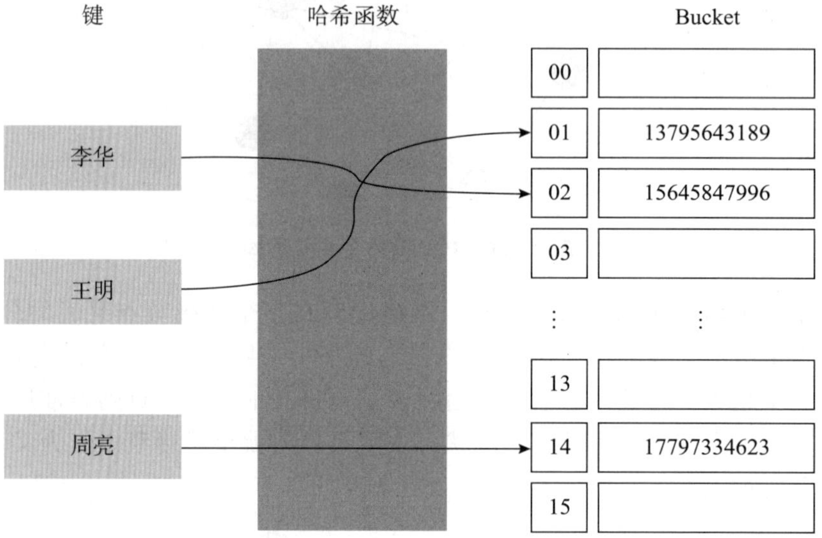

图 2－28　哈希表示例

哈希表所具有的性质为分布式网络环境下快速、准确地路由、定位数据提供了新思路。在哈希表的基础上，分布式哈希表可以通过让每个节点维护一部分哈希表的方式实现全网节点对全局哈希表的共同维护。具体而言，分布式哈希表可以将一个关键值的集合分散到所有分布式系统的节点上，并且有效地将信息转送到唯一拥有查询者提供的关键值的节点。这里的节点类似于哈希表中的存储位置。分布式哈希表通常是为拥有较大节点数量，而且节点常常会加入或退出（如网络断线）的系统而设计的。

分布式哈希表的基本结构由关键值空间、关键值空间分割和延展网络等组成，其中起基础作用的是一个抽象的关键值空间。假定关键值空间是一个 160 位的字符集合，为了在分布式哈希表中存储一个名为 filename 且内容为 value 的文件，首先需要计算出 filename 的 SHA-1 哈希值（即一个 160 位的关键值 key），并将信息“put(key,value)”发送给分布式哈希表中的任意参与节点。此信息在延展网络中被转送，直到抵达在关键值空间分割中被指定负责存储关键值 key 的节点，而＜key,value＞即存储在该节点上。调用这条信息时，其他节点只需重新计算 filename 的哈希值 key 的相关资料，相关资料便会在延展网络中被转送到负责存储 key 的节点上，而此节点则负责传回存储的资料 value。

① 袁煜明. 区块链技术进阶指南. 北京：机械工业出版社，2020：64－65.

关键值空间分割是指大多数分布式哈希表使用某些稳定的哈希方法将关键值对应到节点。这种方法使用一个函数 δ 来定义两个关键值之间的距离。每个节点被指定一个关键值，成为 ID。ID 为 i 的节点根据函数 δ 来计算最接近 i 的所有关键值。

每个节点拥有一些到其他节点（它的邻居）的连接，将这些连接组合起来就形成了延展网络。在分布式哈希表中，对于任意一个节点 i，其他节点要么明确知道该节点的关键值，进而与其进行直接连接，要么通过一个能了解到且关键值最接近该节点关键值的其他节点与节点 i 进行连接。

图 2-29 是一个分布式哈希表，数据被哈希之后会得到一个哈希值作为数据的唯一标识，然后根据某种规则将该哈希值和网络中的某个节点关联起来，数据就存放在这个节点中。不同的数据由于被哈希后的值不同，因此会存储到不同的节点中。这样一来，每个节点都只存储了整体数据的一部分，所有节点一起构成了一个分布式数据库。在网络查询数据时，只要知道数据的哈希值，再根据特定的路由规则和存放数据的规则就可以获得相应的节点，最终从节点中获取需要的数据。

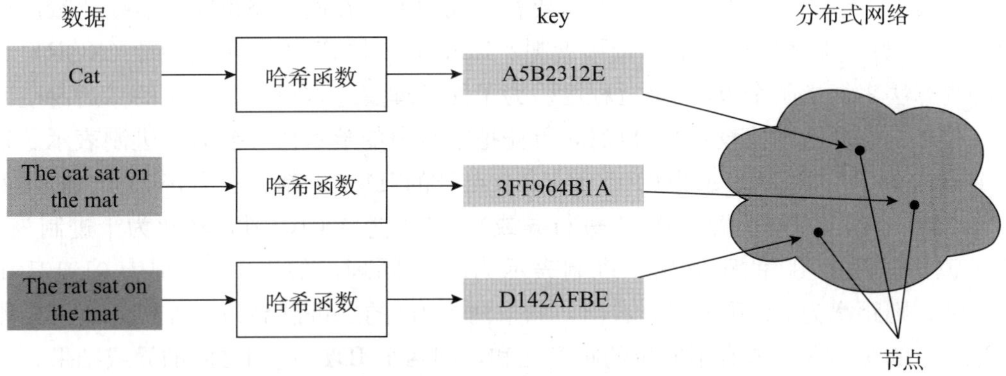

图 2-29　分布式哈希表示例

资料来源：袁煜明. 区块链技术进阶指南. 北京：机械工业出版社，2020：113.

分布式哈希表有以下三个特性：

（1）离散性：构成系统的节点并没有任何中心式的协调机制，做到了完全去中心化。

（2）伸缩性：即使有成千上万个节点，系统也十分有效。加入的节点越多，网络可提供的服务能力就越强。

（3）容错性：即使节点不断地加入、退出或是停止工作，系统也能达到一定的可靠性。

以上三个特性对于完全去中心化的 P2P 网络构建十分重要，采用分布式哈希表也因此成为实现 P2P 网络的首选方案。

2.3.3　Kademlia 协议

2001 年，内容寻址网络（content addressable network，CAN）、Chord、Pastry 以及 Tapestry 这四种分布式哈希表技术被发明出来，推动了分布式哈希表在 P2P 网络领域的发展。2002 年，Kademlia 协议被设计出来，与前四种分布式哈希表技术相比，Kademlia 协议采用的数据结构简单，路由方式实现起来足够灵活，具有较好的性能，并且安全性也较高。Kademlia 协议在各种分布式哈希表实现中具有很强的竞争力，成为分布式哈希表中被采用最多的技术。下面将对 Kademlia 协议进行介绍。

和其他分布式哈希表的实现一样，Kademlia 协议网络中每个节点都只知道部分信息，即部分文件保存的位置。这就产生了一个问题：对于某个具体的节点，应该知道哪些文件的存储位置呢？为了解决这个问题，引入了两个哈希值：节点 ID 和文件的哈希值。节点 ID 是节点的唯一标识，范围为一个 160 位（20 字节）的二进制空间，比如可用不同的方式对节点某部分的独特信息进行哈希来得到；文件的哈希值范围也是一个 160 位的二进制空间，通常可以对文件内容进行哈希来得到。

可以制定这样一个规则：如果对一个文件计算出一个哈希值，则 ID 和该哈希值相同或者接近的节点要知道从哪里下载该文件。有了这个规则后，就把文件和某些节点联系在了一起，存储和搜寻文件时可以根据文件的哈希值在网络中寻找相应节点。

规则表明，节点 ID 和文件的哈希值要相同或相近，在网络路由时也需要比较两个节点 ID 是否接近，那么如何衡量是否接近呢？Kademlia 协议中采用了异或（XOR）算法作为距离算法来衡量两个 ID 的接近程度。为了便于理解，这里把 160 位的二进制空间减小到 8 位来举例说明。比较两个 ID 时，首先把字符串的哈希值转换为二进制表示。这里假设节点 A 的 ID 二进制表示为 01010101，节点 B 的 ID 二进制表示为 01000000，将两个 ID 进行异或运算（对应位置的 0、1 进行异或），结果为 00010101，转化为十进制为 21，也就是说，这两个 ID 的距离用十进制表示为 21。同理，如果 ID 分别为 01010101 和 01010000，则距离为 5。从中可以看出，如果两个 ID 的二进制高位（左侧）不同，则距离更远，总的距离等于所有不同位的距离之和，即两个 ID 二进制之间的异或结果。

在了解 Kademlia 协议中的距离算法后，接下来的问题是：在网络中用一个文件的哈希值进行搜索时，如何得到这个文件的存储位置信息？这就称为 Kademlia 的路由机制。

要理解路由机制，可以从 Kademlia 协议中的 k-bucket（k-桶）开始。k-bucket 是 Kademlia 协议中提出的一个概念，一个节点会有多个 k-bucket，不同 k-bucket 的区别在于与该节点的距离不同，每个 k-bucket 中存放了到该节点的距离在某个范围内的其他已知节点。为了便于理解，这里假设有一个节点 A，其 ID 为 10101010，称为 ID A，下面根据规则来为节点 A“摆放”k-bucket。

首先从 ID A 的最低位开始，假设有一类 ID，它们除了最低位，其他位都和 ID A 相同。根据二进制的性质，可以得出这类 ID 只有一个——10101011，它和 ID A 的异或距离为 1，将它放入节点 A 的 k-bucket 1。再假设有一类 ID，它们和 ID A 在倒数第一位和倒数第二位有所不同，这样的 ID 除去 10101011 只有两个，分别为 10101000 和 10101001，异或距离分别为 2 和 3，将其放入节点 A 的 k-bucket 2。同理，如果一类 ID 和 ID A 从倒数第三位往右开始不同，除去前面的三个 ID，则这样的 ID 有四个，分别为 10101110、10101111、10101100、10101101，异或距离分别为 4、5、6、7，将其放入 k-bucket 3。

将上述例子一般化可以得到以下规则：对于一个 ID A，从倒数第 i 位开始不同（左侧位数上数字相同），这样的节点有 2^{i-1}个，它们与 ID 的距离范围为 $[2^{i-1}, 2^{i})$，可以将其放入节点 A 的 k-bucket i。因为在 Kademlia 中 ID 为 160 位的随机二进制空间（160 位的二进制数），所以一个节点理论上有 160 个 k-bucket，每个 k-bucket 存放不同异或距离范围内的节点。

k-bucket 中的 k 代表什么呢？从 k-bucket 的规则来看，与节点距离越远，相应范围内的节点就越多。比如，如果左数第一位（倒数第一位，即 i 为 160）就不同，那么有 2^{159}个节点落在这个距离范围内。显然 k-bucket 160 是不可能装满的，那么应该装多少个节点呢？k 代表在每个 k-bucket 中最多装 k 个节点。k 是一个系统级的常量，可以根据实际需要进行设定，比如以太坊 1.0 中 k 被设定为 16，即一个 k-bucket 中最多存放 16 个对应距离范围内的节点。

了解 k-bucket 的基本组织方式后，再来看看如何利用 k-bucket 查找目标节点。现在假设节点 A 的 ID 为 01010101，要查找的节点 B 的 ID 为 01011001。首先将两个 ID 进行异或，得到的结果为 1100，两个 ID 从倒数第四位开始不同，那么 $i=4$，距离范围就是 $[2^3, 2^4)$。如果节点 A 记录了节点 B 的信息，根据规则就应该放入 k-bucket 4，从其中寻找是否记录了节点 B 的信息。实际中节点 A 不一定记录了节点 B 的信息，根据 Kademlia 协议的规则，系统会根据文件的哈希值，找到 ID 与之相同或相近的节点，然后由这些节点来负责记录该文件存储的具体位置信息，应该从 ID 更接近节点 B 的节点中查找。k-bucket 4 中节点的倒数第四位和节点 A 的倒数第四位不同，且二进制只能是 0 或者 1，所以它们和节点 B 的倒数第四位是相同的，即节点 B 和 k-bucket 中节点的 ID 至多是倒数第三位开始不同，它们离节点 B 更近。接着选择 k-bucket 4 中的任意节点，假设选择了节点 C，然后用同样的方式计算节点 C 与节点 B 的异或距离，确定从节点 C 的哪一个 k-bucket 中查找是否有节点 B。如果找到了，则将其信息返回给 A，如果没有找到，则根据同样的方式查找更接近节点 B 的节点，重复查找。

Kademlia 这种查找方式每进行一次，如果没有找到，就会把 ID 位数开始不同的位置向低位推一位，这样一来就排除了剩余节点的一半，这其实是一种折半查找。所以对于一个总节点数为 N 的网络，如果存在相应节点，最多只需要查询 $\log_2 N$ 次就能找到。

了解 Kademlia 的路由机制后，再来看看 k-bucket 中是如何增加节点的。k 代表每个 k-bucket 中存放节点的最大数量。每个 k-bucket 中存放的节点数量有两种情况：小于 k 或者等于 k。当 k-bucket 中的节点数量小于 k 时，如果发现了新的对应此 k-bucket 的节点，则直接将节点加入；当 k-bucket 中节点数量等于 k 时，则会 PING 一下 k-bucket 中已存在的节点，如果都能连接上，则不会把新的节点加入 k-bucket，如果有不能连接上的节点，则将其剔除，把新节点加入 k-bucket。之所以采用这种方式，是因为从统计分布的规律来看，长期保持在线的节点在未来长时间在线的可能性更大。

Kademlia 协议建立在上述 k-bucket 之上，可以发起如下四种消息请求。这些消息请求封装了对 k-bucket 的基本操作，组合起来可以改变网络的状态，使整个网络得以正常运行。一些常用操作如下：

- PING：用来测试节点是否依然在线。
- STORE：在某个节点存储一个键值对。

• FIND_NODE：消息请求的接收者将返回离自己 k-bucket 中请求的节点的 ID 最近的 k 个节点。

• FIND_VALUE：根据文件资源的 key 查找一个数据。和 FIND_NODE 类似，如果请求接收者拥有 key 对应的文件资源，则返回数据。key 是文件的内容哈希，和节点 ID 一样，有 160 位。

在 Kademlia 中节点的查询可以是并行的，即向一个节点发送 FIND_NODE 请求后，返回多个距离更近的节点，这时可以同时对这多个节点再次发起 FIND_NODE 请求。同时发起请求的节点数目由 α 参数控制。接收到请求的节点继续在它们的 k-bucket 中进行查询，如果明确离目标节点更近的节点，则返回相应的节点（最多 k 个）。请求节点收到响应后，更新结果列表，保持 k 个与目标节点距离更近的节点，然后对这些节点发起 FIND_NODE请求，不断迭代执行这个查询过程。如果查询结果中没有比上一次查询更接近的目标节点，则查询迭代终止。迭代结束时，就获取了 k 个离目标节点最近的节点。

在网络中存储文件资源时，由于对应节点可能不在线，因此文件资源会被存储在 k 个节点上。存储文件资源的节点会定期通过 FIND_NODE 请求来寻找网络中与文件资源的哈希值最接近的 k 个节点，然后通过 STORE 请求把文件资源复制到这些节点上。这样可以保证在部分节点不在线后，网络中还有相应节点能提供文件资源。但是如果网络中存储某个文件资源的所有节点都离线了，则没有节点再负责把文件资源复制到其他节点上，这个文件资源将从网络上永远消失。

一个新节点需要通过一个引导节点才能加入网络，引导节点是一个已经在网络中的节点。新节点需要知道引导节点的 IP 地址和端口，新节点会通过相关的哈希算法生成一个 ID，唯一标识自己，然后以这个 ID 向引导节点发起 FIND_NODE 请求，此过程中引导节点会向它知道的相关节点发起 FIND_NODE 请求来定位新节点。在这个定位过程中，收到请求的节点会把新节点的 ID 加入自己相应的 k-bucket 中，而新节点也会把收到请求的节点的 ID 加入自己的 k-bucket 中。这样新节点的 k-bucket 中就存入了其他节点，其他节点也在自己的 k-bucket 中存入了新节点，新节点就有了路由和被路由的能力，加入了网络。这种自我定位会使得收到请求的节点把新节点信息加入它们对应的 k-bucket 中，加入网络后，引导节点对于新节点来说，地位和其他节点相同。新节点也可以作为后面新加入节点的引导节点。

关键术语

分布式系统架构	分布式存储	分布式系统业务处理
P2P	分布式哈希表	Kademlia 协议

思考题

1. 分布式系统架构有哪些类别？不同架构的优缺点是什么？
2. 分布式系统在业务处理和数据存储方面采用了哪些设计？不同设计的优缺点是

什么？

3. 数据库系统的四个基本特性是什么？任何一个特性不满足会对数据库造成什么影响？

4. Gossip 协议也是一种分布式通信协议，用于实现分布式系统中的数据同步和复制。Gossip 协议也称流行病协议，是基于流行病传播方式的信息交换协议。查阅相关资料了解 Gossip 协议的基本原理。

5. 并发是分布式系统中非常重要的概念，而 Go 语言是一种天生支持并发的编程语言。请查阅相关资料，学习了解 Go 语言的 goroutine、channel 等特色设计。

第3章

密码技术

学习目标

1. 熟悉密码学的基本概念和技术基础。
2. 了解密码学的研究现状。
3. 理解区块链中的各项密码技术及应用。
4. 掌握密码学在区块链应用中的当前挑战和未来发展。

3.1 密码学概述

现代社会对保密的要求越来越高，密码正成为人们生活的一部分。密码学作为信息安全保障的必要手段，在区块链技术中发挥着核心作用。

密码学的发展大致可分为三大阶段：古典密码学、现代密码学与公钥密码学。其中，密码学在区块链技术中的应用主要体现在以对称加密算法为主的现代密码学及以非对称加密算法为主的公钥密码学上。实际上，密码学涉及的领域极其宽广，本节将介绍密码学基础、密码技术基础以及密码学研究现状，以使读者对区块链相关的密码学知识有较为基本的了解。

3.1.1 密码学基础

密码学（cryptography）一词源于希腊语 kryptós（隐藏的），是研究信息安全保密的学科。密码学包含两个相互对立的分支：研制编制密码的密码编码学与研制破译密码的密码分析学。

密码编码学主要研究安全的密码算法和协议，对信息进行编码，以实现信息的隐藏。密码编码学主要基于信息论、数学和计算机科学，是信息和网络安全的重要组成部分。

密码分析学通过研究密码、密文或密码系统来寻找其弱点，在不知道密钥的情况下，恢复消息的明文或者找出密钥。根据攻击方式的不同，密码分析主要分为以下四类：

（1）唯密文攻击（ciphertext-only attack）：假定密码分析者只有一个或多个用同一密钥加密的密文，通过对这些密文进行分析求出明文或密钥。

（2）已知明文攻击（known-plaintext attack）：假设密码分析者掌握了部分明文和对应的密文，用这些加密信息破解出用来加密的密钥或算法。

（3）选择明文攻击（chosen-plaintext attack）：假设密码分析者除了知道加密算法外，还可以选择被加密的明文，得到加密后的密文。

（4）选择密文攻击（chosen-ciphertext attack）：假设密码分析者能选择被加密的不同密文，并可以得到对应的解密的明文。①

1. 密码学术语

密码学中有一些常见术语，包括明文、密文、密钥、加密、解密和密码体制等。

明文是指需要保护和隐藏的待加密信息，相对地，密文即是明文加密后的结果；密钥是明文转换为密文或密文转换成明文的算法中输入的参数。

加密是将明文编码转换成密文的过程，加密算法采用明文和加密密钥作为输入并输出密文；解密是将密文解码转换成明文的过程，解码算法采用密文和解密密钥作为输入并输出明文。

密码体制又称密码系统，是指能完整地解决信息安全中的机密性、数据完整性、认证、身份识别、可控性及不可抵赖性等问题中的一个或几个的一个系统。密码体制的分类方法较多，按操作方式可分为替换密码体制（将明文中每个元素映射成另一个元素）和换位密码体制（重新排列明文中的元素）；按对明文的处理方式可分为分组密码体制（明文信息分组后逐组加密）和序列密码体制（明文信息逐位加密）；按密钥数量可分为对称密码体制（加密密钥和解密密钥相同，由一个可得出另一个）和公钥密码体制（加密密钥和解密密钥不同，一个公开，一个私人使用）；按加密变换是否可逆可分为单向函数密码体制（不可逆）和双向变换密码体制（可逆）。

2. 密码协议

密码协议是指以密码算法为基础，两个或两个以上的参与者为完成密码通信中某项特定任务而约定的一系列步骤。参与该协议的各方既可能是友人和完全可信任者，也可能是敌人和不完全可信任者，因此协议设计者需要完备定义协议需求、充分分析协议。

密码协议按功能可分为以下几类：

（1）身份认证协议，是信息安全的基础。密码协议的身份认证过程可分为标识和验证两步，其中，标识是主体声明自己身份的过程，而验证则是另一方验证该身份的过程。

---

① 高承实，王永娟，于刚. 区块链中的密码技术. 杭州：浙江大学出版社，2021：33－34.

(2) 密钥交换协议，是参与协议的双方或多方之间建立的一个共享密钥的协议，该密钥为一次性的，随会话更新而更新。

(3) 认证和密钥交换协议，是将认证和密钥交换结合，同时实现两种功能的协议。

密码协议的目的是确保某些安全特性在协议执行完毕时能够实现，这些安全特性主要包括机密性、认证性、完整性、不可否认性、新鲜性等。

3.1.2 密码技术基础

1. 加密算法

加密算法中最常见的两类是对称加密算法和非对称加密算法。对称加密算法中加密和解密使用相同的密钥，而非对称加密算法中加密和解密使用不同的密钥。两个用户加密交换数据时，双方交换公钥，使用时一方用对方的公钥加密，另一方则用自己的私钥解密。后续将对这两种算法做详细介绍。

2. 密钥生成

密钥的保密性决定了整个密码体制的安全性。公开密码算法或丢失密码设备都不会危及密码体制的安全，但一旦密钥丢失，信息就有可能被非法用户窃取。

密钥的长度即密钥的位数。通常来说，密钥长度越长，攻击者暴力破解所需的时间就越长，其相应的系统开销也就越大。因此密钥的长度主要是综合考虑数据价值、数据安全期与攻击者拥有的资源而决定的。

密钥的价值等同于其所保护的数据的价值。2022 年 6 月 23 日，朝鲜黑客组织 Lazarus 从区块链公司 Harmony 窃取了 2/5 的安全密钥并开始批准交易，价值 1 亿美元。因此密钥所保护的数据价值越大，密钥的长度也就越长。

密钥所保护的数据的安全期也是密钥长度的决定因素之一。安全期越长的数据，对应的密钥长度也要越长。不同信息安全需要的最小密钥长度如表 3-1 所示。

表 3-1 不同信息安全需要的最小密钥长度

信息类型	时间	最小密钥长度
战场军事信息	数分钟/小时	56～64 位
产品发布、合并、利率	数天/数周	64 位
长期商业计划	数年	64 位
贸易秘密	数十年	112 位
氢弹秘密	>40 年	128 位
间谍的身份	>50 年	128 位
个人隐私	>50 年	128 位
外交秘密	>64 年	至少 128 位
美国普查数字	100 年	至少 128 位

从攻击者拥有的资源来考虑，假如攻击者采用穷举攻击破解密钥，则密钥长度每增

加一位，攻击者需要的操作就翻一倍。如果攻击者本身拥有的资源不足，或者破译密钥所需的成本超过了密钥价值，就不需要过长的密钥长度。穷举密钥搜索所需的平均时间如表 3－2 所示。

表 3－2　穷举密钥搜索所需的平均时间

密钥长度（位）	密码算法	密钥个数	每纳秒执行一次解密所需的时间	每纳秒执行一万次解密所需的时间
56	DES	$2^{56}=7.2\times10^{16}$	2^{55} ns$=1.125$ 年	1 小时
128	AES	$2^{128}=3.4\times10^{38}$	2^{127} ns$=5.3\times10^{21}$ 年	5.3×10^{17} 年
168	Triple DES	$2^{168}=3.7\times10^{50}$	2^{167} ns$=5.8\times10^{33}$ 年	5.8×10^{29} 年
192	AES	$2^{192}=6.3\times10^{57}$	2^{191} ns$=9.8\times10^{40}$ 年	9.8×10^{36} 年
256	AES	$2^{256}=1.2\times10^{77}$	2^{255} ns$=1.8\times10^{60}$ 年	1.8×10^{56} 年

William S. Cryptography and network security：principles and practice. 2nd edition. Prentice Hall，1998.

除了密钥长度，生成密钥时还要考虑其是否具有良好的随机性和密码特性。就像设定账号密码一样，密钥的生成也要尽量避免使用弱密钥。一般来说，记忆性强的密钥和有特殊含义的密钥的安全性更差，因此密钥的生成一般都是通过密钥产生器借助于某种噪声源产生具有较好统计分布特性的序列，然后对这些序列进行各种随机性检验以确保其具有较好的密码特性。

3. 密钥存储

密钥的存储形态主要分为明文形态、密文形态和分量形态。其中，明文形态是指明文形式的密钥；密文形态是指被密钥加密密钥加密过的密钥；在分量形态下，密钥分量不是密钥本身，而是用于产生密钥的部分参数。

4. 密钥分发

密钥的分发主要分为对称密码密钥分发和非对称密码密钥分发。

在对称密码密钥分发中，通信双方需要共享同一密钥，该共享密钥的分发方式主要包括以下四种：

（1）A 将密钥通过物理手段交给 B。

（2）第三方选取密钥之后，将其通过物理手段交给 A 和 B。

（3）A 使用已有的密钥加密密钥对密钥进行加密后发送给 B。

（4）A 和 B 都与第三方 C 之间有保密通道，C 选取密钥后通过通道分发给 A 和 B，常见的第三方 C 为密钥分发中心（key distribution center，KDC）。

非对称密码密钥分发要求私钥仅有通信一方知道，而公钥则是向所有人公开的。可以说，非对称密码使密钥分发变得更为容易。

5. 密钥更新

密钥更新就是用新密钥代替旧密钥的过程。密钥的更新方式主要包括从旧密钥中产生新密钥并代替旧密钥和直接用新密钥代替旧密钥两种。密钥更新主要发生在密钥生存期结束或密钥有泄露可能两种情况下。

6. 密钥销毁

对旧密钥进行销毁是密钥管理的重要部分之一。在密钥生存期正常结束时，为防止之前的加密信息泄露，要将旧密钥及其备份完全清除，以保证没有人能重新获得该密钥的任何信息；在密钥保护的信息安全面临威胁时，需要立即对该密钥进行销毁，而备份密钥是否销毁则视其是否也受到威胁而定。

3.1.3 密码学研究现状

1. 抗量子密码

量子计算技术的飞速发展对大多数现有的公钥加密算法提出了巨大挑战。[①] 量子计算机凭借其强大算力的优势，能够解决公钥加密算法安全性所依赖的大数素因子分解、离散对数等数学问题，进而破解加密算法。因此，抗量子密码（又称后量子密码）应运而生。

2016 年美国国家标准与技术研究院（NIST）开始了一项征集抗量子密码算法方案的计划，在征集到的方案中，主要包括四种抗量子密码体制方案：基于格的密码体制、基于编码的密码体制、基于哈希的密码体制以及基于多变量多项式的密码体制。目前，基于格的密码体制已成为主流的研究热点，但各种密码体制各有优劣，后量子时代抗量子密码算法亟待进一步的研究。

2. 密钥管理

密钥管理包含密钥的生成、存储、分发、更新、销毁等全生命周期过程，对于密钥的安全性至关重要。

密钥一般通过随机数发生器生成，需要具有不可预测性，因此弱的随机数发生器将直接导致密码系统的安全性降低。随机数发生器可分为真随机数发生器（TRNG）和伪随机数发生器（PRNG）。其中，真随机数发生器产生的随机性源于物理环境中的随机因素，而伪随机数发生器则由随机数种子通过确定性算法扩展得到随机性。近年来，该领域热点集中于高速真随机数发生器的设计、安全分析及熵估计理论。

目前通信网络模型下的密钥管理技术与公钥密码的密钥管理技术都已经较为成熟，但密钥管理方案往往和具体的应用环境以及安全要求相关，诸如区块链、云计算等新的应用环境对密钥管理提出了更多新需求和新挑战，密钥管理技术也需要不断扩展。

3. 密码学发展趋势

未来密码学发展主要呈以下趋势：

（1）标准化。密码学的安全保护作用离不开密码标准的建立与完善。要做到密码技术安全、自主、可控，避免密码技术的乱用、误用、弃用，就必须不断推进密码标准的进步。《中华人民共和国密码法》第二十二条规定，国家建立和完善商用密码标准体系。商用密码标准化是实现商用密码技术自主创新、促进商用密码产业发展、构建商用密码应用体系的重要支撑。

（2）公理化。近几年，可证明安全性是该领域的一个研究热点，它可以证明密码算法设计的有效性。如果某个标准算法能被一些可证明安全性的参数形式支持，就能被人

---

① 张焕国，韩文报，来学嘉，等. 网络空间安全综述. 中国科学：信息科学，2016，46（2）：125-164.

们广泛地接受。

(3) 实用化。密码学的应用场景十分广泛，未来物联网、智慧医疗、智慧城市等多领域实际应用都给密码学带来了机遇和挑战。

(4) 适应性。日益增强的计算能力和快速变化的计算模型给现有密码技术带来了巨大挑战，具有可变计算安全性和适用新型计算模式的密码技术将成为未来的重要发展方向。

3.2 区块链中的密码技术

区块链具有数据透明、防篡改、多方可验证等优点，其大量使用了密码学和安全技术的最新成果，以保障在网络空间运行的区块链系统的安全性。可以说，密码技术就是区块链系统运行的基石。区块链使用了包括哈希算法、对称/非对称加密算法、数字签名、数字证书和默克尔树在内的多种密码安全相关技术。本节将针对区块链中主要用到的密码技术及相关应用展开介绍。

3.2.1 哈希算法

1. 哈希函数

哈希函数又称散列函数、杂凑函数，是一种数学函数，可以将任意长度的消息 M 压缩为一个固定长度的输出值 $H(M)$，$H(M)$ 为哈希值，又称消息摘要。该压缩过程（见图 3-1）是单向不可逆的，也就是说，可以由 M 推出 $H(M)$，但在有限时间内很难由 $H(M)$ 推出 M。

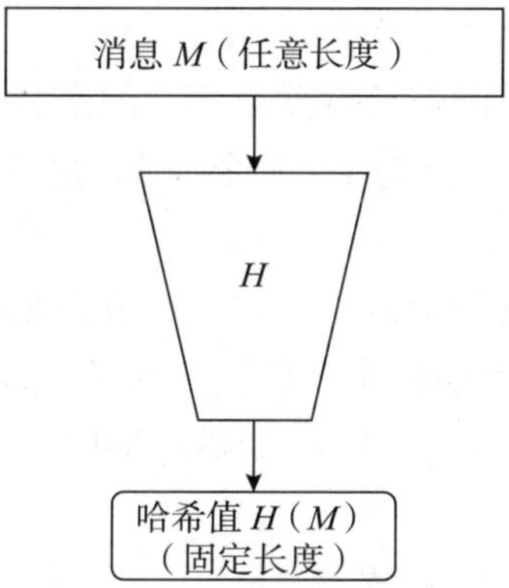

图 3-1 哈希函数压缩过程

哈希函数主要具有以下五个重要特性：

(1) 输入任意长度，输出固定长度。哈希函数可以处理任意长度字符串的输入，并产生固定大小的输出（如选择 SHA-256，则会得到 256 位输出）。

(2) 快速计算。哈希函数的单向计算速度很快，以此来保证加密或者验证的速度。

（3）防碰撞性。假设对一个函数 $H(x)$，有 $H(x)=H(y)$，且 $x\neq y$，则 x 和 y 发生了碰撞。哈希函数具有较大的防碰撞性，即很难或者无法找到一个 y，使 $y\neq x$，但 $H(x)=H(y)$。其中，哈希函数可按安全性分为弱无碰撞的哈希函数（weakly collision-free hash function）和强无碰撞的哈希函数（strongly collision-free hash function）。若给定哈希函数 H 和任意给定消息 M，在计算上无法找到一个 M'，使得 $M'\neq M$，$H(M')=H(M)$，则 H 为弱无碰撞的哈希函数；若给定哈希函数 H，在计算上无法找到任意一对消息 M、M'，使得 $M\neq M'$，$H(M)=H(M')$，则 H 为强无碰撞的哈希函数。强无碰撞的哈希函数自然包含弱无碰撞性。

（4）隐藏性/单向性。哈希函数的计算过程是单向不可逆的，由 M 可以很容易推出 $H(M)$ 的值，但无法由 $H(M)$ 推出 M，也就是说，M 的信息被隐藏起来，具有隐藏性。

（5）解题友好。对于任意 n 位输出值 y，假定 k 选自高熵分布，如果无法找到一种可行的方法，在比 2^n 小很多的时间内找到 x，保证 $H(k\parallel x)=y$ 成立，那么称哈希函数 H 为解题友好。解题友好性保证了没有便捷的方法来产生一个满足特殊要求的哈希值，以防止他人通过控制输入值 M 来获得想要的输出值 $H(M)$。

将哈希函数应用于区块链时，一个优秀的哈希算法应该满足正向快速（给定明文和哈希算法，在有限时间和有限资源内能计算出哈希值）、逆向困难（给定哈希值，在有限时间内很难或不可能逆推出明文）、输入敏感（原始输入信息发生的一点微小改变都会使产生的哈希值发生很大变化）和冲突避免（难以找到两段不同的明文，使其哈希值相同）。

2. 常见的哈希算法

目前主要有两种哈希算法：消息摘要算法 5（message-digest algorithm 5，MD5）和安全散列算法（secure hash algorithm，SHA）。

MD5 算法可输入任意长度的信息，在处理的过程中以 512 位输入数据块为单位，最终输出 128 位的信息。其主要算法过程为：

（1）信息填充。若输入信息的位长度除以 512 的余数不是 448，则在该信息后面进行填充，直到余数为 448，填充第一位为 1，其余为 0，之后在信息后面加上 64 位，用于记录填充前的信息长度。

（2）分组。以 512 位分组处理信息，再将每一分组划分为 16 个 32 位子分组。

（3）设置初始值。MD5 最终输出 128 位，分为 A、B、C、D 四组，每组 32 位，其初始值分别为 $A=(01234567)_{16}$，$B=(89ABCDEF)_{16}$，$C=(FEDCBA98)_{16}$，$D=(76543210)_{16}$。

（4）循环计算。定义 4 个线性函数：

$$F(X,Y,Z)=(X\&Y)|((\sim X)\&Z)$$
$$G(X,Y,Z)=(X\&Z)|(Y\&(\sim Z))$$
$$H(X,Y,Z)=X\hat{}Y\hat{}Z$$
$$I(X,Y,Z)=Y\hat{}(X|(\sim Z))$$

式中，“&”为逻辑与，“|”为逻辑或，“～”为逻辑非，“^”为逻辑异或。

定义 4 种操作：

$FF(a,b,c,d,M_j,s,t_i)$，表示 $a=b+((a+F(b,c,d)+M_j+t_i)<<<s)$

$GG(a,b,c,d,M_j,s,t_i)$，表示 $a=b+((a+G(b,c,d)+M_j+t_i)<<<s)$

$HH(a,b,c,d,M_j,s,t_i)$，表示 $a=b+((a+H(b,c,d)+M_j+t_i)<<<s)$

$II(a,b,c,d,M_j,s,t_i)$，表示 $a=b+((a+I(b,c,d)+M_j+t_i)<<<s)$

式中，M_j 表示信息的第 j 个子分组（0～15）；$<<<s$ 表示循环左移 s 位；常数 t_i 是 $2^{32}|\sin i|$ 的整数部分；i 的单位为弧度，取值为 1～64。

在每次循环中，对每个 512 位分组进行 64 次计算后（4 轮循环 F、G、H、I，16 个子分组），将 A、B、C、D 分别加上计算出的 a、b、c、d，更新为新的 A、B、C、D，并分别赋值给 a、b、c、d，再进行下一分组的计算。

填充后的信息长度为 $(N+1)\times 512$ 位，因此总共需要循环分组 $(N+1)$ 次。计算所有数据分组后，A、B、C、D 的拼接值为最后的结果，即 MD5 值。

MD5 算法具有防篡改、防明文读取及防抵赖的特性，但目前已被证明不具有强无碰撞性。

SHA-256 算法是目前区块链技术中应用最广泛的哈希算法。SHA-256 是 SHA-2 系列下的一个算法标准，是 SHA-1 的后继哈希算法。SHA-256 要求输入信息的长度不超过 2^{64} 位，最后输出一个 256 位的消息摘要。其主要算法过程为：

（1）信息填充。与 MD5 算法的信息填充步骤相同，填充后的信息长度不超过 2^{64} 位。

（2）常量初始化。SHA-256 算法用到了 8 个哈希初始值和 64 个哈希常量，其中 8 个哈希初始值为 $A=H_0=(6A09E667)_{16}$，$B=H_1=(BB67AE85)_{16}$，$C=H_2=(3C6EF372)_{16}$，$D=H_3=(A54FF53A)_{16}$，$E=H_4=(510E527F)_{16}$，$F=H_5=(9B05688C)_{16}$，$G=H_6=(1F83D0AB)_{16}$，$H=H_7=(5BE0CD19)_{16}$。

（3）循环计算。SHA-256 将信息以 512 位分组为单位，假设分为 n 组，则算法需要完成 n 次迭代以得到最终的哈希值。其中每组（每次迭代）都要进行 64 步循环操作。每次循环的流程如图 3－2 所示。

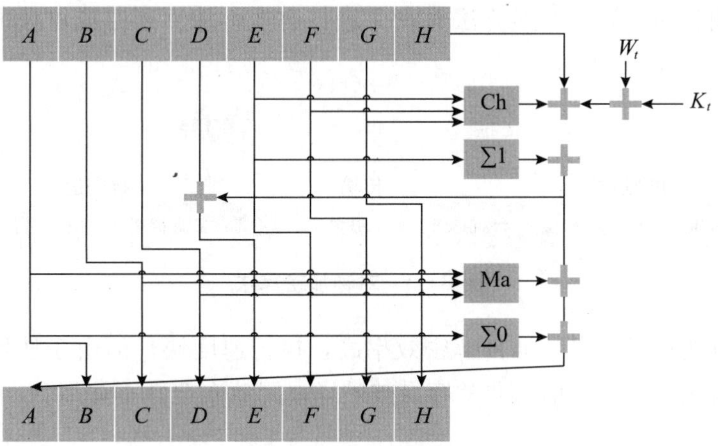

图 3－2　SHA-256 每次循环的流程

A、B、C、D、E、F、G、H 按照图 3－2 中的规则更新，加号代表 mod 2^{32}，t 为步数，$0 \leqslant t \leqslant 63$，$K_t$ 用来提供 64 位随机串集合，W_t 为本组产生的第 t 个 word。原信息被切成固定长度（512 位）的组，每组产生 64 个字（word）。

通过重复运行循环，迭代 n 次对 A、B、C、D、E、F、G、H 循环加密。最后一次迭代产生的 A、B、C、D、E、F、G、H 合起来即是最终的 256 位输出。

3. 哈希算法在区块链中的应用①

哈希算法具有许多特性，因此被应用于区块链的许多方面。

（1）基于 PoW 的共识机制。PoW 即工作量证明，比特币系统使用了基于 PoW 的共识机制。它是按劳分配的，融合了经济激励和共识机制②，是指网络节点在对交易打包之前，必须计算一个 PoW 函数，得到符合条件的解，才能对交易打包形成区块，该打包节点即为“矿工节点”。而这个 PoW 函数通常是一种哈希函数，最常使用的是 SHA-256 函数。

（2）哈希指针。区块链中的每个区块都通过哈希指针连接到前一个区块上，哈希指针不仅保存了结构体在内存中的位置，还保存了结构体的哈希值。因此通过哈希函数可以较为容易地推出数据是否被篡改。

（3）构建默克尔树。哈希算法可用于构建默克尔树，以快速定位每笔交易、核实交易数据是否被篡改，3.2.5 节将详细介绍默克尔树的原理及应用。

3.2.2 非对称加密算法

1. 对称与非对称加密算法原理

非对称加密是区块链技术的重要组成部分。在介绍非对称加密算法之前，先需要了解什么是对称加密算法。

对称加密算法又称单密钥加密算法，是一种加密和解密使用相同密钥的算法。该算法应用较早，技术已经成熟。在对称加密算法中，相互传输数据的双方必须知道密钥，发送方以加密密钥为参数，将明文经过加密算法处理成密文，发送给接收方，接收方需要利用加密密钥和同一算法的逆算法对密文进行解密，从而还原成可读的明文。对称加密算法的过程如图 3－3 所示。

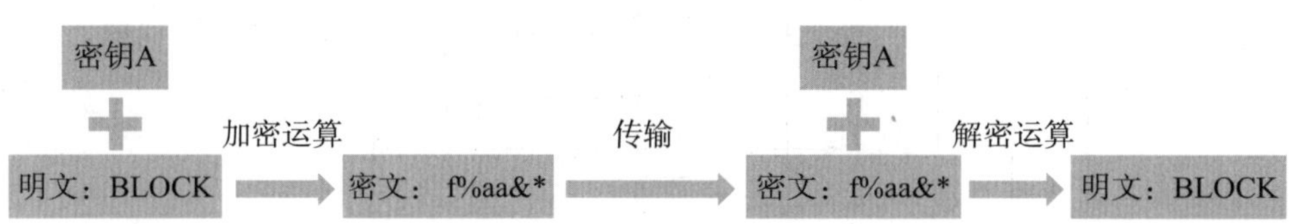

图 3－3　对称加密算法

对称加密算法相对简单，加密解密效率高，执行速度快，但由于使用单密钥，如果密文被拦截或密钥被窃取，信息非常容易被破译，因此安全性不够高。

① 高承实，王永娟，于刚. 区块链中的密码技术. 杭州：浙江大学出版社，2021：33－34.

② 翟冉，陈学斌. 区块链的共识机制研究. 数据与计算发展前沿，2021，3（3）：86－94.

非对称加密算法，又称公钥加密算法，其加密和解密操作使用了两个不同的密钥——公钥和私钥，具有非对称的特点。其中，公钥是全网公开可见的，所有人都可以使用自己的公钥来加密信息，而私钥仅归信息接收者拥有，被加密的信息只有拥有相应私钥的人能够解密，以保证信息的安全性。非对称加密算法的过程如图3-4所示。

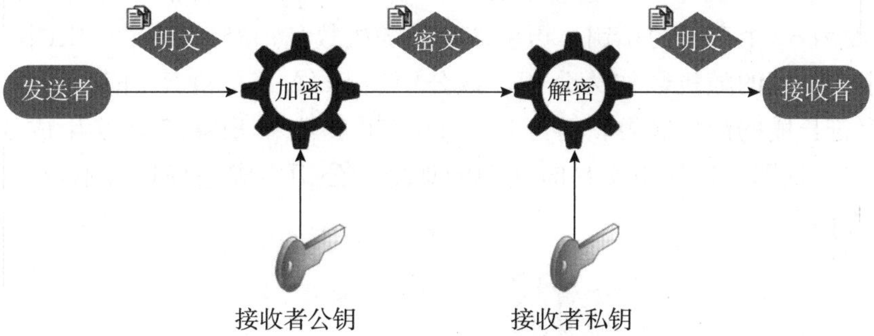

图3-4　非对称加密算法

接收者将自己的公钥公开，发送者使用接收者的公钥对明文进行加密，并将密文传输给接收者，接收者使用自己的私钥对密文进行解密从而得到明文。通过这种方式，私钥由信息接收者从本地产生，不需要分发。

非对称加密算法安全性高，即使密文和公钥被窃取，只要私钥不泄露，密文就不会被破译，但非对称加密算法较为复杂，加密和解密效率没有对称加密算法高。

在实际应用中，对称加密算法和非对称加密算法常混合使用。例如，可以使用非对称加密算法传送对称密钥，用对称加密算法对实际传输的数据进行加密和解密。

2. RSA 算法

RSA 算法是目前研究得最为广泛的非对称加密算法。RSA 算法的安全性基于大数素因子分解，即将两个非常大的素数相乘非常容易，但对乘积进行因式分解却极其困难。其主要算法过程为：

(1) 选择两个不相同的大素数 p 和 q，$n=pq$，n 称为 RSA 的模数，n 的长度应大于1 024位。

(2) 计算 n 的欧拉数 $\varphi(n)=(p-1)(q-1)$。

(3) 随机选择加密密钥 e，$e\in[0, \varphi(n)-1]$，使得 e 与 $\varphi(n)$ 互质。

(4) 计算解密密钥 d，使得 $de=1 \bmod \varphi(n)$。由此，得到公钥为 $PK=(n, e)$，私钥为 $SK=(d, n)$。

(5) 假设发送方希望向公钥为 (n, e) 的人发送消息，他将明文 m 表示为小于 n 的一系列数字，并将 m 分成等长数据块 m_1，m_2，…，m_i，则加密过程为 $c_i=m_i^e \bmod n$。

(6) 假设接收者顺利接收到了密文，则可使用他自己的密钥 (d, n) 解密，解密过程为 $m_i=c_i^d \bmod n$。

3. 非对称加密算法在区块链中的应用

非对称加密算法在区块链中主要应用于信息加密、数字签名和登录认证等方面。

(1) 信息加密（公钥加密、私钥解密）。发送方用接收方提供的公钥加密信息，将密文传输给接收方，接收方再使用自己的私钥解密，保证了信息的安全。

如在比特币交易中，比特币系统通过调用操作系统底层的随机数发生器生成 256 位随机数作为私钥。由于比特币私钥的总量极大，因此极难通过遍历全部私钥空间来获得存有比特币的私钥，从而在计算复杂上保证了安全性。如图 3－5 所示，比特币系统将 256 位二进制形式的比特币私钥通过 SHA-256 算法和 Base58 转换，为用户提供易于识别和书写且长度为 50 个字符的私钥，再由 256 位随机数私钥经过 Secp256k1 椭圆曲线算法生成 65 个字符长度的随机数作为公钥，该公钥经 SHA-256 和 RIPEMD160 双哈希算法生成 20 个字符长度的消息摘要，再经过 SHA-256 算法和 Base58 转换生成 33 个字符长度的地址，该地址即为比特币交易时使用的地址。公钥生成过程具有不可逆性，即无法通过公钥反推出私钥。

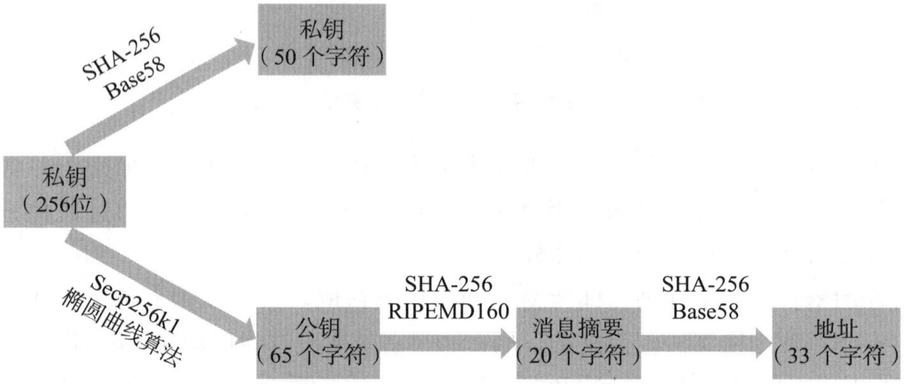

图 3－5　比特币系统使用非对称加密技术生成私钥和地址

用户往往把公钥和配对的私钥存放在比特币钱包文件中，只要私钥安全，信息就是安全的。

（2）数字签名（私钥加密、公钥解密）。数字签名使用了非对称加密技术，可用于验证数据的真实性和完整性，同时实现数据的不可抵赖性。数字签名将在 3.2.3 节详细介绍。

（3）登录认证（私钥加密、公钥解密）。在用户登录认证时，用户在客户端使用私钥加密登录信息后，发送给服务器，服务器接收后使用该客户端的公钥解密并认证登录信息。

3.2.3　数字签名

数字签名是公钥密码学在网络安全领域的重要应用之一。它是附加在某一电子文档中的一组特定的符号或代码，在区块链中主要用于验证数据的真实性和完整性，同时满足数据的不可抵赖性要求。①

在网络安全的实际应用场景中，通信双方都可能会出现欺骗行为。例如，接收方伪造消息并声称来自发送方，或发送方对自己发送过的信息予以否认。在通信双方未建立完全信任关系的情况下，数字签名技术的应用就显得尤为重要。

① 马永仁. 区块链技术原理及应用. 北京：中国铁道出版社，2019：54－57.

数字签名使用了数学方法和密码学技术。信息的发送者对需要传输的电子消息进行关键信息提取并加密，形成数字签名，用于标识发送者的身份及对消息的认证，接收者可用该数字签名来验证该消息在传输过程中是否被篡改或伪造。

数字签名的一个具体应用过程如图 3-6 所示。

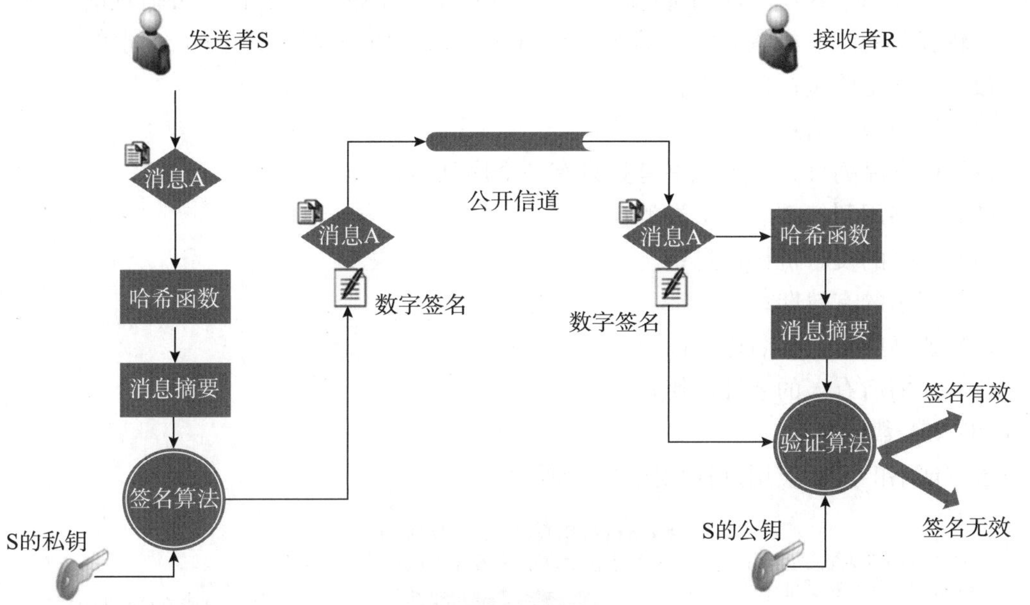

图 3-6 数字签名应用过程

发送者 S 要向接收者 R 发送消息 A。发送者 S 先将消息 A 用哈希函数处理生成消息摘要 D，再用自己的私钥将消息摘要加密生成数字签名，同消息 A 一同发送给接收者 R。接收者 R 接收到消息后用发送者 S 的公钥解密数字签名，如果解密成功，说明消息 A 确由发送者 S 发送。之后，接收者 R 再将消息 A 用哈希函数处理生成消息摘要 D′，如果 D=D′，说明该消息未被篡改。

数字签名主要具有以下特性：

（1）可验证性。接收者可以验证消息来源是不是真正的发送者。

（2）不可伪造性。只有签名者能够使用该签名，其他人无法伪造。

（3）不可重复使用。签名无法被其他明文签名使用。

（4）不可抵赖性。签名过的发送者不能否认或抵赖自己发送过的消息，如果出现争议，数字签名可通过第三方验证来解决争端。

目前大部分区块链项目使用的数字签名算法是椭圆曲线数字签名算法（ECDSA），于 1992 年由 Scott 和 Vanstone 提出，其计算参数少、密钥短、运算速度快、签名短，因而得到了广泛应用。

3.2.4 数字证书

3.2.3 节提到，使用数字签名时，接收方要使用发送方的公钥对其签名进行解密，但如果公钥被他人替换，则安全性就遇到了极大威胁，由此，数字证书机制被应用于解决该问题。

数字证书是互联网通信中标明通信各方身份信息的一个数字认证，人们可以在网上用它来识别对方的身份。数字证书实际上是一种电子文档，由权威机构证书授权（certificate authority，CA）中心发放，CA 中心充当了权威、公正、可信赖的第三方角色。比较著名的 CA 机构有美国的 VeriSign 公司以及加拿大的 Entrust 公司等。

数字证书主要包括以下内容：

（1）证书版本信息；

（2）证书序列号，每个证书有且只有一个序列号；

（3）证书用到的签名算法类型；

（4）证书的发行机构信息；

（5）证书的有效期；

（6）证书所有人的名称；

（7）证书所有人的公开密钥；

（8）CA 数字签名。

数字证书的主要应用过程如图 3－7 所示。

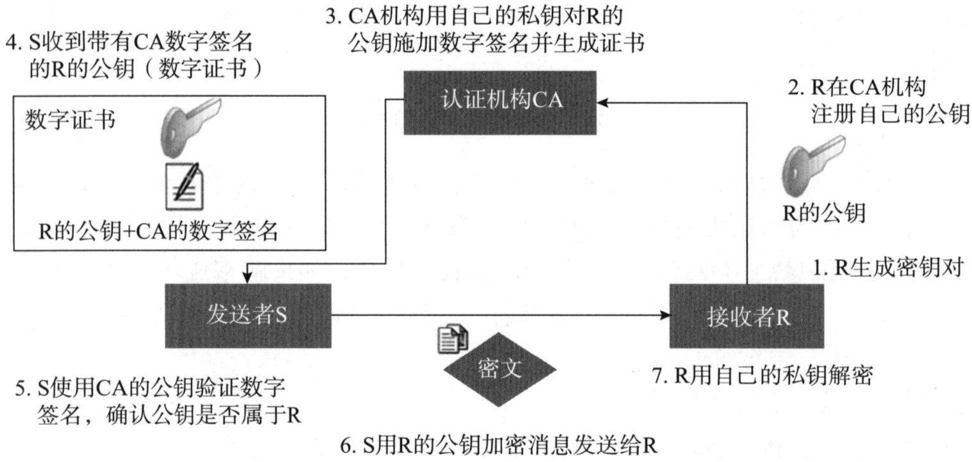

图 3－7　数字证书的应用过程

为了防止他人通过替换公钥的方式冒充发送者，第三方认证机构 CA 被引入该场景。接收者 R 需要生成数字签名所需的密钥对，并向 CA 机构申请数字证书，该证书包含了 R 的公钥及 CA 用私钥加密一系列信息之后生成的数字签名。发送者 S 收到数字证书后，用 CA 的公钥进行验证，验证成功后再进行消息传送。

通过这个过程，只要接收者信任 CA 机构，就可以凭公钥加密与证书拥有者进行可靠的通信。业界现行的标准是国际电信联盟电信标准化部门制定的 X.509，由互联网工程任务组（IETF）发行的 RFC 5280 详细说明，并且不少国家和地区都已立法承认使用数字证书所作的数字签名拥有与亲笔签名同等的法律效力。

验证 CA 数字签名的合法性和上述过程类似。主流操作系统和浏览器中会提前预置一些 CA 的证书（承认合法性），之后所有基于它们认证的数字签名都被认为是合法的。

3.2.5　默克尔树

默克尔树又称哈希树，顾名思义，就是存储哈希值的树（见图 3－8），是区块链的基本组成部分，用于存储哈希值，以快速归纳和校验区块数据的存在性和完整性。默克尔树的叶节点是数据块（例如文件或者文件的集合）的哈希值，非叶节点是其对应子节点串联字符串的哈希值。

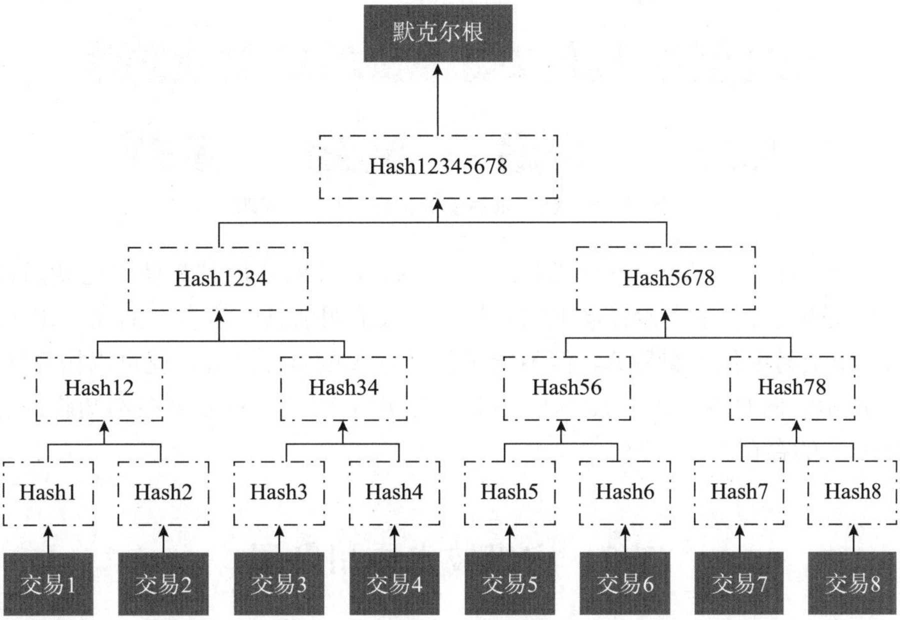

图 3－8　默克尔树

默克尔树在区块链中起到了组织和记录存储在区块中的交易的作用，可以高效验证某笔交易是否在区块中。默克尔树的各个节点都使用哈希指针进行构建，通过不断递归计算节点的哈希值，直至最后计算出一个最终的哈希值。

区块体中包含了由区块链系统产生的一系列交易数据，并以默克尔根的形式保存在区块头中，区块中任何一笔交易信息的改变都会使得默克尔树改变。

在区块链的应用中，默克尔树主要起到以下作用：

（1）快速比较大量数据。区块链需要处理的交易信息量巨大，将各区块内的所有数据以序列方式存储低效又耗时，因此使用哈希函数对信息进行压缩和验证。使用默克尔树可以快速比较大量数据，验证某笔交易是否属于某个区块。例如，当两个默克尔树的根哈希值相同时，说明所代表的交易数据相同；若对某交易求出的默克尔根的哈希值与该区块的默克尔根的哈希值一样，即可证明该交易存在于该区块中。

（2）快速定位。如果文件非常大，则默克尔树也会很大，但默克尔树可以一次下载一个分支，并验证该分支。如果两台机器中的某个交易信息不同，通过默克尔树可以快速定位到该交易节点。如图 3－9 所示，假如两台机器上的交易 B 信息不一致，则可以在默克尔树上进行比较检索，快速找到该信息：

- 比较 ROOT 节点是否相同，若不同，检索其子节点 N4 和 N5；
- N4 不同，N5 相同，检索 N4 的子节点 N0 和 N1；
- N0 相同，N1 不同，N1 为叶节点，获取其目录信息，比较检索完毕。

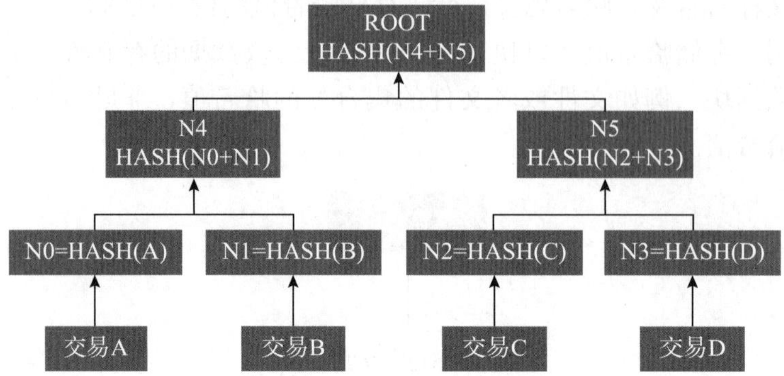

图 3-9 默克尔树快速定位/零知识证明

（3）零知识证明。零知识证明即证明者向验证者证明并使其相信自己知道或拥有某一消息，但证明过程不能向验证者泄露任何关于被证明消息的信息。例如，在区块链中，想要证明一组交易中包含交易 A，但不能泄露交易 A 的具体内容，就可以构建默克尔树，如图 3-9 所示，向对方公布 N0、N1、N4 和 ROOT 节点，对方可在不知晓内容的情况下确认交易 A 的存在。

3.3 密码技术应用发展

密码学的发展为区块链解决证明交易双方身份、防止交易记录被篡改、保护交易双方隐私等方面提供了许多信任手段，这是区块链的信任之源。然而，随着区块链技术应用的不断推广，新的需求逐渐出现，促进了区块链中的密码技术更新迭代。目前区块链面临诸多安全、隐私等问题，本节将对该类问题做出阐述。此外，本节还将对密码技术在区块链应用中的隐私保护方案和相关法律进行介绍，对区块链与密码技术融合的未来发展进行展望。

3.3.1 当前挑战

1. 安全问题

区块链生态安全联盟发布了《2022 年 Q3 全球区块链生态安全报告》。[①] 报告中提到，2022 年 1—9 月，区块链生态领域因攻击事件损失的总金额已达 23 亿 1 791 万美元，其

① 成都链安. 2022 年 Q3 全球区块链生态安全报告，总损失约 4 亿 504 万美元. https://mp.weixin.qq.com/s/GKX3ZZU_D4EPCFQ31kxtfA.

中，约 92%的损失源于合约漏洞利用和私钥泄露问题，足见区块链安全问题日益严重。2022 年第 3 季度区块链不同攻击手法造成的损失如图 3－10 所示。

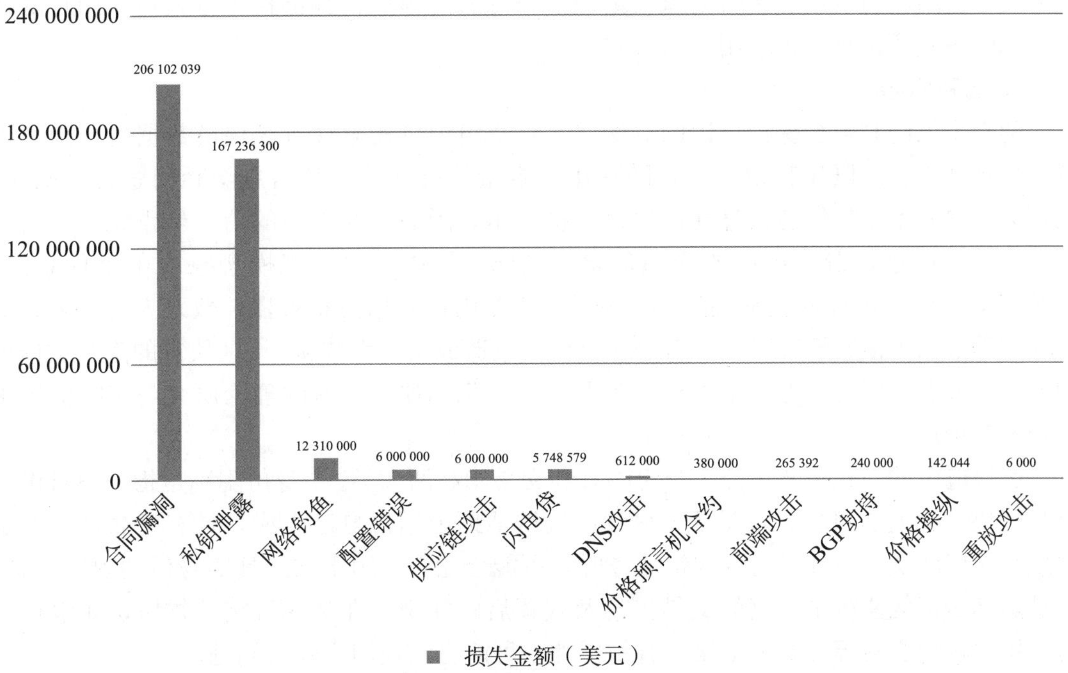

图 3－10　2022 年第 3 季度区块链不同攻击手法造成的损失

在区块链常见的安全威胁中，以下六类引起了人们的普遍关注：

（1）"51%"攻击。"51%"攻击是指当攻击者（独立个人或黑客组织）掌握了超过全网 51%以上的算力时，就获得了区块链记账权的主导地位。由于区块链"最长链共识"的特点，即只认可最长链，因此"51%"攻击者就可以利用自己的算力优势不断伪造交易，生成更长的假链条，从而具备篡改区块链数据的能力。2018 年 5 月 16—19 日，比特币黄金（BTG）遭受了两次连续的"51%"攻击，大约有 12 239 BTG 被交易，当时价值约为 1 800 万美元。"51%"攻击更有可能发生在链的早期阶段，且不适用于企业或私有区块链。

（2）"女巫"攻击。"女巫"攻击是另一种模式的"51%"攻击，它是指攻击者利用区块链创建新身份成本低的特点，大量制造并控制虚拟身份进入区块链网络，从而干扰区块链系统的正常决策。例如在区块链网络的匿名投票项目中，"女巫"攻击者可以借助大量虚拟身份改变真实的投票走向。

（3）私钥破解/泄露。私钥作为区块链中最为私密和重要的部分，一旦丢失或泄露就意味着其拥有者失去了对应账户下的所有资产和数据的使用权，甚至会造成天价损失。2022 年 9 月 20 日，加密货币做市商 Wintermute 宣布其私钥遭受黑客暴力破解，损失约 1.622 亿美元。

（4）端点漏洞。目前大多数进行区块链交易的终端计算设备并不安全，这些交易终端可能是个人计算机、手机或其他电子设备，攻击者会观察用户的行为，并利用终端系统的漏洞窃取密钥。

（5）路由攻击。路由攻击是指攻击者利用自身的匿名性，通过伪造路由信息拦截区块链网络和应用程序中传输的信息，在用户不知情的情况下提取用户的数字化资产。

（6）网络钓鱼攻击。网络钓鱼攻击即攻击者通过虚假诈骗链接等方式窃取用户的密码、私钥等重要信息，盗取用户的私有资产。

2. 隐私问题

随着个人隐私数据保护意识的觉醒，大众及组织机构对现有区块链数据的弱隐私性越来越感到不安。以比特币为例，随着用户数量持续增长，其信息隐私问题日益凸显，大多数用户并不希望敏感信息在区块链中被公示，因为不受限制的信息暴露无疑会给用户带来安全隐患，造成潜在的隐私危险。此外，区块链中大规模恶意攻击事件频出。2020 年，比特币硬件钱包制造商 Ledger 的 27 万用户数据信息被盗，数万人的姓名、地址等敏感数据被泄露至互联网，对个人身份信息造成了极大威胁。[①] 区块链的隐私数据保护已成为分布式网络生态安全的核心问题之一，隐私加密技术的理论研究与实际应用扩展刻不容缓。

区块链中的隐私主要可分为身份隐私和交易隐私两大类。[②] 身份隐私是指用户身份信息和区块链地址之间的关联关系。尽管区块链地址由用户自己生成，具有匿名性，但是用户在使用区块链地址参与区块链业务时，可能会泄露被用于推测真实身份的敏感信息。交易隐私是指区块链中存储的交易信息及其背后的知识。在某些特定的领域，如银行交易、用户购物交易等，交易记录具有敏感性，可能会涉及用户隐私问题。

目前，区块链隐私威胁主要源于攻击者对交易、网络通信及智能合约等信息的窃取利用。在交易方面，攻击者可针对特定交易记录发起攻击，获得交易双方、交易金额等信息，进而挖掘出用户隐私信息；在网络通信方面，攻击者可创建虚拟恶意节点进入网络，监听其他节点及节点间通信中的隐私信息；在智能合约方面，由于其自身公开透明的特性，智能合约中的代码、状态变量以及交易数据等信息无法被安全保护。

3.3.2 未来发展

1. 隐私保护

在区块链安全隐私保护中，密码技术及其组合的采用需要经过精心的专业设计与严格的逻辑证明，并经过长期实践检验，才能发挥正确的作用。同时，密码技术对计算资源提出了较高的要求，因此将密码技术应用于隐私保护必须平衡付出的代价与对隐私的实际需求。目前，有一部分密码学隐私保护方案已被人们接受。

混币（Coin Join）[③] 方案由 Gregory Maxwell 提出，其隐藏了交易中输入地址和输出地址之间的关系。该方案的具体思想为：每个混币交易对应一个标准的多输入、多输出比特币交易，其中每个输入金额相等。交易的输出对应着交易参与者的接收地址，每个接收地址都有可能接收任意一个交易输入。如果交易的参与者发现自己的接收地址被包

---

① 刘峰，杨杰，齐佳音. 区块链密码学隐私保护技术综述. 网络与信息安全学报，2022，8（4）：29-44.

② 祝烈煌，高峰，沈蒙，等. 区块链隐私保护研究综述. 计算机研究与发展，2017，54（10）：2170-2186.

③ 王皓，宋祥福，柯俊明，等. 数字货币中的区块链及其隐私保护机制. 信息网络安全，2017，7：32-39.

含在该交易中，就对该笔交易进行签名。一旦所有参与者都完成了签名并且写入了比特币区块链，就实现了混币。混币思想被运用于多种匿名比特币交易，例如 Dark wallet、CoinShuffle 和 JoinMarket。在该方案下，外界无法通过交易的输入输出来断定输入输出的关联性，一旦数字货币系统中部分节点采用混币协议，即使其他用户没有采用该协议，也不能以原有的推测方法推断一个交易中的多个输入地址隶属于同一用户。

达世币（Dash）建立在混币思想的基础上，其混币过程由主节点完成，参与混币的用户将资金发送给主节点，然后主节点对资金进行多次交易，最终将资金转移给参与用户指定的地址。由于资金经过主节点多次处理，攻击者很难发现参与混币的用户的资金流向。为了防止主节点作弊或被攻击，达世币引入了链式混合和盲化的思想。链式混合是指用户交易时随机选择多个主节点进行混合，最后输出结果。盲化则是指用户不用将输入和输出发送到交易池，而是指定主节点将输入和输出传递到另一个主节点。因此，每个主节点只能看到所有过程中仅属于自己的部分，而无法发现用户的身份。

门罗币（Monero）是一种专注于隐私保护的数字货币，采用了多种隐私保护机制。在传统数字货币中，交易输出地址的内容通常是接收方的公钥信息和地址信息，攻击者可以直接发现资金去向。而在门罗币机制下，门罗币对交易输出地址进行加密，输出地址由接收方的公钥和发送方产生的随机参数加密后得到。由于只有发送方能掌握随机参数，攻击者无法发现新地址和接收方之间的关系，通过产生不同的随机参数，可保证每次交易的输出地址都不同，且相互之间没有联系。

大零币（Zcash）是一种新型数字货币，前身为 Zerocoin 项目。如果说比特币是 http，大零币就是 https，其利用加密隐藏用户的身份，是一种匿名的数字货币。大零币使用承诺函数将每笔交易的来源、去向和金额封装到若干参数中，同时使用零知识证明技术 zk-SNARKs 来证明交易。证明的过程不用透露相关信息，因此可以有效隐藏区块链交易的发起方、收款方及交易价值。交易发起者如果想花费大零币，就需要使用非对称加密技术对若干参数进行加密，只有知道密钥的用户才能访问这些内容。大零币是目前隐私保护最好的数字货币，但 zk-SNARKs 生成证明的过程非常慢，在效率问题上仍存在挑战。

2. 相关法律

目前，我国与区块链密码技术关联最紧密的法律主要有《中华人民共和国网络安全法》（以下简称《网络安全法》）和《中华人民共和国密码法》（以下简称《密码法》）。

《网络安全法》自 2017 年 6 月 1 日起实行，是为了保障网络安全，维护网络空间主权和国家安全、社会公共利益，保护公民、法人和其他组织的合法权益，促进经济社会信息化健康发展而制定的法规。其对密码应用做出了明确规定。该法第二十二条规定："网络产品、服务应当符合相关国家标准的强制性要求。网络产品、服务的提供者不得设置恶意程序；发现其网络产品、服务存在安全缺陷、漏洞等风险时，应当立即采取补救措施，按照规定及时告知用户并向有关主管部门报告……网络产品、服务具有收集用户信息功能的，其提供者应当向用户明示并取得同意；涉及用户个人信息的，还应当遵守本法和有关法律、行政法规关于个人信息保护的规定。"《网络安全法》强调了对用户的信息安全保障与隐私保护，适用于区块链应用层。

《密码法》自2020年1月1日起实行，是为了规范密码应用和管理，促进密码事业发展，保障网络与信息安全，维护国家安全和社会公共利益，保护公民、法人和其他组织的合法权益而制定的法规。其对于区块链底层技术的规范起到了重要作用。该法第二条规定："本法所称密码，是指采用特定变换的方法对信息等进行加密保护、安全认证的技术、产品和服务。"区块链所用到的密码技术正属于《密码法》规定的范畴。该法对于推动我国区块链技术和产业创新发展起到了十分重要的规范保护作用。

3. 区块链与密码技术融合发展

密码技术是区块链的核心技术和基础支撑，但在区块链中的应用仍处于发展的初始阶段，"区块链+"模式持续催生对密码应用的新需求。为保障区块链在各领域的安全有序应用，必须依法依规加强区块链密码应用管理，积极推动区块链密码技术创新，夯实筑牢区块链的安全基石和信任纽带。

例如，区块链的公开性、透明性使得隐私保护成为亟待解决的关键问题，而密码学的隐私计算就天然适用于解决区块链中的信任和隐私问题。隐私计算是指在保护数据本身不对外泄露的前提下实现数据分析计算的技术集合。2021年，隐私计算联盟联合中国信息通信研究院云计算与大数据研究所发布《隐私计算与区块链技术融合研究报告(2021)》[①]，归纳了隐私计算与区块链技术融合的五大价值，并提出了隐私计算与区块链技术融合的七大典型解决方案。这种"区块链+隐私计算"的模式具有巨大的应用潜力，尤其与对数据安全及隐私要求极高的金融场景相匹配。目前在金融行业，已有许多企业着眼于区块链与隐私计算的协同研究，例如，微众银行已经开源了其结合了区块链和隐私计算的隐私保护方案WeDPR，该案例获评"2021可信区块链高价值案例"。

PoW共识机制存在大量算力浪费问题，由此产生了PoS共识机制作为PoW的代替。PoS即权益证明，其将PoW中的算力改为系统权益，通过评估持有代币的数量和时长来决定获得记账权的概率。也就是说，PoW机制是"干的越多，得到的越多"，而PoS机制是"持有的越多，得到的越多"。目前比较有名的是委托权益证明（DPoS）机制和提名权益证明（NPoS）机制，都是持币者把自己的币质押给节点，节点负责出块维护网络，如果持币者投的节点有块被纳入最终的链，就能获得符合投票比例的分红，这个分红相当于比特币网络里的出块奖励。PoS共识机制的采用也是建立在密码技术研究的基础上，爱丁堡大学的Aggelos Kiayias等发表的关于Ouroboros的PoS共识机制的论文在2017年被顶级密码学学术会议Crypto收录，而图灵奖获得者Silvio Micali针对共识算法的分叉等问题在2017年提出了名为Algorand的PoS共识算法，以极大的概率确保了共识算法收敛一致，避免了分叉的产生。随着密码技术的不断成熟，其有望进一步推动共识机制的发展。

未来，区块链密码技术应用场景将会不断拓宽，在金融应用、政务服务、智慧城市等区块链发展相对成熟的领域开展更多应用，并不断提高密码应用的合规性，采用符合国家密码管理政策、满足相关法规和标准要求的密码技术。

---

① 隐私计算联盟，中国信息通信研究院云计算与大数据研究所. 隐私计算与区块链技术融合研究报告. 2021-08-11. https://baijiahao.baidu.com/s?id=1707776321781904560&wfr=spider&for=pc.

关键术语

密码学	密钥	对称加密	非对称加密	哈希算法
数字签名	数字证书	默克尔树		

思考题

1. 如何理解区块链中的公钥和私钥？公钥和私钥是如何生成和管理的？

2. 数字签名和加密技术有什么区别？它们在区块链中各自扮演了什么角色？

3. 区块链中的哈希函数有哪些特点？它是如何确保数据的唯一性和不可篡改性的？

4. 区块链中的密码技术在隐私保护方面面临哪些挑战？如何解决这些挑战？

5. 你认为在未来的法律发展中，哪些与区块链中密码技术相关的问题可能会成为关注的焦点？为什么？

第4章

共识机制

学习目标

1. 理解拜占庭将军问题和共识机制的提出。
2. 掌握经典的共识算法的本质和设计理念。
3. 了解经典共识算法的应用场景与优缺点。
4. 了解共识算法的融合、创新。

4.1 共识概述

共识问题是社会科学和计算机领域的经典问题，早在1959年，埃德蒙·艾森伯格（Edmund Eisenberg）和大卫·盖尔（David Gale）就发表了文章“Consensus of Subjective Probabilities：The Pari-Mutuel Method”来研究特定概率空间下，每个个体都有自己的主观概率分布时，如何形成共识概率分布的问题。自此，共识问题逐渐成为各领域研究的新热点。

4.1.1 共识的概念和作用

我们首先给共识一个基本的定义。在分布式系统中，共识就是系统中的多个节点通过协商对某个值达成一致。用数学语言来描述：一个分布式系统包含 n（$n=0$，1，2，…，$n-1$）个进程，每个进程都有初值，进程之间能够互相通信。通过设计算法，能够实现在允许故障出现的情况下，各进程协商出某个不可撤销的最终值，且每次执行都满足以下三个性质：

- 终止性（termination）：所有正确进程最终都认同某个值。
- 协定性（agreement）：所有正确进程认同的是同一个值。
- 完整性（integrity）：如果正确进程提议同一个值，则所有处于认同状态的进程都选择该值。

计算机科学领域早期的共识研究主要关注分布式一致性问题，即如何实现分布式系统中所有运行节点在任意时间保持数据同步并对某一提案（proposal）达成一致的效果，这也是分布式系统的根本问题之一。当节点间的数据保持一致时，用户无论访问哪个节点，都可以得到相同的结果，并且可以在多机之间分摊负载，以提高访问读取的效率。然而，当用户对某个节点上的数据进行部分修改时，需要将最新的数据在节点间进行同步，以保证节点间数据的一致性，这就需要引入共识机制来解决。

分布式计算领域的共识问题是由 Leslie Lamport、Robert Shostak 和 Marshall Pease 于 1980 年提出的。[①] 1982 年，他们将此问题命名为“拜占庭将军问题”（详见 4.1.2 节），该问题主要研究在一组可能存在故障节点的点对点通信网络中，非故障节点如何针对特定提案达成共识。此后，分布式系统的共识算法可以分为拜占庭容错类和非拜占庭容错类。在传统分布式一致性的研究中，通常假设不存在恶意篡改和伪造数据的节点。而事实上，在复杂、开放且缺乏信任的互联网环境下运行的分布式系统往往会存在恶意拜占庭节点。因此，各类共识算法不断被提出并更新，以实现不同程度的分布式一致性，满足不同应用场景下的需求（详见 4.2 节）。

值得注意的是，在许多文献和研究中，“共识”和“一致性”经常被认为是等价的。但从严格意义上讲，两者在含义上存在细微的差别。首先，“共识”侧重于描述分布式系统中的各节点对某阶段性状态达成一致的过程，同时包含这一过程中所利用的各种算法。而“一致性”通常是指在分布式系统中所有运行的节点保存的同一份数据的多个副本对外呈现出相同的表现。可以这样说，“共识”概括了达到一致性的过程，“一致性”则更偏重对最终状态的描述。

4.1.2　拜占庭将军问题

拜占庭将军问题是共识机制需要解决的核心问题，在此进行简单的介绍。

拜占庭将军问题是 20 世纪 80 年代由 2013 年图灵奖得主 Leslie Lamport 和其余两人提出的针对分布式系统达成共识的一种虚构模型。拜占庭作为东罗马帝国的首都，幅员辽阔，拥有巨大的财富，每支军队都相隔很远。发生战争时，各军队之间为统一作战计划，只能依靠信使来传递信息。然而，军队中可能存在叛徒，通过传递假消息来扰乱计划的制定。假设在所有军队中，需要有超过半数的将军同意攻打才能取得胜利。因此，

---

① Lamport L, Shostak R, Pease M. The Byzantine generals problem. ACM Transactions Programming Language and Systems. 1982, 4 (3): 382 - 401.

将军们必须有一个预定的方法协议，满足以下条件：

A. 所有忠诚的将军能够在计划上达成一致；

B. 叛徒不会影响忠诚的将军选择正确的计划。

一般来说，每位将军会将自己观察到的敌军信息派信使传递给其他将军，设 v_i 是第 i 位将军通知其他将军的消息。每位将军会采用某种方式，将收集到的消息 v_1，v_2，…，v_n 组合成作战计划，其中 n 是将军的数量。则上述条件 A 可以通过使用同一种方式组合作战计划来达到，而条件 B 则可以通过某种稳健性方式来达到，例如，多数人意见决定的方式。

拜占庭将军论断：在将军通过信使口头传递信息的情况下，只要有 1/3 以上的叛徒，就无法保证忠诚的将军们能够达成一致的行动。

我们可以用一幅简单的关系图快速说明在有三位将军的情况下，只要有一个叛徒存在，就不能达成一致的作战计划。如图 4－1 所示，深色代表叛徒，浅色代表忠诚的将军。如图 4－1（a）所示，当接收作战计划的将军是叛徒时，忠诚的将军将收到相悖的计划而选择不执行；如图 4－1（b）所示，当传递作战计划的将军是叛徒时，会向两位将军发送不同的作战计划，导致一位将军接收到相悖的计划而选择不执行。

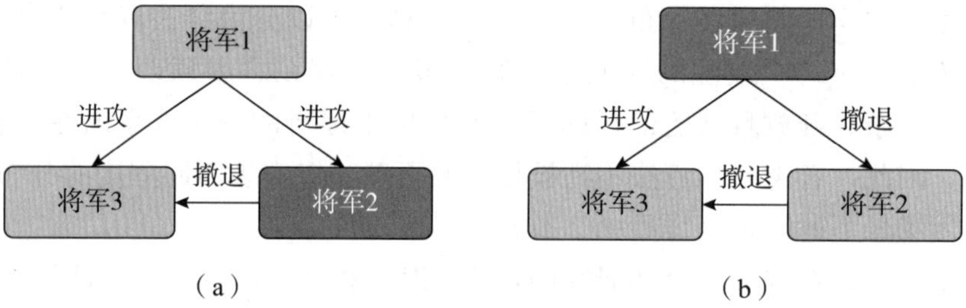

图 4－1 有一个叛徒存在的情况

针对拜占庭将军问题，Leslie Lamport 等人提出了两种解法：通过口头协议的方式和通过消息签名的方式。

口头协议方式默认每个被发送的消息都能够正确传递，并且消息的接收者能够知道消息的发送者和缺少的信息。在传播链路上，除加密安全保障外，不允许使用任何加密算法。采用这种方法时，问题有解的充分必要条件是叛徒数量少于将军总数的 1/3。但是，这种方式无法实现对消息的溯源。消息签名方式则有效解决了这一问题。该方法与第一种方法的不同之处在于使用了签名算法，即每个节点都能产生一个不可伪造的签名，其他任意节点都能够对该签名进行验证。采用这种方法时，无论叛徒有多少个，问题均是有解的。但是该算法带来的信息传递的延迟问题目前并没有得到有效的解决。

综上所述，拜占庭将军问题的实质就是要寻找一种方法，使得在有故障的情况下能建立系统的共识。在分布式系统中，存在正常运行的节点，存在故障节点，当然也可能存在具有破坏性的节点。而共识算法的核心就是解决拜占庭将军问题，在故障节点和破坏性节点存在的条件下，在正常运行的节点之间形成统一意见与认知。

4.1.3　区块链中的共识层

区块链技术发展到今天，面向不同的业务场景和技术要求，形成了不同的分层架构。最经典的区块链分层结构主要包含数据层、网络层、共识层、激励层、合约层和应用层。本节主要针对其中的共识层展开叙述。

区块链是一种去中心化的分布式账本，其核心目标是实现中心化记账系统无法提供的绝对信任和可靠，因此，系统中各节点需要维护一致的账本数据。然而在现实环境中，网络消息可能存在阻塞、丢包等问题，节点也可能出现错误或宕机。如何在复杂的网络环境中实现节点数据的一致性是共识算法需要解决的主要问题。

共识层是区块链系统的核心，主要封装了能够保障链上各节点之间协同运行的各类共识算法，同时利用这些算法来实现区块链的去中心化、去信任化、高安全性等特性。首先，共识算法能够有效支持分布式系统的多个节点共同参与交易的执行和验证，无须依赖中心化节点就能正常运作；其次，共识算法需要在高危和存在攻击风险的网络环境中确保正常节点之间的数据一致性；最后，共识节点不需要彼此信任，只需要参与共同的共识机制，达成最终账本的一致性即可。

由于共识算法的重要性，共识层承担着实现分布式节点对交易数据达成一致的重要任务，因此，共识层需要提供交易验证、排序、区块生产、验证的功能。在区块链系统运行时，会收到来自多个客户端的交易请求，共识层首先针对多笔交易进行排序，确定执行顺序，以确保所有节点都能够按照相同顺序执行交易。同时，为了提高效率，共识层会将一批交易数据打包，实现批量共识。打包好的交易数据会被存储到区块结构中，并在共识集群中传播。当其他共识层节点收到区块后，会对区块及其中交易的合法性进行验证。如果验证通过，共识层会按照指定的交易顺序请求合约层执行交易，并将执行结果发送至数据层，最终实现交易结果的更新。

在共识层中，共识算法是主要内容，因此，如何选择合适的共识算法就显得尤为重要。经典共识算法将在 4.2 节详细介绍。

4.2　经典共识算法

迄今为止，研究人员已经在共识领域进行了大量的研究工作，不同领域研究者的侧重点各不相同，甚至定义和提法也有所差异。计算机学科通常称为共识算法或共识协议，管理和经济学科则通常称为共识机制。这些提法之间存在一定的微小差异：算法一般指一组顺序敏感的指令集且存在明确的输入和输出；而机制通常是顺序不敏感的规则集合。就区块链领域而言，本书认为不同的区块链平台可以看作详细规定了运行规则的机制，而下面将详细描述的 PoW、PoS 等是建立在特定机制上的可灵活转变的算法。因此，本书后续将采用共识算法的提法。本节将对经典的共识算法进行介绍，并简单分析其应用场景与优缺点。

4.2.1 PoW

工作量证明（PoW）是区块链上使用最早也是最广泛的共识算法之一，其思想由来已久。最初，PoW 是为了防止资源滥用或拒绝服务攻击等场景而提出的一种经济对策。关于 PoW 的学术研究始于 1993 年，Cynthia Dwork 和 Moni Naor 在学术论文中提及了这一概念。1997 年，Adam Back 独立发明了基于 PoW 的哈希现金，用于抵抗邮件的拒绝服务攻击和垃圾邮件网关滥用。1999 年，Markus Jakobsson 和 Ari Juels 正式提出了 PoW 一词。

PoW 共识算法的本质是根据节点的计算能力来决定记账权。[①] 简单来说，PoW 是一份证明，证明方在使用服务或资源前，需要完成具有一定难度或适当工作量的复杂运算，并且这种工作量可以很容易地被验证方核实。其核心思想是通过引入分布式节点的算力竞争来保证数据的一致性和安全性。在区块链领域，PoW 共识算法最成功的应用就是比特币系统。[②]

2008 年，中本聪的比特币创世论文的重要贡献之一就是将 PoW 思想应用于区块链共识过程，实现了区块链的 PoW 共识算法。区块链系统中的稀缺资源是区块记账权和发行区块的比特币奖励。根据比特币的设计，系统大约每 10 分钟生成一个区块，所有比特币矿工均参与竞争这种极度稀缺的记账权与比特币奖励。PoW 共识算法利用分布式节点的算力来完成大量的哈希函数计算工作，选出每 10 分钟的唯一记账人，从而保证账本数据的一致性。

哈希函数本身具有许多优良特性，能够满足 PoW 的需求。首先，通过哈希函数产生的输出几乎不能反推出输入值，即使输入仅相差一个字节，也会产生显著不同的输出值。这一随机性特征保证了分布式节点之间的竞争只能通过大量的穷举运算来进行。其次，哈希函数的定长输出和固定时间计算保证了基于哈希函数的工作量校验工作相对非常简单。在比特币系统中，PoW 共识算法选用的是 SHA-256 哈希算法。

为了更好地理解 PoW 过程，使用一个简单的例子来进行说明。给定一个字符串“Hello，blockchain!”，PoW 过程可以理解为寻找一个合适的随机数 nonce，作为哈希函数 SHA-256 的输入进行哈希运算。如果得到的十六进制的哈希结果是以“0000”开头的，则通过了验证。为了能够通过验证，必须利用穷举法不断递增 nonce 值，对得到的字符串进行哈希运算。按照概率计算，大约需要进行 16^4 次哈希运算才能得到合适的 nonce 值。

比特币的 PoW 过程与上面的例子基本一致，每一次共识过程的难度会根据难度值的输入进行调整，以控制 PoW 的出块速度稳定在 10 分钟左右。在哈希过程中，目标哈希值越小，区块头哈希值的前导零就越多，成功找到合适的随机数的难度也就越大。区块链实时监测网站 Blockchain. info 显示，截至 2022 年 11 月，

---

① 袁勇，王飞跃. 区块链技术发展现状与展望. 自动化学报，2016，42（4）：481－494.

② Nakamoto S. Bitcoin：a peer-to-peer electronic cash system. Decentralized Business Review，2008：21260.

符合要求的区块头哈希值一般有19个前导零，例如第763238号区块的哈希值为0000000000000000000036bf5a97a195156b8680bbf1cfc5378926381cbbd8a97。按照前面例子中的概率计算，每16次随机数搜索将会找到一个含有前导零的哈希值，则19位的前导零要进行16^{19}次随机数搜索才能找到一个合适的随机数并生成新的区块。由此可知，比特币区块链系统的安全性正是由PoW的强大算力保证的，所有针对比特币的攻击都必须对SHA-256难题进行计算，这一计算过程的难度和投入是非常大的。

PoW共识算法在共识算法的发展过程中具有重要的意义和影响。一方面，PoW共识算法的优势在于其执行简单，能够通过算力竞争来有效实现保障系统安全的效果。PoW可以有效抵御“51%”攻击，攻击者必须拥有超过整个系统51%的算力，才有可能篡改系统账本，这使得攻击成本很高。另一方面，PoW算法同时存在显著的问题。为了发行区块并获取收益，节点需要进行大量的哈希计算。据估计，仅比特币网络挖矿在全世界消耗的电力就达2.55GW，并且对能源的消耗还在不断增加。

4.2.2 PoS

PoW共识算法设计的初衷是希望充分利用分散的计算资源，让系统中的所有节点能够公平地参与到系统决策和比特币获取中来。然而，随着比特币系统算力的提升，尤其是大型矿池的出现，矿工这一角色逐渐从普通用户中独立出来，开始更多地承担系统中挖矿的工作。此外，PoW算法由于需要进行大量的哈希运算，对能源的消耗非常巨大。在PoW日益体现出不足的情况下，权益证明（PoS）共识算法就此诞生。

PoS共识算法也称为股权证明共识算法，2011年在比特币论坛上由一位名叫Quantum Mechanic的用户首先提出，后经点点币（Peercoin）和未来币（NXT）以不同思路实现。与PoW共识算法按照算力竞争来选择记账节点的方式不同，PoS共识算法通过对不同节点特定数量货币的所有权进行统计，选择具有最高权益的节点并赋予记账权。如果说PoW的本质是比较计算能力，PoS的本质就是比较资源拥有的数量。在对节点所拥有的资源进行测算时，就需要引入币龄（coinage）的概念。

中本聪在2010年提出了币龄的概念，其定义是虚拟货币所持有的时间段，即虚拟货币金额与用户所持有的时间的数学运算结果（乘积）。类似于将个人钱款存入银行，银行会按照金额和存款时间分配利息。采用PoS的数字资产，区块链会根据用户的币龄来分配相应的权益。而PoS的博弈思想正是持有货币数量越多的人越值得信赖。

在进行PoS的过程中，每创造一个新的PoS区块，都会根据节点所拥有的币的数量和时间，等比降低节点的挖矿难度，从而在PoW的基础上缩短节点挖矿时间。在区块链中，每生成一个新的PoS区块，币龄就会清空；而每清空365币龄，就会获得一定的利息收益，又称为权益激励。PoS解决了PoW中浪费资源的问题，同时缩短了共识时间。在PoS中，消耗币龄最多的链为区块链中正确的链，因此，若要对区块链进行攻击，则需要控制较多的币龄，这大大提升了对区块链进行攻击的成本。由于PoS共识算法更多代表的是一种理念，在不同的应用场景中，往往具有不同的表现形式，其算法也在不断地优化。按照其发展顺序，主要有以下三种PoS共识算法。

1. PoW+PoS 混合共识

由桑尼·金（Sunny King）发行的点点币是首先采用 PoS 共识算法的虚拟货币，它使用 PoW+PoS 的混合共识机制，同时含有两种共识算法所产生的区块。其中，PoW 主要用于在初期的采矿阶段进行货币发行。基于 PoW 的货币发行方式会随着挖矿难度的上升逐渐减少产币量。因此，随着难度上升，系统中 PoW 的比重将逐渐降低，系统将过渡到 PoS 共识。

点点币在算法中使用了上面提到的币龄的概念，定义为币的数量与币的拥有天数的乘积，这使得币龄能够反映交易时刻用户所拥有的货币数量。此外，算法还体现出随机化的特点。至少 30 天未使用的币可以参与下一区块的竞争，越久和越大的币集有更大的可能性签名下一区块。而当币的权益用于签名区块后，币龄将全部清空，且必须等待至少 30 天才能签名另一区块。同时，为了防止过老或过大的权益控制区块链，寻找下一区块的最大概率在 90 天后达到最大值。这一过程能够有效保护网络，并保证随时间推移生成新的币无须消耗大量算力。

2. 纯 PoS 共识

2013 年发行的未来币是使用纯 PoS 共识的币种，提出了透明锻造的区块生成方式。在未来币中，每个账户对应一个私钥，每个区块有一个生成签名（generationSignature）字段。为了参与区块产生，活跃的账户用其私钥对上一区块的生成签名字段进行签名，获得一个 64 字节的签名。然后对这个签名进行 SHA-256 哈希，取结果的前 8 个字节作为该账户的击中值（hit）。同时，每个账户可以根据当前有效权益计算它自身的目标值，其计算方式为：基准目标值×账户有效货币余额×当前时间与上一区块的时间间隔。击中值和目标值进行比较，如果击中值小于目标值，就可以产生下一个区块。

从以上叙述可以看出，通过比较一个账户的击中值和目标值，就可以预测任意一个账户生成区块大致的时间。也就是说，当全网生成一个最新区块后，每个用户锻造下一区块的击中值就已经成为常量，因而用户不需要搜索和挖矿，只需随着时间推移等待击中值小于目标值即可锻造区块。由此可见，在未来币中，上一区块产生后，下一区块由哪个节点锻造就已经确定，全网节点只需等待该节点在正确的时间段产生区块即可。

3. PoS 共识的扩展算法

基于改进 PoS 的共识扩展算法目前大多处于研究和实验阶段，需要通过长时间的运行检验来加以测试和完善，主要包括 Tendermint、Casper 和 Ouroboros 等。

PoS 共识算法一般对系统硬件没有太高的要求，参与者只需要极小的硬件投入成本就可以参与到全网共识中，这使得能够参与到共识中的受众范围更大。此外，PoS 的工作思路类似于金融体系中的股份或存款，通过质押资产来获取利息。这种方式将发行者、持有者等的利益捆绑在一起，能够有效提升整个区块链系统的安全性和稳定性。与 PoW 共识算法相比，PoS 共识下的区块生成能够有效降低对算力资源的依赖，因而不需要巨大的电力成本。

然而，PoS 依旧存在一定不足。首先，由于 PoS 采用权益结余的方式，这很容易产生“富者更富”的马太效应问题；其次，在 PoS 中，用户可以同时在两个分叉上下注而不会遭受损失，无论哪个分叉在后期被公认为主链，该用户都可以获得奖励而不承担损失。这就会造成“无权益问题”，干扰共识的形成。

4.2.3 DPoS

由于PoS共识算法在本质上依然需要进行挖矿运算，因而运算速度依旧受限。而委托权益证明（DPoS）解决了共识算法运算速度的问题[①]，使得区块链的交易速度可以与目前的电子支付系统在同一级别上竞争。DPoS通过共识节点的权益投票将区块数据的记账权和区块链参数的配置权赋予少数的代表节点，从而实现民主共识。DPoS共识算法的流程主要包括以下两大部分。

1. 见证人选举

在DPoS共识算法流程中，用户节点可以将其持有的权益作为选票投给一个代表节点，称为见证人（witnesses）。用户节点的投票权重和自身的持币数量成正比，且可以随时投票或撤销。通常，系统会选择得票数最高且愿意成为见证人的前N（N一般为奇数）个节点进入“董事会”，并由这些节点负责产生区块。显然，DPoS是一种弱中心化的共识算法：见证人的数量越少，系统的中心化程度就越高。但这种弱中心化的算法能够有效帮助系统提升运行效率，同时减少能源浪费。

见证人在DPoS共识过程中的主要职责与PoW共识过程中的矿工相似，主要负责侦听网络中广播的交易、对交易有效性进行验证、打包区块、广播区块并更新主链等。与矿工挖矿并获取收益类似，见证人也会获得一定的系统奖励作为工作回报。同时，作为区块链代表节点，见证人必须上缴保证金作为个人工作责任的担保。如果见证人未能有效履行相关职责，用户节点可以撤回投票并将该见证人从“董事会”撤出。

2. 区块生成

DPoS共识过程中，见证人节点按照预先定义的顺序轮流产生区块。对于每个见证人节点，都会分配一个固定的时间段用于产生区块。如果见证人没有在该时间段内产生区块，那么时间段之后该见证人将会被跳过，由下一个见证人产生下一个区块，以此循环。在循环过程中，每产生N（N为见证人数量）个区块，见证人的排序都会被打乱。这种“洗牌”操作会通过随机的方式确保每当形成多个拥有相同数量见证人的分叉时，平局都会被打破。

DPoS共识算法有着较快的处理速度，做到了秒级的共识验证，相比PoW共识算法有了较大的提高。基于DPoS共识算法的平台性能较高，且不需要竞争挖矿等。但同时，该共识算法的缺点也很明显。用户通过选举代表节点来负责区块产生，就会造成弱中心化的局面。严格来说，只有可以出块的超级节点可以参与共识，后续参与者很难成为超级节点并参与产生区块的过程。因此，有不少人质疑这种共识算法的开放程度。

---

① Liu J, Xie M, Chen S, et al. An improved DPoS consensus mechanism in blockchain based on PLTS for the smart autonomous multi-robot system. Information Sciences, 2021, 575: 528-541.

4.2.4 Raft

Raft 共识算法是 2013 年由 Diego Ongaro 和 John Ousterhout 提出的一种适用于非拜占庭容错环境下的分布式一致性算法。[①] 在分布式系统中，通常通过维护多个副本来进行容错。共识算法的核心就是维护多个副本的一致性，保证整个集群对信息的统一性。

Raft 共识算法的基本流程为：首先在集群中通过选举确定领导者（leader），全权负责管理信息的复制。领导者从客户端接收交易信息，在添加到自身的日志中后，向其他节点发送该信息，并通知其他节点将该信息添加到日志中。当领导者宕机或与其他节点的连接断开后，其他节点会重新启动选举并选出新的领导者。

在 Raft 共识中，共有以下三种节点状态，分别为领导者、候选人（candidate）和追随者（follower）。集群中的所有节点都处于这三种状态之一。一般情况下，集群中只有一个领导者，剩余节点均为追随者。追随者节点只需要被动接收来自领导者的信息并做出响应，自身不发送任何请求。候选人状态出现在选举过程中。图 4-2 给出了三种状态之间的转换关系。

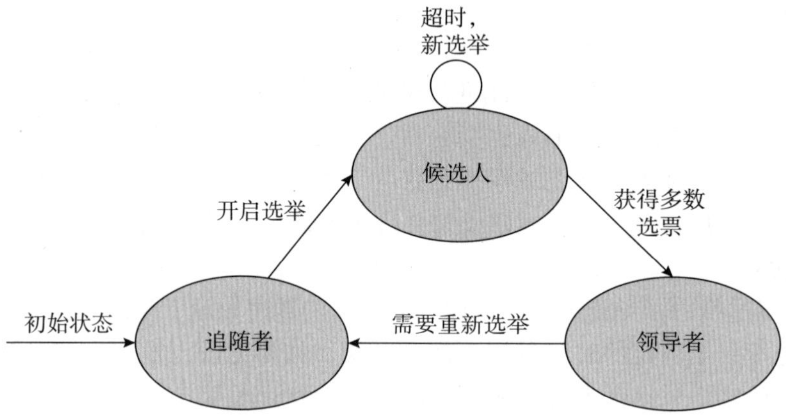

图 4-2 Raft 节点状态及转换关系

在选举开始时，所有节点都维持追随者状态，并获得相应时长的计时器。若在计时器超时前仍未收到其他候选人节点的投票请求，则自身变为候选人节点并邀请其他追随者为自己投票；若在计时器超时前收到投票请求，则为其投票并复原计时器为零。候选人的票数超过节点半数即成为领导者，其他候选人自动降为追随者。一旦现有领导者宕机，则会在追随者中重新选举。

Raft 算法通过设置不同的节点状态简化了分布式系统记账的操作，但该算法只支持容错故障节点，对于拜占庭节点不具有支持性。因此，Raft 共识算法可以应用于非拜占庭容错环境，在区块链中，一般适用于联盟链和私有链场景。

---

① Ongaro D, Ousterhout J. In search of an understandable consensus algorithm. USENIX Annual Technical Conference, 2014: 305-319.

4.2.5 PBFT

实用拜占庭容错（practical Byzantine fault tolerance，PBFT）算法是由 Miguel Castro 和 Barbara Liskov 在 1999 年于第三届操作系统设计与实现研讨会上提出的。与 Raft 共识算法不同，PBFT 假设共识过程的运行环境是异步分布式网络，且可能存在恶意发送错误信息的拜占庭节点。PBFT 通过要求整个系统共同维护一种状态，即实现节点协约一致性来确保系统的安全性和活性。①

图 4-3 显示了简化的 PBFT 消息传播过程。假定整个系统中的拜占庭节点数为 f 个，而服务节点总数为 $3f+1$ 个。整个共识过程可以分为 5 个阶段，每个阶段的具体内容如下。

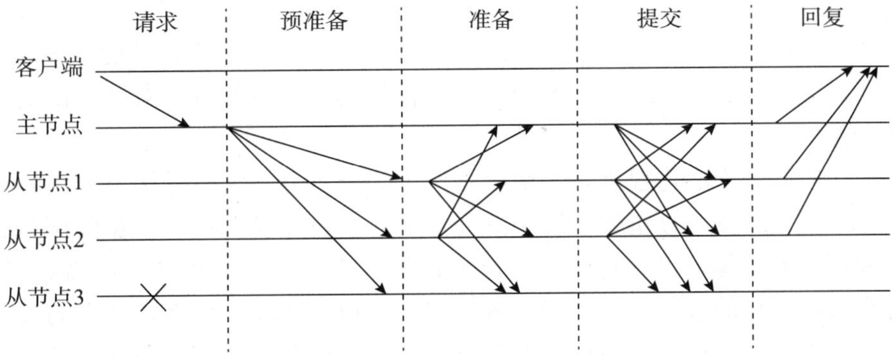

图 4-3 PBFT 消息传播过程

（1）请求阶段（request）。客户端向主节点发送请求，其中包含需要执行的操作、时间戳信息、客户端 ID 及签名，用于确认客户端权限。

（2）预准备阶段（pre-prepare）。主节点收到请求后，会对消息进行签名并为请求分配一个唯一的序号 n，将该序号和客户端请求消息广播给其他节点。主节点签名能够便于其他节点认证主节点身份。

（3）准备阶段（prepare）。所有从节点都收到主节点发来的预准备消息后，将一个包含当前视图号 v、消息序号 n、消息摘要的准备消息发送给其他所有节点。如果一个节点收到了 $2f$ 个以上相同的准备消息，则进入下一阶段并将该消息标记为 Prepared 状态。

（4）提交阶段（commit）。每个节点广播包含视图号 v、消息序号 n 的提交消息。当节点收到 $2f$ 个相同的提交消息，且序号小于 n 的消息都已经执行时，当前消息会被执行。

（5）回复阶段（response）。所有阶段都将执行结果返回给客户端。

PBFT 能在异步环境下容忍不足总数 1/3 的节点是拜占庭节点，并在这一条件下达成共识。此外，在 PBFT 中，消息的发送者是经过认证（签名）的，发送消息的身份可

① Castro M，Liskov B. Practical Byzantine fault tolerance and proactive recovery. ACM Transactions on Computer Systems. 2002，20（4）：398-461.

以被确认，节点是否发送消息也可以进行验证。

PBFT 的应用场景较为广泛，在区块链领域中，PBFT 一般适用于对一致性有较高要求的联盟链和私有链场景，即需要保证系统各节点的强一致性。例如，在 IBM 主导的区块链超级账本项目的 Fabric 子项目中，PBFT 是一个可选的共识算法，Fabric 0.6 版本就自带了 PBFT 共识算法。区别于上述 DPoS 共识算法，PBFT 算法是一种静态的共识算法，适用于节点数量有限的情况，对于节点数量不断变化的动态网络，算法的工作效率不是很高。

4.2.6 共识算法总结

本节对当前流行的主要共识算法进行了简单介绍，包括工作量证明（PoW）算法、权益证明（PoS）算法、委托权益证明（DPoS）算法、非拜占庭容错的 Raft 算法和实用拜占庭容错（PBFT）算法，这些共识算法在设计上各有不同，因其性能差异，适用对象也有所不同。为了能够更好地对比不同算法的使用场景，我们首先对区块链的分类情况进行简单介绍。

按照区块链的去中心化程度，区块链可以分为公有链、联盟链和私有链。公有链是完全去中心化的区块链，分布式系统中的任意节点都可以参与链上数据的读写、验证和共识，并根据贡献获得奖励，比特币、以太坊等广为人知的区块链产品就属于公有链；联盟链则是多中心化的区块链，适用于各类多实体组成的联盟体系，节点的读写权限受到一组预定义节点的监控，我国目前发展的蚂蚁链就属于联盟链的范畴；私有链则是完全中心化的区块链，适用于特定机构的内部数据审计，读写权限均受机构内部控制。

根据区块链的不同分类，我们可以对共识算法进行对应区分。在上述算法中，PoW、PoS 和 DPoS 算法是目前公有链范围内主要使用的共识算法，PBFT 则主要服务于联盟链环境，Raft 由于不具有拜占庭容错特性，更适用于私有链。几种算法的主要性能对比如表 4－1 所示。

表 4－1　各类共识算法性能对比

性能指标	PoW	PoS	DPoS	Raft	PBFT
拜占庭容错	支持	支持	支持	不支持	支持
中心化程度	强	强	弱	强	弱
交易量	少	少	较少	多	多
确认速度	慢	较慢	较快	快	快
能耗	高	较高	较低	低	低

从表 4－1 可以看出，虽然 PoW、PoS 共识算法是目前区块链领域使用最广泛的共识算法，但其在性能方面未必达到了最佳。DPoS 在二者基础上进行了改进，能耗更低，但由于其中心化程度较弱，无法在应对拜占庭节点时尽可能降低相关影响。PBFT 共识算法被应用于超级账本项目，其吞吐量可以达到每秒万次以上，但由于其是静态的共识算

法，系统中的节点数量若发生变化就需要重新设置，因此主要用于节点数目相对固定的联盟链场景。Raft 同样具有很高的吞吐量，能够满足许多应用场景的需求，但由于其没有考虑拜占庭将军问题，若遇到恶意节点攻击，整个系统将保存错误信息，这对于系统的稳定性有很大影响，因此主要用于节点性质更加容易确认的私有链场景。

4.3　共识算法发展

4.3.1　共识算法的融合

4.2 节详细介绍了区块链领域最常使用的几种共识算法，然而，上述共识算法在原理上不尽相同，性能表现上也各有欠缺。因此，针对共识算法的研究一直没有停止，本节将简要介绍一些新型的共识算法。

1. PoW 扩展共识算法

2015 年，康奈尔大学的学者提出了 Bitcoin-NG 共识算法，以比特币信任模型为基础，将比特币的共识过程改进为领导者选举和交易序列化两部分，在不牺牲其他性能的基础上有效改善了原生算法的延迟问题。[①] 在 Bitcoin-NG 共识算法中，时间以时间段的形式进行划分，算法以时间段为单位进行领导者选举。在每个时间段内选出的一位领导者将负责此时间段内创建区块的任务。Bitcoin-NG 共带有两种区块——关键区块与微区块，其中，关键区块用于领导者选举过程，其生成过程类似于前述的 PoW 共识算法区块头的哈希值必须小于特定目标值，该区块才会被标记为有效。一旦某个节点成功生成了关键区块，其就成为该时间段的领导者，并开始以固定速率产生多个微区块。微区块包含账本记录，即对交易信息进行记录。与 PoW 共识算法不同，微区块的产生不需要工作量证明，因此领导者可以快速产生多个微区块。

2016 年，ByzCoin 共识算法被提出，该算法的整体结构在 Bitcoin-NG 的基础上进行了改进，利用树形通信结构和联合签名的方式构造可扩展的拜占庭协议，以增强比特币系统的安全性。[②] 与 Bitcoin-NG 一致，ByzCoin 算法也包含关键区块与微区块两种区块结构。但有所不同的是，在关键区块产生的领导者序列中，ByzCoin 设置了滑动共享窗口，每产生一个新的领导者节点，窗口就会右移。新产生的领导者节点将利用树形通信结构向窗口内的其他节点共同执行集体签名协议来产生微区块。领导者节点产生的微区块将会被发送至一个共识小组进行联合签名，以验证交易的真实性与合规性。共识小组一般由近期参与区块产生的矿工组成，只有在多数矿工签名的情况下，微区块才能通过验证。因此，ByzCoin 能够有效避免 Bitcoin-NG 中领导者节点行为不端的问题，一旦领导者表现出欺诈行为，共识小组就能进行投票进而取消该领导者的资格。

---

① Eyal I, Gencer A E, Sirer E G, et al. Bitcoin-NG: a scalable blockchain protocol. 13th USENIX Symposium on Networked Systems Design and Implementation, 2016: 45 - 59.

② Kokoris-Kogias E, Jovanovic P, Gailly N, et al. Enhancing bitcoin security and performance with strong consistency via collective signing. Proceedings of the 25th USENIX Conference on Security Symposium, 2016: 279 - 296.

2. PoS 扩展共识算法

在原生 PoS 共识算法中，存在“Nothing at Stake”的问题，也就是节点进行恶意操作的代价很小的问题。针对这一不足，Casper 投注共识应运而生。Casper 是一种基于保证金的经济激励共识算法，协议中的节点必须首先缴纳保证金，才可以参与出块和共识过程。Casper 算法就是通过对保证金的控制来约束节点的行为，如果节点做出任何无效或恶意操作，其对应保证金将会被罚没，参与共识的权利也会被取消，参与共识节点的列表会随着保证金不断地锁定、罚没而发生变动。

2014 年，基于认证的共识算法 PoA（proof of authority）被提出。这种算法的原理十分简单，即网络中的每个区块都是由某个认证节点进行认证的，其他节点仅需要验证相关的认证信息来判断该区块是否合法。① 在 PoA 算法中，认证节点具有区块签名的权利，类似于 PoW 共识算法的矿工节点；其他节点均为非认证节点，只负责同步节点状态信息。两种节点状态可以通过投票的方式相互转换。

3. 2-hop 共识算法

为了能够综合 PoW 算法与 PoS 算法的优势，2017 年，Duong 等将 PoW 与 PoS 相结合，提出了 2-hop 共识算法。算法流程以轮为单位，每轮工作都包含 PoW 与 PoS 两阶段。在 PoW 阶段，节点可以通过完成 PoW 任务来提出新区块，而完成 PoS 的节点会对新区块进行验证和确认。该算法的设计通过交替使用 PoW 和 PoS 这两种共识算法，能够有效减少具有高算力的节点对系统的控制能力，提高系统整体的公平性和安全性。然而，2-hop 协议并没有消除 PoW 能耗巨大的问题，同时，拥有巨大算力的节点也会选择多次计算 PoW 区块，仍然会破坏共识的公平性。

4. BFT-DPoS 扩展共识算法

DPoS 共识算法的扩展方向主要是和拜占庭容错（BFT）算法结合，其中最具代表性的是 EOS 项目白皮书②提出的 BFT-DPoS（Byzantine fault tolerance-delegated proof of stake）共识算法。原始的 DPoS 算法中，每个见证人在产生区块时向整个系统广播，而其他见证人需要等待直到自己产生区块时，才能对上一区块进行确认，这就导致了较长的交易确认时间。而在 BFT-DPoS 算法中，一个区块产生后，其他见证人将立即对此区块进行验证，并将验证结果立刻返回给该见证人。在见证人收到 2/3 的其他见证人的确认后，区块的生成就无法更改了。这一改进使得交易确认时间大大缩短，提高了整个系统的交易活跃度。

4.3.2 共识算法的创新

1. Zab 共识算法

Zab 共识算法的全称是 Zookeeper Atomic Broadcast（Zookeeper 原子广播）③，是

---

① Bentov I, Lee C, Mizrahi A, et al. Proof of activity: extending bitcoin's proof of work via proof of stake. ACM SIGMETRICS Performance Evaluation Review, 2014, 42: 34-37.

② https://eos.io/.

③ Junqueira F P, Reed B C. Brief announcement Zab: a practical totally ordered broadcast protocol. 23rd International Symposium on Distributed Computing, 2009: 362-363.

Apache软件基金会重要项目 Zookeeper 使用的共识协议。由于 Zookeeper 本身是一种高性能、高可用的协调服务，允许大规模应用程序执行协调任务，为了保证分布式事务的最终一致性，Zab 共识算法就此诞生。基于 Zab 算法，Zookeeper 实现了主备模型（领导者和追随者）的系统架构，保证了集群中各个副本之间数据的一致性。在理论上，原子广播类的共识算法允许每个进程独立地广播消息，这会显著增加系统的复杂性，对于各节点数据一致性的控制难度会更大。因此，该类算法会首先选举一个进程作为领导者，并由领导者决定各消息的接收顺序。具体在 Zab 中，选举出的领导者节点会把消息广播给追随者节点，并等待追随者节点回复。在等到多数追随者节点回复后，领导者会最终更新该消息，并提交广播。而在当前领导者宕机时，Zab 会重新启用选举算法，从已有的节点中选择新的领导者，以保证数据更新的工作不会中断。Zookeeper 能够实现集群管理、分布式锁等多种任务，针对不同的任务环境，Zab 算法的具体实现也有所不同。

2. Ouroboros 共识算法

为了能够在运行 PoS 共识算法的区块链系统中实现类似 PoW 共识算法中的安全机制，2017 年 Kiayias 等提出了 Ouroboros 共识算法。[①] 因其在学术领域的巨大影响力，Ouroboros 很快得到了实用领域的认可。目前，艾达币（ADA）就使用了这一共识算法。Ouroboros 共识算法的核心在于根据权益的多少随机选出一个领导者负责出块，而随机的过程是无法预测的。[②] 在 Ouroboros 共识算法中，共识过程的时间被划分为间隔相同的时隙片段，每个领导者对应一个时隙。在每个时隙中，最多只能生成一个区块，如果该区块未能通过共识确认，该时隙就不会生成有效区块。与区块生成不同，权益计算的时间单位是窗口，这是由多个连续时隙组成的一个时间片段。权益的计算以该窗口开始时的历史值为基准，窗口期间权益的变化不会影响窗口内出块者的选择。以窗口内各节点所持有的权益占比为概率，使用随机方式生成新的领导者节点，再由领导者节点生成新的区块。Ouroboros 共识算法最大的特点是通过安全、多方执行的协议来实现出块者的随机选择，以确保出块操作不会被恶意攻击，进而解决长期阻碍 PoS 发展的安全性问题。

3. Sleepy Consensus 共识算法

随着互联网规模的不断扩展，数以百万计甚至更多的节点要被纳入共识过程，而目前的经典共识算法或多或少都无法适应互联网级别的规律，主要表现为大规模、复杂状态下的稳健性差。基于此，2017 年，康奈尔大学提出了一种称为 Sleepy Consensus（休眠共识）的新共识算法[③]，其主要针对的是互联网环境下大规模的共识节点可能多数都处于离线状态，只有少数节点处于在线状态并参与共识过程的情况。研究者指出，已有的共识算法研究主要将节点分为诚实节点与非诚实节点（拜占庭节点）两种类型，而并未考虑节点在线与否这一实际情况。在 Sleepy Consensus 中，假设一些节点是在线的，另

① Kiayias A, Russell A, David B, et al. Ouroboros: a provably secure proof-of-stake blockchain protocol. Proceedings of the 2017 Annual International Cryptology Conference, 2017: 357 - 388.

② 王群，李馥娟，倪雪莉，等. 区块链共识算法及应用研究. 计算机科学与探索，2022，16（6）：1214 - 1242.

③ Pass R, Shi E. The sleepy model of consensus. 23rd International Conference on the Theory and Application of Cryptology and Information Security, 2017: 380 - 409.

一些节点则是睡眠的。在线节点会参与到共识过程中，而睡眠节点则可能会从睡眠中恢复。该算法的共识过程与前述的共识算法比较相近，对于每个节点，在初始化过程中会生成对应自身的签名密钥对，而在每个时间段内，每个节点都会被赋予其被选为领导者的概率。算法通过执行公共哈希函数来随机选举领导者，选举出的领导者能够在该时间段内扩展区块链并由其他节点进行验证。通过对算法效果的评价，研究者证明了 Sleepy Consensus 算法在在线诚实节点数量超过故障节点时，能够保证复杂环境下共识过程的安全性和稳健性。

4. HotStuff 共识算法

2019 年，Yin 等人提出了线性响应 BFT 类共识算法——HotStuff。① HotStuff 与 4.2.5 节所述的 PBFT 共识算法类似，是一种基于视图的共识协议。在每个共识单元中，都由唯一确定的领导者节点来领导共识过程，并采用三段确认流程来达成全网一致，然后切换到下一个共识单元中，由新的领导者节点继续进行新一轮的共识。HotStuff 的共识流程如图 4-4 所示。

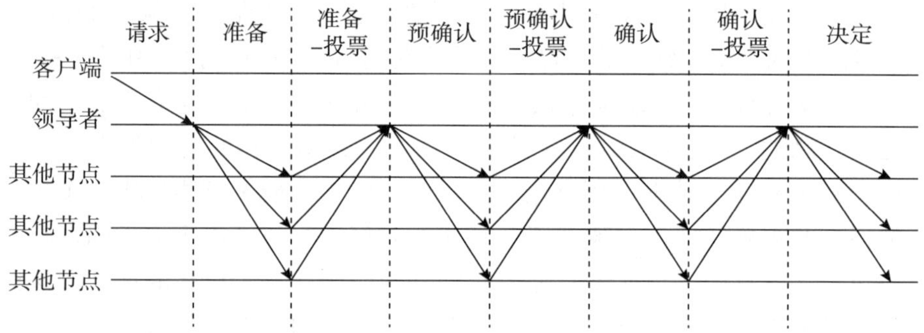

图 4-4 HotStuff 共识流程图

在准备阶段，领导者节点会接收客户端的请求。通过对请求进行选择，领导者节点创建新区块并进行广播。其他节点接收提案并检查合法性。若合法，其他节点会向领导者节点发送"准备-投票"信息；进入预确认阶段，由领导者节点聚合上阶段签名并广播预确认消息，依此类推，最终领导者节点收到其他节点的确认信息，做出最终决定并更新区块信息。如果领导者节点由于异步网络问题在预确认阶段没有收到足够多的节点回复，则直接替换领导者节点并删除该节点所构造的区块；如果在后续阶段没有收到足够多的节点回复，则不会删除该过程中的区块，而是选择保留。相较于传统的 BFT 类共识算法的特点，HotStuff 共识算法实现了线性的共识模式，提高了共识效率。

5. PoUW 共识算法

在经典的 PoW 共识算法中，挖矿的过程十分耗能，因为矿工们需要浪费大量算力和能源来完成没有实际含义的哈希运算以获得出块的权利。哈希运算过程对于能源的浪费使得 PoW 共识算法的劣势十分明显，因此，针对哈希运算过程的改进也层出不穷。有用工作量证明（proof of useful work，PoUW）是一种用来提升区块链效率与安全性的新型

① Yin M，Malkhi D，Reiter M K，et al. HotStuff：BFT consensus with linearity and responsiveness. Proceedings of the 2019 ACM Symposium on Principles of Distributed Computing，2019：347-356.

共识算法。与经典算法相比，PoUW 将区块链和机器学习相结合，参与挖矿的节点的任务变为训练模型①，优先完成模型训练的节点即获得一次出块权。

在 PoUW 共识算法中，用户能够以不同的身份进入 PoW 的系统②：客户通过支付一定费用并向整个网络提交机器学习训练任务来训练其机器学习模型；矿工在诚实地进行一定量的机器学习训练工作之后可以得到一次出块的机会；监督者协调并监管训练工作的进行。此外，针对训练的有效性，还存在评估者测试矿工最终模型的表现并分配客户支付的费用。同时，由于区块链采用分布式计算方式，客户的隐私（即机器学习任务）也能够得到有效保护。通过相关实验，研究人员成功在 PAI（personal artificial intelligence）区块链上实现了 PoUW 共识算法，并获得了较以往方式更小的运行成本。

关键术语

拜占庭将军问题　　共识机制　　共识层　　PoW 共识　　PoS 共识

思考题

1. 两种针对拜占庭将军问题的解法是什么？各有什么特点？
2. 区块链中的共识层的特点和作用是什么？
3. 经典的 PoW 和 PoS 算法的本质和差异是什么？
4. 按照区块链的去中心化程度，区块链可以分为几种？各自的特点是什么？
5. 列举两种创新的共识算法并阐述其设计理念和特点。

---

① Baldominos A，Saez Y. Coin. AI：a proof-of-useful-work scheme for blockchain-based distributed deep learning. Entropy，2019，21（8）：723.

② Lihu A，Du J，Barjaktarevic I，et al. A proof of useful work for artificial intelligence on the blockchain. arXiv preprint arXiv：200109244，2020.

第 5 章

智能合约

学习目标

1. 理解智能合约的原理及安全性问题。
2. 掌握 Solidity 编程语言基础。
3. 理解以太坊智能合约的编译与部署过程。
4. 了解 Fabric 国密改造涉及的主要模块。

5.1 智能合约概述

5.1.1 智能合约概念

1. 概念与背景

智能合约可以定义为在区块链上数字化地促进、验证和执行双方或多方之间签订的合约的计算机协议，它是一段在区块链网络中运行的代码，完成用户所赋予的业务逻辑。1995 年密码学家 Nick Szabo 最早提出了智能合约的理念，他在发表于自己网站的几篇文章中提到了智能合约的理念，提出智能合约是一套以数字形式定义的承诺，包括合约参与方可以在上面执行这些承诺的协议，并介绍了智能合约设计需要考虑的三个因素，分别是可观察性、可验证性、隐私性。①

① 杨忠举，朱卫星，史涯晴，等. 智能合约漏洞及检测技术研究综述. 网络安全技术与应用，2022，11：6-9.

智能合约概念虽然在区块链之前就已出现，但由于当时缺少可信的执行环境，缺乏能够支持可编程合约的数字系统和技术，智能合约理论迟迟没有应用于实际产业。直到比特币诞生后，人们认识到比特币的底层技术——区块链不仅可以支持可编程合约，而且具有去中心化、不可篡改、过程透明可追踪等优点，天生可以为智能合约提供可信的执行环境，智能合约这个与互联网几乎同龄的理念才得以应用。以太坊首先看到了区块链与智能合约的契合，发布了白皮书《以太坊：下一代智能合约和去中心化应用平台》，并一直致力于将以太坊打造成最佳的智能合约平台，因此可以认为比特币引领区块链，以太坊“复活”智能合约。智能合约的使用也成为第二代区块链技术与第一代的显著区别。

具体而言，智能合约是一种特殊协议，旨在提供、验证及执行合约。智能合约是区块链被认为“去中心化”的重要原因，它允许在没有第三方的情况下，执行可追溯、不可逆转和安全的交易，并且智能合约包含了有关交易的所有信息，只有在满足要求后才会执行结果操作。智能合约和传统纸质合约的区别在于智能合约是由计算机生成的，合约的参与方通常是互联网上的陌生人，受制于有约束力的数字协议，智能合约作为数字合约，除非满足要求，否则不会产生结果。

智能合约截至目前已历经了多轮创新与发展。最早版本的智能合约叫作多重签名智能合约，必须有足够多的人（即公钥）使用对应的私钥对交易进行签名，才能使交易生效。比特币在 2012 年首次将多重签名交易引入了区块链。之后，开发者在该基础上开发出了协议型智能合约，在区块链中嵌入了几条核心编程指令（opcode）。协议型智能合约是化身为应用的区块链，并能够执行编程指令。然而，这种智能合约很难扩展，因为协议每次更新都会出现一次硬分叉，而硬分叉意味着需要创建一条全新的区块链，而且每个节点都需要升级软件。以太坊在 2015 年发布了脚本化智能合约，实现了重大突破，将区块链变成了一台“世界计算机”，可以同时运行多个不同的应用。开发者可自行管理智能合约，并可以随时更改，无须硬分叉。脚本语言将低层级的开发问题抽象化，开发者能够在几周甚至几天的时间内开发出智能合约，而在此之前需要花费几个月到几年的时间。而近几年又迎来了新一轮创新，即让脚本化智能合约连接到链下真实世界的数据和系统。具有外部连接性的智能合约使用一种名为预言机的中间件，可以连接链下数据触发合约执行。预言机还允许智能合约向其他系统发送数据，比如向传统法币支付系统发送支付指令，在链下交割智能合约等。

2. 特点及应用

智能合约具有一些代表性的特点：

（1）去中心化。即智能合约的执行无须依赖第三方机构的参与或介入，合约的监督和仲裁都由计算机完成。

（2）不可篡改性。即智能合约一旦部署完成，所有内容无法修改，任何一方都无法干预合约的执行。

（3）低成本性。由于智能合约不需要第三方中介监督，一旦发生毁约，代码强制执行，与传统合同相比，具有更低的成本。

（4）公开透明。智能合约一旦部署成功，将按照设计代码运行，任何人均可查看，具有很高的透明度。

由于智能合约的特点，智能合约相比传统数字合约具有以下几个优势：

（1）安全性。在去中心化的基础架构中运行智能合约能够规避单点失效风险、去除中心化的中介，而且不论是合约任意一方还是系统管理员，都无法篡改结果。

（2）可靠性。网络中多个独立节点对智能合约的逻辑进行重复处理和验证，以有效规避操纵风险并保障网络运行时间，确保合约按照规定条款按时执行。

（3）公平性。使用点对点的去中心化网络运行并执行合约条款，能够减少中心化的营利性实体榨取交易价值。

（4）高效性。将托管、维护、执行和交割等后端流程自动化，意味着合约双方都无须等待手动输入数据、交易对手方履行合约职责或中间方处理交易。

虽然智能合约目前仍处于发展阶段，但其依靠自身在安全性和可靠性方面的独特优势，在不同场景的应用也逐渐生根发芽。去中心化金融（DeFi）应用使用智能合约再造传统金融产品和服务，其中包括货币市场、衍生品、稳定币、交易所以及资产管理等，即智能合约可以托管用户资金，并根据结果分配给相应用户。此外，利用区块链分布式总账的特性及自身固有的安全属性，可以为医疗领域的数据互操作性、安全性和隐私性提供解决方案；区块链和智能合约的结合可以减少医疗行业的争议并加强监管，推动医疗服务的创新。而当智能合约与保险相结合时，智能合约可以为参数化保险提供防篡改的基础架构，基于数据输入触发合约执行。例如对于航班保险智能合约，当收到航班状态信息时可自动赔付，不仅终端用户可以获得更大的保障，而且个人投资者还能通过智能合约参与到保险的供应端，将资金存放在合约资金池中，智能合约基于用户对资金池的贡献比例分配收益。诸如此类，智能合约的应用可以极大降低现代社会的信用成本。一旦区块链技术发展成熟，智能合约与区块链的结合可能会使人类社会结构发生重大变革。

5.1.2 智能合约的运行机制

1. 智能合约的原理

智能合约的工作原理和执行步骤可以分为以下三步：

（1）构建。合约需要明确参与各方的权利和义务，不同于传统合约是由律师起草的，智能合约的设立需要开发人员将这些权利和义务以电子化的方式进行编程。即智能合约由区块链上的多个用户共同参与制定，可用于用户之间的任何交易行为。协议中明确了双方的权利和义务，开发人员将这些权利和义务以电子化的方式进行编程，代码中包含触发合约自动执行的条件。条件通常由“是”或“不是”决定。因此，制定智能合约最重要的参数之一就是确定在什么时候以及什么情况下会激活合约。

（2）存储。存储是指智能合约通过 P2P 网络扩散至每个节点，并存入区块链中。具体而言，当编码完成后，会被赋予一个区块，上传到区块链，成为链上的一部分。接下来，智能合约就会定期检查是否存在相关事件和触发条件，一旦满足了相应的条件，就会触发智能合约。满足条件的事件将会被推送到待验证的队列中。

（3）执行。智能合约定期进行自动机状态检查。区块链上的验证节点先对该事件进行签名验证，以确保其有效性。等大多数验证节点对该事件达成共识后，智能合约将成功执行，并通知用户。成功执行的合约将会被移出区块。未执行的合约则继续等待下一轮处理，直至成功执行。

当智能合约在公共区块链中执行时，任何一方都无法阻止交易的发生。这是因为区块链是一种分布式的数据库，数据库里的记录或者说区块的列表可以不断扩展。这些区块存储在分散于世界各地的不同硬盘（节点）上，区块链在每次输入信息时都会自动更新，这种自动化使得链上信息的记录极少发生错误。不同的节点都记录同样的信息，这种重叠能够保护区块不被修改或篡改，从而即使没有第三方监督执行，交易的完成也能得到保障。目前智能合约要消耗加密数字货币，智能合约的逻辑越复杂，消耗的加密数字货币就越多。

智能合约模型如图 5－1 所示。

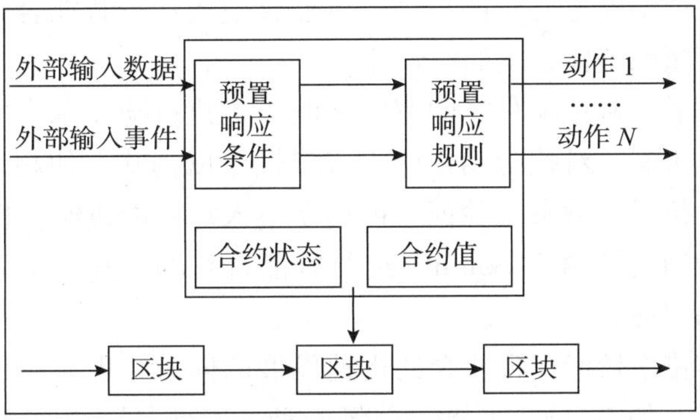

图 5－1　智能合约模型

2. 智能合约运行机制

智能合约一般具有值和状态两个属性，代码中用 If-Then 和 What-If 语句预置了合约条款的相应触发场景和响应规则，智能合约经多方共同协定、各自签署后随用户发起的交易（transaction）提交，经 P2P 网络传播、矿工验证后存储在区块链的特定区块中，用户得到返回的合约地址及合约接口等信息后即可通过发起交易来调用合约。矿工受系统预设的激励机制激励，将贡献自身算力来验证交易，矿工收到合约创建或调用交易后在本地沙箱执行环境（如以太坊虚拟机）中创建合约或执行合约代码，合约代码根据可信外部数据源（也称为预言机（oracle））和世界状态的检查信息自动判断当前所处场景是否满足合约触发条件以严格执行响应规则并更新世界状态。交易验证有效后被打包进新的数据区块，新区块经共识算法认证后链接到区块链主链，所有更新生效。

智能合约一旦部署到公有链等智能合约平台，其内容就会保存在链上，并严格执行。智能合约可以看作一种用于记录和修改区块链状态的应用程序。数字货币是把余额存到区块链上，通过共识机制实现对余额的全网公证。智能合约的运行和一笔交易类似。它既可以通过一笔交易来部署，也可以通过一笔交易来触发，还可以通过合约调用来触发。这笔交易会被全网共同识别，因此保证了智能合约可以得到验证且整个网络中的节点将统一得到唯一的合约代码。由于区块链种类及运行机制的差异，不同平台上智能合约的运行机制也有所不同，以太坊及 Fabric 是目前应用广泛的两种智能合约开发平台，5.3 节将进行详细介绍。

5.1.3 智能合约的安全性问题

1. 智能合约安全事件及漏洞

智能合约是一段在区块链网络中运行的代码，它完成用户所赋予的业务逻辑。以以太坊体系的代币为例，其业务逻辑是代币发行和交易。以太坊在设计之初，将智能合约设计成了一旦部署就不能修改的模式，这种设计有可能是为了提高智能合约的可信性。然而，如今智能合约的开发工作主要由软件从业者来完成，所编写的智能合约不可避免地会出现错误和缺陷，因此相比传统合约，更容易产生逻辑漏洞。另外，由于现有的部分支持智能合约的区块链平台提供了利用 Go、Java 等高级语言编写智能合约的功能，而这类高级语言不乏一些“不确定性”的指令，可能会造成执行智能合约的节点的某些内部状态发生分歧，从而影响整体系统的一致性。

因此，智能合约需要避免编写时的逻辑漏洞或是执行动作本身的不确定性。一些区块链平台引入了改进机制，对执行动作的不确定性予以消除，如超级账本项目的 Fabric 子项目，即引入了先执行、背书、验证，再排序写入账本的机制；以太坊项目也通过限制用户通过其提供的确定性语言 Solidity 进行智能合约的编写，确保了其运行的智能合约在执行动作上的确定性。

由于智能合约容错率较低，智能合约迅速发展的同时，也频频出现了一些针对智能合约攻击的安全事件，如表 5-1 所示。曾经轰动一时的 The DAO 事件便是其中之一。2016 年，The DAO 开启众筹，仅仅一个月的时间就募集到价值 1.5 亿美元的以太币。然而，黑客发现了 The DAO 智能合约的漏洞，并对其发动了攻击，大量以太币被黑客盗走。由于智能合约一旦部署便无法修改，因此团队也无能为力，只能看着巨额资产逐渐流失。随后，以太坊创始人提出了回滚交易的方案，但由于社区部分用户不赞同回滚，从而导致了以太坊的硬分叉事件。除此之外，借贷协议 bZx 也曾多次因为智能合约代码漏洞而遭到黑客攻击。2020 年 2 月 15 日，bZx 团队在官方电报群上发出公告，称有黑客对 bZx 协议进行了漏洞攻击，导致价值 35 万美元的以太币被盗。同年 9 月 14 日，借贷协议 bZx 再次遭到攻击，这次攻击共造成了大约 800 万美元的损失。

表 5-1 安全事件

安全事件	威胁层面
“The DAO”“KotET”（2016 年）	虚拟机层面、高级语言层面
“Parity Multisig”（2017 年）	虚拟机层面
“BEC/SMT”整数溢出（2018 年）	高级语言层面
“EOSPlay”随机数攻击（2019 年）	区块链层面
“Uniswap”重入攻击（2020 年）	虚拟机层面
Poly Network 黑客案（2021 年）	虚拟机层面
虫洞攻击（2022 年）	虚拟机层面

以上这些事件表明，智能合约作为以信息化方式传播、验证和执行合同的计算机协议，为区块链技术的发展和落地提供了更灵活的工具，然而，作为一种全新的技术应用，智能合约面临的安全问题同样严峻。智能合约是管理区块链平台上的数字资产的关键组成部分，其安全性关乎区块链平台上用户数字资产的安全，智能合约攻击事件的频繁发生给受害者合约带来了巨大的经济损失，这使智能合约的安全性研究逐渐得到了相关研究人员的重视。

智能合约本质上是部署和运行在区块链上的程序，在没有标准的合约模版或编写规范的情况下很难写出最佳实践的代码，一些逻辑不严谨的代码甚至会造成智能合约业务逻辑存在安全漏洞。① 目前智能合约出现的漏洞有 20 多种，其中主要的漏洞类型有如下几种：

（1）重入攻击。重入漏洞是著名的以太坊智能合约漏洞，曾导致以太坊的硬分叉（The DAO 事件）。Solidity 中的 call. value 函数在用来发送 Ether 时会消耗它接收到的所有 gas（gas 是指以太坊网络中用于衡量执行智能合约或交易所需计算资源的单位），当调用 call. value 函数发送 Ether 的操作发生在实际减少发送者账户的余额之前时，会存在重入攻击的风险。

（2）数值溢出。智能合约中的算数问题是指整数溢出和整数下溢。Solidity 最多能处理 256 位的数字，最大数字增加 1 会溢出得到 0。同样，当数字为无符号类型时，0 减去 1 会下溢得到最大数字值。整数溢出和下溢在智能合约中尤其危险。溢出情况会导致不正确的结果，特别是如果可能性未被预期，则可能会影响程序的可靠性和安全性。

（3）错误使用随机数。智能合约中可能需要使用随机数，虽然 Solidity 提供的函数和变量（如 block. number 和 block. timestamp）可以访问智能合约审计报告明显难以预测的值，但是它们通常比看起来更公开，即这些随机数在一定程度上是可预测的，所以恶意用户通常可以复制它们并依靠其不可预知性来进行攻击。

除此之外，还有与业务设计相关的逻辑设计缺陷漏洞，以及初始化代币总量后，代币合约中是否存在可能使代币总量增加的函数的增发代币漏洞等。

2. 智能合约的安全代码要求

任何事物在发展初期必然会因为不完善而存在风险，智能合约的发展历史也伴随着以上所述的安全事件和可能存在的漏洞。与其他区块链安全问题相比，智能合约安全性问题往往会引发较大的经济损失且更加不可控。② 为了减少安全事件的发生，一方面，可以从智能合约运行的环境入手，而另一方面，由于智能合约通常具有发布即生效、不可更改等特点，因此对于智能合约的安全漏洞问题，可以在其上线前进行全面深入的安全验证，在开发阶段就尽可能对安全隐患有所考虑并进行规避，基于一定的安全原则进行合约代码的编写，进而减少智能合约自身的安全漏洞。基于现有的智能合约已经出现的安全问题案例，以以太坊的智能合约开发体系 Solidity 为例，智能合约开发中需要注意的重点内容包括如下几点。

首先，严格控制表征权限的变量和表示。访问控制权限是安全领域的防护重点之一。

① 胡甜媛，李泽成，李必信，等. 智能合约的合约安全和隐私安全研究综述. 计算机学报，2021，44（12）：2485－2514.

② 赵辉，李星，谭嘉诚，等. 智能合约安全问题与研究现状. 信息技术与网络安全，2021，40（5）：1－6＋19.

在智能合约中，针对权限，主要考虑是否为合约所有者、是否满足用户添加的权限要求、在合约内部还是外部等。其实现依赖函数修饰符、判断语句等，通常由变量或标识来表征。因此，必须对用于表征权限的变量和表示进行严格的控制，即这些敏感变量也应该通过函数修饰符进行权限控制，从而保证权限闭环，让攻击者无机可乘。

其次，尽量避免外部调用。调用不受信任的外部合约可能会引发一系列意外的风险和错误，外部调用可能在其合约和它所依赖的其他合约内执行恶意代码。因此在实现业务逻辑时应避免直接调用不受信任的外部合约，多花时间重复实现其他合约已经实现的业务逻辑，宁肯重复“造轮子”，以规避合约引入恶意代码攻击的风险。

最后，在智能合约的开发中，应当始终保持简洁。复杂的智能合约往往存在更多的安全隐患，因此对于智能合约的开发，清晰明了往往比性能提升更为重要。智能合约开发应确保逻辑简洁，坚持通过内部模块化和功能调用的编码风格实现合约逻辑，同时尽量使用已被广泛验证过的合约和工具。

随着智能合约的普及，智能合约的编写必然会越来越严谨、规范，同时，其开发门槛也会越来越低，对应领域的专家也可以参与到智能合约的开发工作中来，智能合约必定能在更多领域发挥越来越大的作用。

5.2 智能合约编程语言与运行环境

5.2.1 Solidity 编程语言

1. 智能合约的编程语言与编程环境简介

智能合约是一种在满足一定条件时就自动执行的计算机程序，一般在独立隔离的环境中运行，目前主流的智能合约运行方式有以太坊虚拟机（EVM）、Docker、WASM等。而智能合约的编程语言也与其运行环境密不可分。

以太坊虚拟机（EVM）是一个完全独立的沙箱环境，可以保证智能合约与外界环境隔离。以太坊专门为智能合约设计开发了高级编程语言——Solidity。智能合约的编程语言还有 Serpent、Vyper 和 LLL，其中 Solidity 是智能合约开发最热门、最流行的编程语言。在虚拟机中运行的智能合约主要用 Solidity 编写，语法接近 JavaScript，是一种面向对象的语言，作为一种真正意义上在网络中运行的去中心化智能合约编程语言，Solidity 相比其他语言具有如下不同。

首先，Solidity 提供特殊的 address 类型，用于定义合约地址，并且 Solidity 支持数字货币支付属性 payable，可以在语言层面直接支持支付，在代码层支持以太币等数字货币的支付以及收款操作，使得合约可以接受交易并持有一定数量的货币。其次，Solidity 提供两种数据存储方式，即 memory（内存型）和 storage（持久型）。memory 类似于其他高级语言的变量存储方式，使用完被回收。默认的函数参数即 memory 类型。然而，在区块链上有非常多的状态需要永久记录下来，状态变量默认保存为 storage 类型。再次，Solidity 支持灵活的变量声明，在作用范围内，状态变量的定义声明与调用没有绝对的顺序关系，定义声明可以在调用语句之后。此外，Solidity 编程语言支持异常回滚机制，一旦出现异常，所有执行都将被回撤，这主要是为了保证合约执行的原子性，以避免中间状态出现的数据不一致。最后，它具有严格控制的可见性，函数和状态变量共有四种可见性定义，即 external、internal、public、private，用来限制函数或状态变量在合约内外以及继承关系中的调用和访问权限。Solidity 语言具体内容可以参考 https://docs. soliditylang. org/en/latest/。

2. Solidity 编程基础

接下来对 Solidity 编程基础进行简单介绍。

（1）Solidity 中的变量。Solidity 支持三种类型的变量：① 状态变量，即变量值永久保存在合约存储空间中的变量；② 局部变量，即变量值仅在函数执行过程中有效的变量，函数退出后，变量无效；③ 全局变量，即保存在全局命名空间，用于获取区块链相关信息的特殊变量。每个变量声明时都有一个基于其类型的默认值，没有 undefined 或 null 的概念。

（2）Solidity 的数据类型。Solidity 是一种静态类型语言，常见的静态类型语言有 C、C++、Java 等，静态类型意味着程序在编译时就确定了每个变量的类型。由于不同大小的数据存储的 gas 成本是不一样的，因此 Solidity 的数据类型非常在意所占空间的大小，如果不注意就可能发生溢出等问题。Solidity 数据类型分为值类型和引用类型两类。

为了规范变量名称的书写，在为变量命名时，需要记住以下规则：① 不应使用 Solidity保留关键字作为变量名，例如 break 或 boolean，这类变量名无效；② 不应以数字开头，必须以字母或下划线开头，例如 11test 是无效的变量名，而_11test 有效；③ 变量名区分大小写，例如 Number 和 number 是两个不同的变量。

（3）sol 文件结构。

① 编译开关：pragma solidity ^0. 4. 0。该编译开关表明编译器版本需要高于 0. 4. 0 才可以编译。“^”号表示如果编译器版本低于 0. 4. 0 则不可编译。也可以指定编译器的版本范围：

pragma solidity>=0. 4. 22<0. 6. 0

② 引入其他源文件。全局引入：import “filcname”。自定义命名空间引入符号“*”：import * as symbolName from “filename”。也可以分别定义引入：import {symbol1 as alias，symbol2} from “filename”。

（4）注释。

① 代码注释。Solidity 代码注释有两种方式：单行（//）和多行（/*…*/）。

② 文档注释。文档注释表示为三个斜杠（///）或/**…*/，可使用 Doxygen 语法，以支持生成对文档的说明、参数验证的注解，或者是在用户调用这个函数时弹出来的确认内容。

```
pragma solidity ^0. 4. 0;
/**@title 面积计算器*/
contract shapeCalculator{
    /**
```

```
  * @dev 计算矩形的面积和周长
  * @param w 矩形宽度
  * @param h 矩形高度
  * @return s 矩形面积
  * @param p 矩形周长
  */
  // 计算面积和周长
  function rectangles(uint w,uint h)returns(uint s, uint p){
    s = w * h;
    p = 2 * (w + h);
  }
}
```

5.2.2 ERC 接口与代币

5.2.1 节介绍了 Solidity 语言的语法及特性，本节将讨论一些 Solidity 编程的高级话题，包括知名的 EIP（Ethereum Improvement Proposals）协议与代币。

1. ERC165 接口

ERC165 表示的是 EIP165（第 165 个提案）确定的标准，以太坊是去中心化的网络，任何人都可以提出 EIP，即在 EIP GitHub 库[①]提出一个 Issues。Issues 的编号就是提案的编号，根据解决问题的不同，提案分为协议改进和应用标准（通常为合约接口标准）等类型。协议改进的提案在经过社区投票采纳后，会实现到以太坊的客户端。而应用标准就是以太坊意见征求稿（Ethereum Request for Comment，ERC），它是一个推荐大家使用的建议，是由社区形成的共识标准。ERC165 接口的主要用途是声明合约实现了哪些接口，提案的接口定义代码如下：

```
pragma solidity ^0.5.0;
interface IERC165{
    // @param interfaceID 参数：接口 ID
    function supportsInterface(bytes4 interfaceID)external view returns(bool);
}
```

实现 ERC165 标准的合约可以通过函数 supportsInterface 查询它是否实现了某个函数，函数的参数 interfaceID 是函数选择器，当合约实现了函数选择器对应的函数时，函数 supportsInterface 返回 true，否则返回 false（特殊情况下，如果参数 interfaceID 为 0xffffffff，也返回 false）。ERC165 提案同时要求，实现函数 supportsInterface 的消耗应该在 30 000 gas 以内。

---

① https://github.com/ethereum/EIPs.

OpenZeppelin 中的 ERC165Reg 是对 ERC165 的一个实现，代码如下：

```
pragma solidity ^0.5.0;
import "./IERC165.sol";
contract ERC165Reg is IERC165{
    /*
     * bytes4(keccak256('supportsInterface(bytes4)')) == 0x01ffc9a7
     */
    bytes4 private constant_INTERFACE_ID_ERC165 = 0x01ffc9a7;
    mapping(bytes4 =>bool)private_supportedInterfaces;
    constructor()internal{
        _registerInterface(_INTERFACE_ID_ERC165);
        _registerInterface(this.test.selector);     // 注册合约对外接口
    }
    function supportsInterface(bytes4 interfaceId)external view returns(bool){
        return_supportedInterfaces[interfaceId];
    }
    function_registerInterface(bytes4 interfaceId)internal{
        require(interfaceId!= 0xffffffff,"ERC165:invalid interface id");
        _supportedInterfaces[interfaceId] = true;
    }
    function test()external returns (bool){
    }
}
```

在以上实现中，使用了 mapping 存储合约支持的接口，支持的接口通过调用函数_registerInterface进行注册（只有注册之后，才能通过 supportsInterface 函数查询到）。上面的代码中注册了两个函数：一个是 ERC165 标准定义的函数 supportsInterface，另一个是自定义函数 test。当需要实现 ERC165 标准时，可以继承 ERC165Reg，并调用函数_registerInterface来注册操作者自己实现的函数。

2. ERC20 代币

ERC20 代币是目前最为广泛使用的代币标准，所有钱包和交易所都按照该标准对代币进行支持。ERC20 代币标准约定了代币名称、总量及相关的交易函数。

```
pragma solidity ^0.5.0;
Interface IERC20{
    function name()public view returns(string);
    function symbol()public view returns(string);
    function decimals()public view returns(uint8);
    function totalSupply()external view returns(uint256);
```

```
    function balanceOf(address account)external view returns(uint256);
    function transfer(address recipient,unit256 amount)external returns(bool);
    function allowance(address owner,address spender) external view returns
            (uint256);
    function approve(address spender,uint256 amount)external returns(bool);
    function transferFrom(address sender,address recipient, uint256 amount)
            external returns(bool);
    event Transfer(address indexed from,address indexed to, uint256 value);
    event Approval(address indexed owner,address indexed spender,uint256 value);
}
```

ERC20 接口定义中，有一些接口是不强制要求实现的，接口各函数说明如下。

• name 函数：可选函数，返回代币的名称，如 MyToken。

• symbol 函数：可选函数，返回代币的符号，如 MT。

• decimals 函数：可选函数，返回代币的小数位数。

• totalSupply 函数：返回发行代币总量。

• balanceOf 函数：查看对应账号的代币余额。

• transfer 函数：实现代币转账交易，成功转账必须触发 Transfer 事件。

• allowance 函数：返回授权给某用户（合约）的代币使用额度。

• approve 函数：设置并返回授权用户可代表操作者花费多少代币，必须触发 Approval 事件。

• transferFrom 函数：提供给被授权的用户（合约）使用，实现从一个地址到另一个地址的代币转移，成功转账必须触发 Transfer 事件。

OpenZepplin 库中，ERC20. sol 实现了标准中所有必须实现的函数，可选函数则放在另一个文件 ERC20Detailed. sol 中。

ERC20 实现的关键是使用了两个映射：_balances 和_allowances。其中，_balances 用来保存某个地址的余额；_allowances 用来保存某个地址授权给另一个地址可使用的余额。

transfer 函数用来实现代币转账，有两个参数：转账的目标（接收者）及数量。在执行 transfer 函数时，主要是修改控制账号余额的变量_balances，修改方法为：发送方账号（即交易的发起人）的余额减去相应的金额，同时目标账号的余额加上相应的金额，加减法使用 SafeMath 防止溢出。transfer 函数的实现需要触发 Transfer 事件。

approve 函数和 transferFrom 函数需要配合使用，使用场景为：操作者先通过 approve 函数授权第三方可以转移操作者的代币，然后第三方通过 transferFrom 函数转移代币。approve 函数通过修改变量_allowances 控制被授权人及授权代币数量。transferFrom 函数由被授权人发起调用，第一个参数 sender 是真正扣除代币的账号。

当同时有 ERC20. sol 和 ERC20Detailed. sol 时，基于 OpenZeppelin 可以简单实现一个自己的代币，例如，名称为 My Token 的代币的实现代码如下：

```
pragma solidity ^0.5.0;
import"@openzeppelin/contracts/ERC20Detailed.sol"
import"@openzeppelin/contracts/ERC20.sol"
contract MyToken is ERC20,ERC20Detailed("My Token","MT",4){
    constructor()public{
        _mint(msg.sender,1000000000 * 10**4);
    }
}
```

5.2.3 智能合约虚拟机

智能合约需要在一个资源隔离的环境中运行，以保证所有节点即使拥有不同的配置等环境，其运行结果也是统一的。这种隔离的环境就是虚拟机。物理计算机通过虚拟方式模拟真实环境，成为一个依托在真实设备上的模拟设备，并调用真实设备的部分或完整硬件效能，最终目的是和宿主机环境隔离。区块链虚拟机是建立在区块链上的代码运行环境，其主要作用是处理智能合约。一般来说，出于费用和性能考虑，区块链虚拟机的架构量级都相对较轻，并不会模拟完整的计算机。区块链虚拟机是一个完全独立且和宿主机完全隔离的运行环境。区块链虚拟机为智能合约的实现提供了基础，使得智能合约在区块链虚拟机内部运行。区块链虚拟机一般会支持不同的编程语言，例如以太坊虚拟机（EVM）支持 Solidity 等。

随着区块链应用对虚拟机以及智能合约的要求增多，区块链虚拟机在技术上也逐渐完善，随着区块链发展到 3.0 时代，虚拟机在智能合约多语言的支持、更快的运行速度以及更加丰富的系统程序支持等方面均有所发展。本节将主要介绍具有代表性的以太坊虚拟机（EVM）和 WebAssembly（WASM）虚拟机。

1. EVM

虚拟机通常指用软件模拟的可以执行程序的计算机系统。部署一个模拟完整物理计算机的虚拟机需要消耗大量资源，且性能不足，同时很难兼容不同的硬件架构，这不是智能合约系统的设计者希望看到的，所以大多数区块链系统采用轻量级的虚拟机，例如，以太坊专门开发了用于其系统的虚拟机 EVM。

EVM 是以太坊中智能合约的运行环境，是一个完全独立的沙箱环境，可以保证智能合约与外界环境隔离。EVM 是以太坊协议的一部分，运行在以太坊节点上，当我们把合约部署到以太坊网络上之后，合约就可以在以太坊网络中运行了。在以太坊系统中，采用 gas 计费机制来防止智能合约过度消耗资源，一旦 gas 超过计费限制 gas limit，整个交易就会回滚，这样就保证了智能合约的安全运行。EVM 被部署在执行智能合约操作码的各个节点上，负责对智能合约进行指令解码，并按照堆栈顺序执行代码。EVM 本身运行一个状态函数，也称为状态机，用于持续监测状态的变化。当触发新的进程时，EVM 运行代码并将一定数据写入内存或永久存储，每个新状态都基于上一个状态进行改变。

以太坊的设计原理中描述了 EVM 的设计目标，有如下几条：

• 简单：操作码尽可能少且低级，数据类型尽可能少，虚拟机的结构尽可能少。

• 结果明确：在虚拟机规范语句中，没有任何可能产生歧义的空间，结果应该是完全确定的。此外，计算步骤应该是精确的，以便测量 gas 的消耗量。

• 节约空间：EVM 组件应尽可能紧凑。

• 预期应用应具备专业化能力：在虚拟机上构建的应用应能处理 20 字节的地址，以及 32 位的自定义加密值，拥有用于自定义加密的模数运算、区块读取和交易数据与状态交互等能力。

• 安全：为了让虚拟机不被利用，应该能够容易地建立一套 gas 消耗成本模型。

• 优化友好：EVM 应该易于优化，以便支持即时编译和构建加速版本。

基于以上设计目标，EVM 设计如下：

• 使用 256 比特长度的机器码，并使用以太坊账户模型（account model）来进行价值传输。

• EVM 是一种基于栈的虚拟机，采用了基于栈（stack）的架构，也就是后进先出（LIFO）的方式[①]，每个栈顶的大小为 256 位，栈最大为 1 024 位。

• EVM 有内存（memory），项目按照可寻址字节数组来存储，内存是易失的，也就是说数据是不持久的。

• EVM 还有一个存储器（storage），与内存不同，存储器是非易失的，并作为系统状态的一部分进行维护。

• EVM 分开保存程序代码，虚拟的只读存储器（ROM）只能通过特殊指令来访问。

此外，EVM 还有一些特殊设计：区分临时存储（memory，存在于 VM 的每个实例中，并在 VM 执行结束后消失）和永久存储（storage，存在于区块链状态层）；使用了可变、可扩展的内存大小；栈的大小没有限制；1024 调用深度限制；无类型等。

2. WASM

WebAssembly（WASM）是一种新的编码方式，越来越多的项目开始转向使用 WASM，例如 EOS、Ontology，包括最初引入 EVM 运行智能合约环境的以太坊也开始转向使用 WASM。WASM 是一种虚拟机，包含一门低级汇编语言和对应的虚拟机体系结构，它的优点是文件小，加载快，执行效率非常高，可以实现更复杂的逻辑。WASM 最初被设计用于解决 Web 端的性能问题，让开发者能运用自己熟悉的语言来编译成字节码，加载到浏览器的 WASM 虚拟机中并在其中运行。WASM 由于具有良好的安全性和隔离性，且运行速度快、可移植性高、轻便灵活，因此被越来越多的区块链系统青睐。当前对 WASM 支持较好的语言有 AssemblyScript、Rust、C 等。智能合约编译成 WASM 字节码的形式，再借助虚拟机引擎运行于区块链系统。

EVM 虽然有较高的兼容性，但需要预编译，同时需要付出 gas 作为代价，有着很高的编程成本，这种程序本质上都是脚本程序，即由程序翻译指令并执行，而不是由本地机器 CPU 读取指令并执行，因此效率非常低。和 EVM 相比，WASM 是谷歌、微软、

---

① 孙炜. 浅谈区块链虚拟机. 信息通信技术与政策，2018，7：34 - 36.

苹果三大竞争公司同时支持的一种中间代码（字节码），被所有流行浏览器支持。同时所有其他语言包括 C、C++、Java 编写的程序都可以编译成 WASM 字节码，基于此建立的应用层生态不仅可以降低开发人员的学习成本，还可以提供高性能的标准。

WASM 是内存安全、平台独立的，并且可以有效地映射到所有类型的 CPU 架构，其具有如下特点：

• WASM 有一套完整的语义，实际上 WASM 是体积小且加载快的二进制格式，其目标就是充分发挥硬件能力以达到原生执行效率。

• WASM 在一个沙箱化的执行环境中运行，甚至可以在现有的 JavaScript 虚拟机中实现。在 Web 环境中，WASM 将会严格遵守同源策略以及浏览器安全策略。

• WASM 设计了一个非常规整的文本格式用于调试、测试、实验、优化、学习、教学或者编写程序。可以以这种文本格式在 Web 页面上查看 WASM 模块的源码。

• WASM 在 Web 中被设计成无版本、特性可测试、向后兼容。它可以被 JavaScript 调用，进入 JavaScript 上下文，也可以像 Web API 一样调用浏览器的功能。WASM 不仅可以在浏览器上运行，也可以在非 Web 环境中运行。

5.3　智能合约平台与部署

5.3.1　以太坊合约编译与部署

目前，具有代表性的智能合约应用平台主要是以太坊和 Fabric 联盟链智能合约平台。其中，以太坊作为公有链的代表，其智能合约主要采用 Solidity 语言编写；Fabric 联盟链智能合约平台作为联盟链的代表，其智能合约又称为链码（chaincode），采用 Java 或 Go 等语言编写。

由于区块链种类及运行机制的差异，不同平台上智能合约的运行机制也有所不同。以以太坊为例，其智能合约的运行机制如下。以太坊在整体上可看作一个基于交易的状态机：起始于一个创世状态，随着交易的执行，状态逐步改变直到最终状态。以太坊引入了账户的概念以取代比特币中未花费的交易输出（unspent transaction output，UTXO）模型。账户分为外部账户和合约账户两类，两类账户都具有与之关联的账户状态和账户地址，都可以存储以太坊专用加密货币——以太币，区别在于外部账户由用户私钥控制，没有代码与之关联，合约账户由合约代码控制，有代码与之关联。用户只能通过外部账户在以太坊中发起交易，交易可以包含二进制交易负载（payload）数据和以太币，交易执行过程中可能产生一系列消息调用。当交易或消息调用的接收者为以太坊指定地址为空时，创建合约。新合约账户地址由合约创建者的地址和该地址发出过的交易数量 nonce 计算得到，创建合约交易的 payload 被编译为 EVM 字节码执行，执行的输出作为合约代码被永久存储。当接收者为合约账户时，合约账户内的代码在本地 EVM 中被触发执行，payload 作为合约的输入参数，可信数据源则为合约提供必要的外部信息。所有都执行结束后，返回执行结果，完整交易经矿工广播验证后和新的世界状态一起存入区块链。

考虑到以太坊交易伴随着带宽消耗、存储消耗、计算消耗等，为了激励全球算力的投入和合理分配使用权，避免系统因恶意程序走向失控，以太坊中所有程序的执行都需要支付费用。各种操作费用以 gas 为单位计算，任意的程序片段都可以根据规则计算出消耗的 gas 数量，完整交易的发起者需支付所有执行费用。交易完成后，剩余 gas 以购买时的价格退回到交易发送者账户，未退回的费用作为挖出包含此交易的区块的矿工的奖励。若交易执行过程因发生 gas 不足（out of gas，OOG）、堆栈溢出、无效指令等异常而中止，交易将成为无效交易，已消耗的 gas 仍作为矿工贡献其计算资源的奖励。

下面具体学习以太坊智能合约的编译与部署过程。

1. 智能合约的编译

对于以太坊中智能合约的编译，EVM 上运行的是合约的字节码形式，需要在部署之前先对合约进行编译。可以选择 Browser-Solidity Web IDE 或者 solc 编译器。

如图 5-2 所示，合约文件 HelloWorld. sol 经过编译器编译生成 HelloWorld. abi 和 HelloWorld. bin 文件。

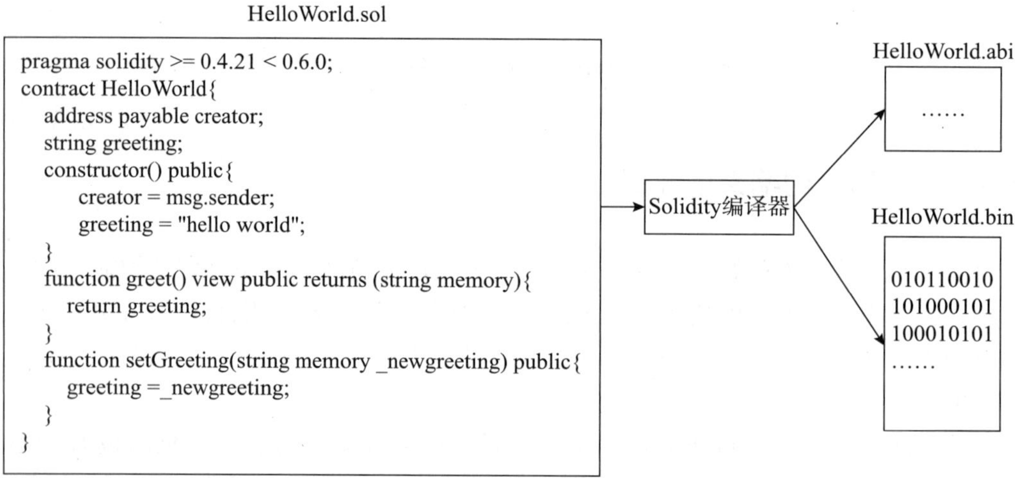

图 5-2 Solidity 编译过程

资料来源：嘉文，管健，李万胜. 以太坊 Solidity 智能合约开发. 北京：机械工业出版社，2020.

编译指令为：

```
solc HelloWorld. sol --abi --bin -o ./
```

其中，abi 文件可以简单看作合约的接口描述文件，bin 文件可以看作一个二进制文件，这个二进制文件就是 EVM 指令的集合。

2. 智能合约的部署

对于智能合约的部署，在以太坊上开发应用时，常常要用到以太坊客户端（钱包）。我们可以把以太坊客户端理解为一个开发者工具，它提供账户管理、挖矿、转账、智能合约的部署和执行等功能，EVM 也是由以太坊客户端提供的。智能合约的部署是指把合约字节码发布到区块链上，并使用一个特定的地址来表示这个合约，这个地址称为合约账户。以太坊中有两种不同类型但是共享同一地址空间的账户：外部账户和合约账户。

外部账户由一对公私钥控制，没有关联任何代码，其地址是由公钥（经过哈希运算）决定的；合约账户由账户内部的合约代码控制且有代码与之关联，其地址在此合约被创建的时候确定。每个账户都有一个持久的键-值（key-value）类型的存储，并将 256 位的键映射到 256 位的值上。

如图 5－3 所示，智能合约的部署与发送一笔交易的操作相同，调用 transaction 函数，from 为发布者的地址，to 为 0，data 为合约的 EVM 操作码。在矿工打包时会生成智能合约地址。智能合约地址的生成是以创建者的账号和发送的交易数作为随机数输入，通过 Keccak256 加密算法重新创建一个地址作为账号，即最后合约地址对应的合约代码会保存在区块链数据库中。调用者只需要有合约地址和 abi 文件就可以调用合约代码。

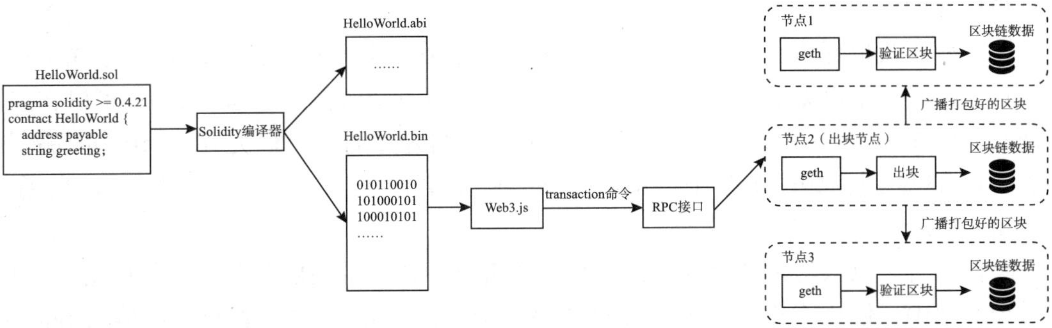

图 5－3　智能合约部署流程图

3. 智能合约的调用与运行

智能合约部署后，当需要调用这个智能合约方法时，只需要向这个合约账户发送（交易）消息即可。通过（交易）消息触发后，智能合约的代码就会在 EVM 中执行。即要调用合约，就需要合约的地址和合约的方法。智能合约是部署在区块链上的代码，区块链本身不能执行代码，代码的执行是在本地的 EVM 中，实际上，部署在区块链上的代码是能够在本地产生原智能合约代码的代码，可以将区块链理解为一个数据库，客户端从数据库中读取了存储的运行代码并在本地运行后，将结果写入区块链这个数据库中。

4. 以太坊客户端

geth 是典型的开发以太坊时使用的客户端，基于 Go 语言开发。geth 提供了一个交互式命令控制台，其中包含以太坊的各种 API。

5. gas 机制

和云计算类似，占用区块链的资源需要支付相应的费用。以太坊用 gas 机制来计费，可以将其看作一个工作量单位。智能合约越复杂（计算步骤的数量和类型、占用的内存等），完成运行所需的 gas 就越多。任何特定的合约所需的运行合约的 gas 数量是固定的，由合约的复杂度决定。而 gas 的价格由运行合约的人在提交运行合约请求时规定，以确定他为这次交易付出的费用：gas 的价格×gas 的数量。gas 的目的是限制执行交易所需的工作量，同时为执行支付费用。如果没有 gas 机制，就会有人写出无法停止（如死循环）的合约来阻塞网络。当 EVM 执行交易时，gas 将按照特定规则被逐渐消耗，无论执行到什么位置，一旦 gas 被耗尽，就会触发异常，当前调用帧所做的所有状态修改都将被回滚。如果执行结束还有 gas 剩余，这些 gas 将被返还给发送者账户。

6. 以太坊网络

要进行智能合约的开发，就需要以太币，其使用可以选择以下方式：

(1) 以太坊官网测试网络 Testnet。在该测试网络中，很容易就可以获得免费的以太币，缺点是需要花费很长时间对节点进行初始化。

(2) 使用私有链。创建自己的以太币私有测试网络，通常也称为私有链，我们可以以它作为一个测试环境来开发、调试和测试智能合约。通过前面提到的 geth 可以很容易地创建一个属于自己的测试网络，以太币想挖多少挖多少，也免去了同步正式网络整个区块链数据所耗费的时间。

(3) 使用开发者网络。相比私有链，开发者网络会自动分配一个有大量余额的开发者账户供我们使用。

(4) 使用模拟环境。另一个创建测试网络的方法是使用 testrpc。testrpc 是在本地使用内存模拟的一个以太坊环境，对于开发调试来说更方便快捷。而且 testrpc 可以在启动时帮我们创建 10 个存有资金的测试账户。进行合约开发时，可以先在 testrpc 中测试通过后，再部署到 geth 节点中。testrpc 现在已经并入 Truffle 开发框架，名称是 Ganache CLI。

整体而言，以太坊是平台，它让我们方便地使用区块链技术开发去中心化的应用；在这个应用中，使用 Solidity 来编写和区块链交互的智能合约；智能合约编写好之后，我们需要用以太坊客户端和一个有余额的账户来部署及运行智能合约；为了开发方便，我们可以用 geth 或 testrpc 来搭建测试网络。

5.3.2 Fabric 联盟链智能合约平台

为了提升效率，支持更加友好的设计，各联盟链在智能合约上出现了不同的发展方向。其中，Fabric 联盟链智能合约平台具有很好的代表性。Fabric 的智能合约称为链码，分为系统链码和用户链码。系统链码用来实现系统层面的功能，而用户链码用来实现用户的应用功能。链码被编译成一个独立的应用程序，在隔离的 Docker 容器中运行。和以太坊相比，Fabric 链码和底层账本是分开的，升级链码时并不需要将账本数据迁移到新链码当中，真正实现了逻辑与数据的分离。链码采用 Go、Java、JavaScript（通过 Node. js 环境）语言编写。

1. Fabric 框架

Hyperledger 是 Linux 基金会发起，旨在推动区块链跨行业应用的开源项目，Fabric 是其中最成功的子项目。它具有高度模块化和可配置的体系结构，可支持银行、金融、保险、医疗等广泛的行业用例；支持以通用编程语言（如 Go、Java、JavaScript）而非受约束的领域特定语言（DSL）编写智能合约；支持可插拔的共识协议以适应特定的信任模型，节点的授权加入方便了网络治理，且无须发行加密货币来激励记账。Fabric 是一个开源的企业级许可型分布式账本技术平台，其差异化设计可以给企业提供直接可用的安全性、可伸缩性、机密性和高性能。

下面介绍 Fabric 的重要组成部分。

（1）账本（ledger）。Fabric 的账本由两个不同但相关的部分组成：世界状态和区块链。世界状态保存了账本数据的当前值，可以频繁更改，便于应用程序直接访问，本质是一个 KV 数据库，当前支持 LevelDB 和 CouchDB。区块链记录了当前世界状态的所有更改日志，写入后无法修改，便于历史追踪。

（2）智能合约与链码。智能合约定义了特定业务流程的交易逻辑，主要在世界状态下放置、获取、删除状态，或查询区块链交易记录，是应用程序开发的重点。链码是一组用于安装和实例化智能合约的技术容器，一个链码可以包含多个智能合约。

Fabric 联盟链平台的智能合约称为链码，分为系统链码和用户链码。Fabric 链码通过 gRPC 与 peer 节点交互，数据流向如下：

① 当 peer 节点收到客户端请求的输入（propsal）后，会发送一个链码消息对象（带输入信息、调用者信息）给对应的链码。

② 链码调用 ChaincodeBase 里面的 Invoke 方法，通过发送获取数据（getState）和写入数据（putState）消息，向 peer 节点获取账本状态信息和发送预提交状态。

③ 链码发送最终输出结果给 peer 节点，节点对输入和输出（propsalreponse）进行背书签名，完成第一段签名提交。

④ 客户端收集所有 peer 节点的第一段提交信息，组装事务并签名，发送事务到 orderer 节点排队，最终 orderer 节点生成区块，并发送到各个 peer 节点，把输入和输出落到账本上，完成第二段提交过程。

（3）peer 节点。peer 节点组件是 Fabric 区块链网络的基本元素，它托管着账本和智能合约，且可以同时托管多个账本和智能合约。区块链网络拥有多个组织下的多个 peer 节点，peer 节点具有通过特定 CA 颁发的数字证书分配的身份。

（4）通道（channel）。通道允许一组特定的 peer 节点和应用程序在区块链网络内相互通信，通道并不实际存在，而是由物理 peer 节点集合形成的逻辑结构。每个通道都有一个完全独立的账本，这意味着完全独立的区块链，以及完全独立的世界状态。一个组织可以加入多个通道，从而参与多个独立的区块链网络。

（5）排序服务（ordering service）。Fabric 采用称为排序服务的特殊节点来执行交易的排序并生成区块，形成一种确定性的共识机制，由排序服务生成的任何区块都可以保证是最终且正确的，不会产生分叉。排序服务维护着允许创建通道的组织的列表，还对通道实施基本的访问控制，从而限制了谁可以对其进行数据读写和配置。排序服务有三种实现，使得排序节点之间对严格的交易顺序达成共识：

- Solo：只有一个排序节点，无法容错，但可以用于开发测试环境。
- Kafka：崩溃容错（CFT）机制，选举领导者节点，追随者复制其决策。
- Raft：也是崩溃容错机制，比 Kafka 易于配置和管理。

2. Fabric 国密改造

国密改造是指信息系统利用国产密码更新目前的密码技术、产品、服务，满足《中华人民共和国密码法》《信息安全技术 信息系统密码应用基本要求》（GB/T 39786—2021）等国家发布的密码相关的法律、政策、标准等，以实现密码自主。通过实施国密改造，能够显著提升我国网络信息安全与自主可控水平。Fabric 进行国密改造涉及的主要模块如图 5－4 所示。从上往下，首先是上层调用模块，主要包括 msp 等模块，为 Fabric 提供成员加密服务，它的实现依赖于 BCCSP 模块和 X509 模块。

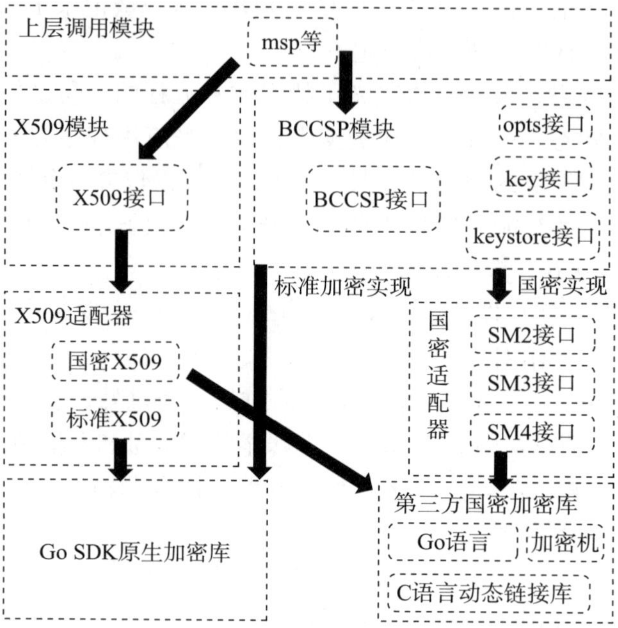

图 5－4　Fabric 国密改造涉及的模块

资料来源：https://blog.csdn.net/weixin_39066447/article/details/111468172.

BCCSP 模块主要实现四套接口，分别是 BCCSP 接口、opts 接口、key 接口以及 keystore 接口，其中以 BCCSP 接口为主，它包含加解密、签名验签等主要方法，其他三套接口为辅，主要包含用于密钥管理和存储的一些方法。BCCSP 模块有两套实现：一套是标准加密实现，它直接依赖于 Go SDK 原生的加密库；另一套是国密实现，需要依赖第三方提供的底层加密库，分为硬实现和软实现，其中硬实现就是加密机，软实现主要有 Go 语言实现和 C 语言动态链接库实现两种。考虑到 Fabric 定义的 BCCSP 接口并不直接兼容于第三方提供的加密接口，因此需要做一个国密适配器，主要用于适配上层的 BCCSP 模块和底层的第三方加密库，这个国密适配器主要包含 SM2、SM3 以及 SM4 三种国密算法的适配。

X509 模块主要提供的是有关证书的一系列方法。这里，Fabric 原本默认使用标准 X509，底层直接调用的是 Go SDK 原生的加密库。为了让 X509 支持国密的同时也兼容标准加密，我们将证书相关的接口抽象出来，定义为 X509 接口。然后底层采用两套实现——标准加密实现和国密实现，标准加密依旧是直接调用原生 Go SDK 标准加密库，而国密则是调用第三方的国密加密库。需要说明的是，调用 BCCSP 模块的加密服务时，如果选择国密算法，需要加载一个国密的插件，而如果是标准加密，则不需要加载国密插件；调用 X509 模块的证书服务时，不管是国密 X509 证书还是标准 X509 证书，均需要调用加密 X509 插件。具体选择国密还是标准加密算法可通过 orderer、peer 和 CLI 的配置文件中的配置项进行指定。

5.3.3 Fabric 环境搭建与部署

Fabric 是一个开源的、企业级的、带权限的分布式账本解决方案平台。它由模块化架构支撑，并具备极佳的保密性、可伸缩性、灵活性和可扩展性。Fabric 被设计成支持不同的模块组件直接拔插启用，并能适应经济生态系统中各种错综复杂的场景。本节将简单分享如何在 CentOS 下搭建 Fabric 2.0.0 版本环境并进行网络测试。注意，此部分仅为简单介绍，具体内容建议参考官方 Hyperledger-Fabric 2.0 文档。

1. Docker 运行 Fabric 网络

Fabric 基于容器化的方法在服务器中部署，所以第一步需要安装 Docker 环境。

（1）环境配置。使用 Docker 运行 Fabric 网络需要先进行环境配置。首先安装 Go 语言环境并移动到合适的位置，配置 GOPATH 环境变量如下：

```
export GOPATH=/usr/Go
export PATH=$PATH:/usr/local/go/bin:$GOPATH/bin
```

再配置 GOPROXY：

```
go env -w GOPROXY=https://goproxy.cn,direct
```

编译 Fabric 代码依赖一些开发库，安装依赖包如下：

```
sudo apt-get update\
&& apt-get install -y libsnappy-dev zliblg-dev libbz2-dev libyaml-dev libltdl-dev libtool
```

（2）安装 Docker。Fabric 目前使用 Docker 容器作为链码执行环境，因此即使在本地运行，链码服务器上也要安装 Docker 环境：

```
curl -fsSL https://get.docker.com/|sh
```

并且可以进一步配置国内源。

（3）docker-compose 安装。下载 docker-compose 到/usr/local/bin/docker-compose 目录下：

```
curl-L https://github.com/docker/compose/releases/latest/download/docker-compose-$(uname-s)-$(uname-m)-o/usr/local/bin/docker-compose
```

并设置/usr/local/bin/docker-compose 目录权限为可执行：

```
chmod +x /usr/local/bin/docker-compose
```

2. 启动 Fabric 网络

（1）源码准备。首先创建文件夹：

```
cd
mkdir -p go/src/github.com/hyperledger/
cd go/src/github.com/hyperledger/    # 进入创建的文件夹内
```

然后从 GitHub 上下载 Fabric 的源码：

```
git clone "https://github.com/hyperledger/Fabric.git"
cd Fabric/
cd scripts/
```

```
sudo. /bootstrap. sh
```

当由于二进制文件无法下载导致下载失败时，可通过修改 bootstrap. sh 文件将二进制文件设置为禁止通过 bootstrap. sh 下载，并前往 https://github. com/hyperledger/Fabric/releases/tag/v2. 2. 0 手动下载二进制文件，然后将其解压放入 Fabric-samples 文件夹。其中，需要注意 bootstrap. sh 中设定的 version 应与二进制文件版本一致。

（2）运行 test-network 测试网络。全部下载完成后会出现 Fabric-samples 文件夹，它是一个测试网络样例。首先切换到 Fabric-samples 文件夹，再切换到 test-network，接着启动测试网络：

```
cd Fabric-samples
cd test-network/
sudo ./network. sh up
```

（3）运行 first-network。进入 Fabric-samples 目录下的 first-network 文件夹：

```
cd first-network
```

运行 byfn. sh 文件：

```
./byfn. sh up
```

first-network 启动，以及 orderer 和 peer 节点启动后，开始执行端到端测试。测试会自动进行并依次完成创建通道、节点加入通道、更新锚节点以及执行链码等相关测试。至此，测试网络搭建完成。

关键术语

智能合约	Solidity	ERC20 代币	智能合约虚拟机
以太坊	超级账本	Fabric 联盟链	

思考题

1. 智能合约具有什么代表性特点？其相比传统数字合约的核心优势是什么？
2. 智能合约的开发需要注意哪些安全原则？
3. 虚拟机在以太坊中的重要性如何？其有什么用处？
4. 目前将国密算法用于改造 Fabric 可以有哪些思路？
5. 参照官方文档搭建 Fabric 环境并进行网络测试。

PART TWO

| 第二部分 |

2 区块链技术应用

第6章

区块链+——区块链商业模式变革

学习目标

1. 理解区块链赋能产业的核心价值。

2. 掌握区块链技术如何支撑数字经济发展。

3. 了解区块链在金融、贸易、农业、制造业、教育、医疗、版权、司法、社会治理等行业领域能够发挥什么作用。

4. 理解区块链如何重构商业模式。

6.1 区块链的价值

区块链被认为是自互联网发明以来最具颠覆性的底层技术创新，作为一个去中心化的分布式账本数据库，它具有去中心化、可溯源、不可篡改等特点。任何技术的发展都离不开产业的落地，目前，区块链已经在金融、贸易、农业、制造业等多个领域开展了应用。

在赋能产业的过程中，区块链的核心价值主要体现在两方面：一是价值互联，二是去中心化信任。

6.1.1 价值互联

在传统信息互联网时代，信息可以高效、方便地在互联网上记录和传输。传统互联网就像一条信息高速公路，信息在互联网上传输，其本质是对信息的复制粘贴，从而互联网上的信息具有无限复制性。然而，信息互联网仅解决了信息的高效传输问题，没有解决信息的价值和确权问题，无法进行货币、版权等价值的传递。比如对于付款这一价值传递行为，传统的电子付款主要通过网银、微信支付、支付宝等第三方机构进行，而无法在互联网上直接实现点对点的传递。

区块链技术的一大特征就是通过建立区块链价值传输协议，利用链上数据不可篡改的特点，确保网络中数据的真实性，使得在互联网上可以完成价值的实现与转移，传统的信息互联网得以向价值互联网推进。所谓价值互联网，就是在利用区块链上的数字资产实现价值（如商品、服务、货币等）的基础上，在链上节点之间实现价值的转移，使得价值可以像信息一样快捷、高效、低成本地在链上传递。基于区块链技术的价值互联网一方面提升了数据造假的成本，另一方面在不借助第三方机构的情况下确定了资产所有权，使得价值的实现与流通更加便捷。

6.1.2 去中心化信任

在传统的中心化系统中，交易双方需要依赖第三方权威机构建立信任。比如在电子商务平台中，买卖双方需要依赖电子商务平台进行认证与担保；在 P2P 借贷平台上，出借人和借款人依赖第三方融资平台完成信用借款；在房屋买卖中，第三方地产中介为交易双方进行资金托管和完成其他房屋过户手续。第三方信任依赖于第三方机构的信誉，若出现劣质平台，则容易出现信息泄露、平台跑路、非法融资等风险，且交易成本较高。

区块链技术的颠覆性在于构建了一种去中心化的信任机制，实现了分布式信用体系构建。由于区块链技术具有分布式存储、不可篡改、可溯源和信息透明等特点，可以极大程度地降低信息不对称，并消除不必要的中介，因此可以低成本、高效地建立双方信任。此外，区块链中智能合约的引入使得业务功能实现自动化，例如财产所有权转让、海关清关、自动没收抵押物、自动理赔等，节省了大量时间和成本，并降低了业务风险。

6.2 区块链——数字经济重点产业之一

2016 年，在工业和信息化部信息化和软件服务业司的指导下，《中国区块链技术和应用发展白皮书（2016）》（以下简称白皮书）正式亮相，标志着中国区块链技术的发展迎来了首个官方指南文件。白皮书全面阐述了国内外区块链的发展现状，分析了区块链的典型应用场景，并提出了中国区块链技术发展路线图及区块链标准化路线图。随后数年，中国也一直推出多种政策扶持区块链技术的发展，例如《“十三五”国家信息化规划》鼓励区块链等新技术的基础研发和前沿布局，《国务院关于进一步扩大和升级信息消费持续释放内需潜力的指导意见》支持开展区块链技术的试点应用，《扎实稳住经济的一揽子政策措施》鼓励平台企业加快区块链领域的技术研发突破等。

2021 年 3 月，《中华人民共和国国民经济和社会发展第十四个五年规划和 2035 年远景目标纲要》（以下简称《纲要》）发布。《纲要》提出要充分发挥海量数据和丰富应用场景优势，促进数字技术与实体经济深度融合，赋能传统产业转型升级，催生新产业新业态新模式，壮大经济发展新引擎；明确指出培育壮大区块链等新兴数字产业，并将区块链列为数字经济重点产业之一，包括推动智能合约、共识算法、加密算法、分布式系统等区块链技术创新，以联盟链为重点发展区块链服务平台和金融科技、供应链管理、政务服务等领域应用方案，完善监管机制。区块链技术也被列为自主创新技术重要突破口。习近平总书记强调，应不断加大区块链投入力度，加快推动区块链技术和产业创新发展。这些无不彰显了国家对于区块链技术的重视。

根据《“十四五”数字经济发展规划》，数字经济是继农业经济、工业经济之后的主要经济形态，是以数据资源为关键要素，以现代信息网络为主要载体，以信息通信技术融合应用、全要素数字化转型为重要推动力，促进公平与效率更加统一的新经济形态。广义上讲，凡是直接或间接利用数据来引导资源发挥作用，推动生产力发展的经济形态都可以纳入数字经济范畴。在技术层面，数字经济包括大数据、云计算、物联网、区块链、人工智能、5G 通信等新兴技术。在应用层面，数字经济包括新零售、新制造等新兴数字产业。

区块链作为数字经济重点产业之一，主要从以下三个方面支撑数字经济发展。

1. 区块链为数字经济提供技术支撑

区块链是数字经济的基础设施之一。与实体经济一样，发展数字经济的关键在于基础设施建设。区块链技术支持构建点到点的分布式可信网络，是发展数字经济的重要基础设施之一。区块链的分布式网络和密码学的相关应用保证了网络上数据的隐私保护，确保了数字经济网络的安全和健康；智能合约为网上承诺的兑现提供了保障，解决了信任危机问题；分布式账本则促进了资产的数字化，使数字经济区别于实体金融经济。

同时，区块链技术可以与其他数字基础设施结合，共同作用于数字经济发展。区块链可以作用于人工智能、大数据等功能明确的计算机技术之上，与其他技术相结合，共同开发数字经济新场景、新业务，在新应用上起到信任搭建的作用，推动数字经济发展。

2. 区块链提高数字经济发展质量

依托互联网技术的经济模式已经取得了巨大的成功，然而随着互联网经济的发展，以互联网平台作为连接中介的“间接连接”体系逐渐暴露出平台垄断、数据滥用、隐私泄露等一系列问题。而区块链技术可以在各主体之间直接建立连接，无须第三方中介参与，数据归用户所有，有助于打破互联网平台垄断，最大限度地保护用户隐私。此外，区块链可以在无隶属关系的各经济主体之间建立“直联”和信任，有助于支持产业协同，形成开放、平等、共享共治的新型合作模式。

在存储上，当下数据发展逐渐趋于海量，数据规模庞大，需要大量服务器进行存储，同时所产生的维护成本极大。区块链大大节省了存储维护中的人力、物力、财力，提高了生产效率，推动了数字经济高质量发展。

3. 区块链推动数字经济未来发展

区块链技术一方面可以与实体经济深度融合，解决中小企业贷款融资难、银行风控难、部门监管难等问题；另一方面可以用于探索数字经济模式，推动不同产业融合，促进数字化转型。充分发挥海量数据和丰富应用场景优势，促进数字技术与实体经济深度融合，赋能传统产业转型升级，催生新产业新业态新模式，壮大经济发展新引擎。

在实体经济不断向数字经济转型的过程中，各种业务模式的融合也是数字化转型的重要内容。区块链中分布式共识技术可以打破各种业务模式、业务主体之间的壁垒，创建普遍且互信的业务融合，争取最大限度的合作，充分发挥数字经济的作用。

6.3 区块链重构商业模式

区块链技术的诞生源于比特币，其原生商业应用就是以比特币为代表的加密数字货币以及金融基础设施的应用，包括支付清算、跨境支付等。

随着区块链技术的发展，区块链应用已经超越了数字货币和金融领域的范畴，逐渐向各个垂直领域延伸，解决各行业中的传统场景问题。国内外出现了大量与区块链应用相关的研究，聚焦于区块链技术与金融、贸易、农业、制造业、版权、社会治理等传统或新兴产业的融合。区块链的出现为现有的商业模式创新提供了一种新的手段和工具，“区块链＋”商业模式的新特征主要表现在数据权、隐私和数据成本等方面，而“区块链＋”商业模式创新的主要方向为打破垄断、独立自主和合作共赢等。

本书共调研了区块链技术在金融、贸易、农业、制造业、教育、医疗、版权、司法、社会治理等九个行业领域的应用（见表 6－1 至表 6－9），并总结了不同行业领域中可以用区块链技术解决的业务痛点和需求。本书将通过案例讲解的形式详细描述区块链技术在解决各行业领域问题中发挥的作用，以启发读者思考。

表 6－1　区块链技术在金融领域的应用

应用场景	痛点与需求	案例
供应链金融	（1）现代供应链结构复杂，不利于企业间信息交互、数据共享与紧密协作 （2）企业信用难以跨级传递 （3）交易效率低下，风险控制困难	**“工银 e 信”供应链网络融资方案：**有效解决小微企业融资难的问题，为中小企业提供全方位、多维度的金融服务 **华能“能信”供应链金融科技服务平台：**国内发电企业中首家将区块链技术与能源行业供应链金融深度融合的平台
证券业	（1）信息不对称，证券市场中的不同交易者无法公平地同时获得所有有效信息 （2）证券相关业务的成本较高，处理效率低 （3）基础资产同质化严重，数字化转型困难	**交通银行“链交融”区块链资产证券化平台：**借助联盟链系统串联资产证券化（ABS）业务各参与方，重塑了资产证券化业务模式 **Norbloc Fides——KYC 数据共享生态系统：**打造了一个 KYC 数据共享生态系统，提高了数据质量，简化了数据验证流程
保险业	（1）保险人、投保人之间的信息不对称 （2）行业信任危机严重 （3）产品同质化，创新产品匮乏，数字化程度不高，难以满足消费者多元化、个性化的保险需求	**“保交链”——保险行业区块链底层技术平台：**为“区块链＋保险”系统的开发与建设提供了基础架构，推动了行业数字化、多元化转型 **中国农业银行养老金联盟链应用系统：**国内首个针对养老金业务的联盟链系统，能够大幅提升信息流转效率

应用场景	痛点与需求	案例
征信	(1) 征信数据来源局限，质量不高 (2) 缺少征信数据共享机制 (3) 公民征信、守信意识不强，征信需求地域差异明显，征信产品应用场景局限于金融市场等	**“珠三角征信链”应用平台**：将区块链与征信深度融合，实现了跨区域、多维度的企业信用信息共享互通 **CreDA 链上信用评级系统**：基于链上和链下数据，填补了 DeFi 领域中信用评级业务缺失的空白

表 6-2 区块链技术在贸易领域的应用

应用场景	痛点与需求	案例
交易场景	(1) 贸易各主体之间存在“数据孤岛”问题 (2) 贸易参与方易产生信任危机	**蚂蚁链国际贸易平台 Trusple**：打造了一个一站式跨境贸易和金融服务平台，以期解决 B2B 买卖双方的信任问题 **TBC 区块链跨境贸易直通车**：服务于跨境贸易全生态的平台，为全流程中所有生态主体提供区块链数字化的综合服务 **Visa B2B Connect**：旨在帮助金融机构简化跨境 B2B 支付的流程，实现银行间的直接交易
物流场景	(1) 传统国际物流流程长、环节多，使得货物信息很难实现透明化 (2) 贸易中其他附加费诸多，收费情况异常复杂且不统一	**天猫国际全球溯源计划**：将进口商品全链路上链，最终为跨境商品附上“身份证”
贸易融资场景	(1) 流程烦琐复杂且参与主体众多 (2) 信息不透明且真实性审核困难 (3) 贸易融资业务中多部门协作问题日益突出	**“跨境 e 链”转口贸易服务平台**：确保链上各个主体可以交叉验证，且与业务流程同步共享验证，确保转口贸易可信性 **跨行区块链福费廷平台**：面向福费廷业务应用场景，创新性改变了银行之间信息互通和资产交易的流程

表 6-3 区块链技术在农业领域的应用

应用场景	痛点与需求	案例
农产品质量安全溯源	(1) 农产品质量安全溯源信息收集不及时，补录信息成本较高且可能不完整、不准确 (2) 消费者对现有食品安全体系缺乏信任 (3) 基层农业从业者缺乏信息化意识与素养，农产品质量安全溯源实施难度大	**TE-FOOD**：为完整的食品供应链提供数字身份、溯源信息和自动化召回管理，优化了食品供应链流程 **京东农产品防伪溯源**：有效保证了农产品防伪溯源数据的真实性、准确性和连续性 **联合国棉花溯源**：满足了消费者对棉花种植可持续性的要求，有助于经济落后的农业国家实现产业升级
农业金融服务	(1) 农产品的特殊性与农民普遍的经济基础薄弱导致农民很难得到融资服务 (2) 农业金融发展缓慢，农村市场开发面临挑战	**EthicHub**：为中小型农户和投资者提供了一个有完善保障体系的借贷、投资平台 **农金保**：整合多方资源，打破沟通壁垒，为打造农业各部门互联互通提供了典范 **安华农险区块链肉鸭养殖险**：解决了传统肉禽险面临的数据失真问题，有效降低了肉禽养殖险承保与理赔成本
智慧农业	(1) 以家庭为单位的小作坊式农业生产难以发展智慧农业 (2) 农村地区基础设施建设薄弱，智慧农场落地困难	**AgriDigital**：协助农业从业者实现农业管理现代化，推动了农业供应链运作向数字化转变 **善粮味道**：打破了北大荒地区传统的粗放型农业生产局面，使农场作业实现全程数字化

表 6-4 区块链技术在制造业领域的应用

应用场景	痛点与需求	案例
增材制造	（1）供应链中数字文件的存储和使用安全问题 （2）部件制造溯源问题	**穆格 VeriPart 系统**：基于区块链的分布式交易系统，实现了对 3D 打印零部件的追溯和对供应链的数字化管理 **LINK3D 的数字工厂**：集成区块链与云计算技术，实现了企业对 3D 打印全过程的自动化管理
中国制造业数字化转型	（1）产品信息壁垒问题 （2）“制造商”和“消费者”之间的信任问题	**QBBSS 质量链**：中国制造业引入区块链技术的首创，打造了一个“制造商”和“消费者”之间的信任生态系统
工业物联网	（1）在传统的组网模式下，工业物联网的各设备间的通信采用中央代理通信的方式，大大增加了组网的费用，并且可扩展性、可维护性和稳定性都较差 （2）许多制造企业都面临着供应链信息孤岛、信息不透明等一系列问题	**京东智臻链防伪溯源平台**：通过结合物联网与区块链技术，实现了真正的防伪和全过程的追溯 **IBM 的 ADEPT 平台**：结合区块链技术的物联网分布式平台，解决了物联网所面临的技术和经济难题 **ASIC-8Tile 的 Tilepay 微支付平台**：结合区块链和物联网，实现了以区块链为基础的去中心化支付系统和物联网的数据交易中心 **Filament 的 Blocklet 芯片**：使工业物联网设备和区块链交互，相当于让芯片在优化了信任执行环节的物联网中工作，改善了区块链和物联网的协同合作效应
智能制造	信息不对称、资源不共享、互动不通畅等问题成为当前制造业发展的瓶颈	**智造链**：以区块链、物联网等先进技术为基础，在技术特性方面进行了大量的创新设计，以制造业市场为中心，构建了一个面向全球的数字化、网络化、智能化制造业新生态

表 6-5 区块链技术在教育领域的应用

应用场景	痛点与需求	案例
个体学信大数据	（1）教育信息系统的安全性受到威胁 （2）学历造假及留学经历难以验证 （3）就业中存在学生、学校与企业相脱离的问题	**区块链证书开放协议 Blockcerts**：提供了一个去中心化的认证系统，负责为学历证书的颁发提供防篡改及不可变的机制 **区块链简历验证平台 APPII**：通过把简历上传到智能合约上，来为招聘者提供由教育者或认证者以及前任招聘者验证过的具有一定权威性的个人简历证书 **马来西亚教育部 e-Scroll 区块链学历认证系统**：帮助马来西亚的大学使用区块链技术来验证学历的真伪和进行学历认证

续表

应用场景	痛点与需求	案例
教育共享新生态	(1) 开放共享的资源环境面临着版权保护弱、运营成本高、资源共享难、资源质量低等问题 (2) 从知识的共享来看，加强知识版权保护、明晰版权归属、建立有效的追踪链可以提升知识共享的效率，促进知识流动 (3) 从知识的交易过程来看，需要研发安全、高效、稳定的自动教育资源交易平台	**ODEM 教育集市**：去中心化的教育产品和服务集市，在该平台上教育者创建和提供教育课程，学生进行选择性的学习，同时在完成相应的学习后可以收到基于区块链的数字证书 **EduCoin 在线教育平台**：基于区块链技术的分布式全球在线教育平台，主要解决需求者、消费者、内容提供者、相关支持者四方之间的对接及利益分配，并帮助建立一个可信互信的共建机制

表 6-6 区块链技术在医疗领域的应用

应用场景	痛点与需求	案例
医药溯源	(1) 追溯体系涉及的利益主体较多，需要独立的第三方提供更可靠的服务 (2) 信息来源复杂，传输渠道需要通畅 (3) 数据类型多样，对其真实性、安全性要求较高	**紫云区块链药品追溯解决方案**：以联盟门户为基础，实现了全流程数据的链上管理 **京东疫苗追溯服务**：通过区块链技术首次实现了终端疫苗一物一码的追溯管理 **MediLedger**：满足 DSCSA 法案，创新性解决了药品所有权变更的管理
医疗健康数据管理	(1) 缺少长期留存的详细信息 (2) 不同医疗机构数据存储格式不同，缺少一致标准，难以统一整合处理 (3) 医疗数据十分敏感，在使用过程中需要极高的隐私安全保障	**华为云的区块链健康档案和电子病历解决方案**：实现了串联众多医疗主体的互联互通数据管理系统 **MedRec**：赋予了患者对个人病历记录数据的主动权，利用区块链技术增强了系统的可靠性 **Nebula Genomics**：基于区块链技术的基因测序市场

表 6-7 区块链技术在版权领域的应用

应用场景	痛点与需求	案例
版权登记确权	(1) 登记成本相对较高，包括登记费用以及沟通效率成本 (2) 登记标准不尽相同，不同地区缺乏统一的登记规范和标准 (3) 登记信息隐私泄露，登记平台泄露权利人以及作品信息进行非法活动	**百度图腾**：提供了一站式版权服务，包括版权认证、传播流通、交易、权利保护以及 IP 全链管理 **版权家**：一款领先的版权服务应用，用户可以在 3 分钟内完成版权登记，通过中国版权保护中心的 DCI 来认定其著作权
数字版权维权	(1) 取证困难，版权传播信息难以溯源，侵权状态难以监测 (2) 维权成本与所得收益不成正比，大量作品在被侵权后无人追究侵权者的责任	**“人民版权”区块链技术平台**：实现了原创作品即时存证、侵权行为实时监测、司法梯度化维权和授权线上交易等全内容生态服务 **中国搜索“媒体融合链”**：为中央主流媒体及其他原创作品权利人提供区块链作品存证、版权保护服务，为困扰主流媒体多年的版权保护问题提供了解决方案，大大降低了维权成本

续表

应用场景	痛点与需求	案例
标准化版权交易	（1）版权作品价值评估难，交易双方信息不对称 （2）线下交易流程复杂，交易效率不高 （3）版权业务单一，缺少相关综合服务 （4）交易所规则监管严格，缺乏数字版权运营能力	**Ujo Music**：以以太坊区块链为基础链，以智能合约作为基础运行技术，使得创作者和消费者可以直接授权交易 **DECENT**：以去中心化的区块链技术为基础建立的一个去中心化的、高安全性的、提供多种多样的数字作品创作和传播的平台

表 6-8 区块链技术在司法领域的应用

应用场景	痛点与需求	案例
电子存证及取证	（1）中心式存证需要高度稳定的数据中心，若数据中心出现问题，则证据也存在安全隐患 （2）电子证据数据量大，运维和存储成本过高 （3）示证环节存在证据篡改的风险	**杭州互联网法院**：实现了电子证据的多链路介入、保存与调用，将复杂的司法流程扁平化，并改善了传统司法效率低下的问题。对于电子证据、电子材料等多种证据信息采取前置链上存储，使得证据在司法流程中全过程可追溯 **遗嘱存证**："区块链＋遗嘱"的新型表现形式提高了遗嘱内容的可信度，缓解了公证机构调解遗嘱纠纷的压力 **保全网电子合同**："区块链＋电子签名"的模式共同为电子合同的真实性提供保障，为电子签约平台增加了电子签约服务信任度，提高了签约的履约概率，并且当签约双方出现商业纠纷时，可以为签约方提供可信证据
链上司法	（1）司法流程复杂，效率较为低下，且司法成本较高 （2）不同部门间司法沟通不协调，数据共享存在困难 （3）法院判决同司法执行间存在时间间隔，带来了司法执行困难或违规操作	**智能合约仲裁平台 CodeLegit**：根据仲裁规则设计相应的智能合约，并在发生纠纷时触发智能合约解决纠纷。电子证据与仲裁流程链上可追溯，提高了司法的透明性 **仲裁链**：链上证据可靠且稳定，有助于仲裁机构快速完成证据的核实、解决纠纷，并降低仲裁过程中不必要的成本，提升司法效率。能够在保障个人合法权益的同时保护用户隐私，并解决纠纷与个人安全问题

表 6-9 区块链技术在社会治理领域的应用

应用场景	痛点与需求	案例
电子政务	（1）不同政府部门间数据共享不足，存在信息壁垒 （2）政府与公众的沟通缺乏信任保障，政民互动不足 （3）隐私保护不完善，数据安全性低 （4）部分政务与个人或企业信用信息挂钩，而信用记录缺乏	**济南高新区"区块链＋政务服务"平台**：支撑政务服务"一次办好"，提高了群众和企业的办事效率 **北京市"区块链＋不动产登记"**：实现了不动产登记七个应用场景的一网通办流程优化
数字身份	（1）用户的数字身份信息存在于不同部门、不同行业、不同企业，各单位形成"数据孤岛" （2）隐私安全问题，用户面临平台收集、存储、传输、买卖和外部攻击的风险，平台需花费巨额成本维护数据安全	**腾讯云 TDID**：构建于腾讯云区块链 TBaaS 平台之上的数字身份基础服务，可为跨系统、跨机构的可信数字身份和数据交换提供支持 **爱沙尼亚"e-Residency"计划**：为所有的爱沙尼亚公民提供数字身份，公民可依据数字身份在线完成 99%的公共服务

续表

应用场景	痛点与需求	案例
市场监管	（1）信息共享和流转大多需要人工报送，存在时滞性，数据准确度受到影响 （2）传统市场监管包含工商、质检、认证等多个领域，分属多个政府部门且责任分散，监管难度大 （3）监管流程不透明，资金、食品、药品等流通环节复杂，容易出现材料造假等问题	**雄安区块链资金管理平台：**通过区块链技术有效避免劳务拖欠、违规分包和转包及项目资金挪用问题，保证资金精准发放、高效合规 **华为区块链危化品溯源平台：**推出了危化品登记管理服务，利用区块链技术实现了危化品的全流程监管、全量监管、多部门协同监管，保证了危化品运输合法合规

关键术语

区块链商业模式　　价值互联　　去中心化信任　　数字经济
去中心化　　可溯源　　不可篡改　　智能合约

思考题

1. 区块链技术具有什么特点？区块链赋能产业的核心价值是什么？

2. 数字经济与农业经济、工业经济的区别是什么？具有什么特点？

3. 区块链作为数字经济重点产业之一，主要从哪些方面支撑数字经济发展？

4. 区块链的原生技术应用是以比特币为代表的加密数字货币以及金融基础设施的应用，区块链在赋能金融行业领域中发挥了什么作用？

5. 本书调研了区块链技术在金融、贸易、农业、制造业、教育、医疗、版权、司法、社会治理等九个行业领域的应用，你还能想到区块链在哪些领域的应用？区块链技术在该场景中可以解决什么痛点问题？

第7章

金融行业中的区块链应用

学习目标

1. 深入了解金融行业现状以及区块链赋能金融行业的核心价值。

2. 理解区块链技术为何能够促进金融行业的发展，解决痛点问题。

3. 掌握区块链如何为供应链金融、证券业、保险业、征信等金融场景提供解决方案。

7.1 行业概述

7.1.1 行业现状

金融，即“资金的融通”的缩略语，一般是指在经济生活中，银行、证券或保险业者从金融市场主体（例如储户、证券投资者或投保人等）募集资金，并利用金融工具借贷给其他市场主体的经济活动。熊德平教授在其金融概念新解中认为，金融是信用交易制度化的产物，是指由不同的产权主体，在信任和约束基础上，通过信用工具，将分散的资金集中有偿使用，以实现“规模经济”的信用交易活动。[①] 从广义上讲，政府、个人、公司、组织等市场主体通过募集、配置和使用资金而产生的所有资本流动都可称为金融。因此，金融具有非常广泛的分支，银行、信托、保险、证券、基金、期货等多个行业均可以划归到金融领域。这使得金融市场能够始终保持较快的发展速度，其所面临

① http://www.rf.hk/news/jinrong/12388.html.

的行业问题也愈加复杂。

2022 年，乌克兰危机与新冠疫情严重制约了世界经济金融的发展。作为世界第二大经济体，我国虽然也面临更加严峻的挑战，但国家整体经济长期向好的基本面并没有改变。在银行业方面，金融机构始终坚持稳中求进的总基调，风险抵御能力稳步增强，实体经济服务力度全面提升，信贷结构持续优化，“开放、合作、共赢”的思维理念也逐步融入商业银行中间业务的发展转型。在证券业方面，证券公司资产规模不断扩大，综合实力和经营效率稳步提升，服务实体经济功能进一步扩大，业内金融产品销售依然保持较高增长。证券公司的数字化转型也在持续加快，并从证券经纪业务逐步向全业务领域扩展。在保险业方面，行业综合实力不断增强，投资渠道逐渐增多，保险资金多渠道服务实体经济发展。同时，行业也在不断深化改革，丰富产品供给，优化服务理念和服务手段，风控能力建设持续强化，偿付能力制度体系愈加完善。

尽管如此，我国金融业的发展仍然存在一些问题。例如，银行信贷理念较为滞后，随着科技型企业和小微企业逐渐增多，多元化经济结构的信贷需求与单一结构信贷供给之间的矛盾日益凸显，广大民营中小企业的融资需求难以充分满足。再比如，金融产品、服务和工具的创新速度较慢，金融监管机制不完善，金融服务手段落后等一系列其他问题，都使得我国的金融行业水准有待进一步提高。当前，我国仍需要完善金融管理制度与管理技术，不断健全市场运行机制和信贷、投资机制，强化金融稳定保障体系的建设；同时也要扩大科技创新的投入，依托前沿技术积极探索金融产品设计、金融工具开发、金融服务创造的新路径，促进产业金融数字化转型，为金融行业的整体发展注入新的活力。

7.1.2　区块链应用场景

《中国区块链技术和应用发展白皮书（2016）》明确将金融服务列为区块链的典型应用之一，指出由于区块链具有可追溯、交易流程简化、高可靠性等特质，具备重构金融业基础架构的潜力。传统金融行业存在身份认证与信用传递困难、交易及风控成本高、数据泄露隐患、交易流程长等问题，区块链作为一种开源分布式账本，能够记录买卖双方的交易，并保证这些记录是可查证且永久保存的，有效提升了交易的透明度和安全性。同时，区块链去中心化的特点可以弥合不同交易主体之间的信任鸿沟，确保交易的所有相关文档有时间记录、可追溯和不可篡改，大大降低了交易成本。再者，区块链也给金融领域的商业模式带来了巨大变革，通过资产数字化和建立交易双方信任，催生了真正意义上的去中心化新型金融平台。

由于区块链与金融行业的天然契合性，如今，区块链技术在金融场景中的应用探索已经诞生了一定的成果实例。

在供应链金融行业，区块链主要运用于供应链企业，特别是中小企业供应链融资相关领域。中国工商银行推出了供应链金融应收账款融资平台，借助由供应链核心企业签发的数字信用凭据“工银 e 信”解决供应链上中小企业融资难的困境；联动优势也开发了基于区块链技术的跨境保理融资授信管理平台，利用区块链数据可信特征，为供应商和保理公司提供融资全生命周期管理、融资额度管理等服务；华能“能信”供应链金融科技服务平台则通过区块链技术将电力行业资金方为央国企等核心企业的授信打造成“能信”金融产品，实现“产”与“融”的高效低成本匹配，有效建立了电力行业供应链生态信用共享机制。

在证券行业，区块链在资产证券化（ABS）、证券发行、清结算等多个领域均有一定应用。交通银行曾推出业内首个区块链资产证券化平台“聚财链”，实现了资产证券化项目信息与资产信息上链，以及基于智能合约的链上跨机构尽职调查流程化，并完成了第一笔住房按揭贷款资产证券化产品基础资产信息的上链。另外，京东数科、度小满金融等平台也在资产证券化领域创设了自己的区块链项目，并开展了实际应用。其他方面，Norbloc 公司建立了用于 KYC（know your customer）数据共享的 Fides 平台，采用区块链技术提高了 KYC 的数据质量并简化了数据验证；纳斯达克借助区块链开发了用于私有股权交易的 Linq 平台；高盛也研发出了通过加密货币进行证券交易结算的系统 SETLcoin；Ripple 利用区块链建立了全球分布式清结算体系；加拿大央行此前也完成了区块链清结算应用的测试工作。

在保险行业，区块链的应用正处于探索阶段。众安保险将通证化与保险场景相结合，基于开放资产协议推出保险通证，将保险条款进行编码，为不同保单中相同条款的复制、重新分类或重新组合提供解决思路。中国农业银行联合太平养老保险股份有限公司建立了国内首个基于联盟链的养老金系统，将区块链技术引入养老金业务处理流程，有效解决了处理效率低、过程复杂等一系列问题。咨询公司安永和区块链公司 Guardtime 合力打造出专注于海运保险的 Insurwave 平台，以区块链技术为基础，在托运人和保险公司之间创建了一个不可篡改的数据库，帮助保险公司进行风险评估，托运人也能够得到更快的理赔支付。

区块链技术在跨境支付和征信等领域也产生了不少落地应用。在跨境支付领域，Ripple 依托区块链建设了跨境支付平台 RippleNet，通过 Interledger 协议为不同记账系统建立起沟通桥梁，RippleNet 支持分布式去中心化支付，为银行和其他金融机构提供了高效外汇转账方案。在征信领域，珠三角征信链通过“区块链＋征信服务”搭建起省级（跨省）大型征信服务应用平台，整合了广州结算中心、地方征信平台、征信机构等多个节点，链上的所有征信服务数据信息均在专网中流转，有效保障了信息的安全。CreDA 则将个人信用评分引入链上交易，通过去中心化的信用评级系统为用户提供低成本、无需信任的解决方案，并根据信用评级为个人用户提供个性化的贷款模式。

综合来看，尽管区块链在金融领域的应用已略有成效，但区块链赋能金融行业处于初步探索阶段的现状依然没有改变。设立奖项和政策鼓励区块链项目的研发固然重要，扶持其生根发芽，并在实践的检验中让其不断更新完善，真正发挥区块链优化现代金融的效用，也是区块链应用中不容忽视的一环。未来，我们还需要进一步加强对金融行业中区块链建设的探索，思忖区块链技术与相关金融业务的契合性与匹配度，根据其特征使之更好地融入金融业务流程，而非一成不变地强硬装载。

7.2　供应链金融场景下的区块链应用

7.2.1　场景简述

供应链金融是指银行以供应链为基础，将核心企业与上下游企业联系起来，并向特定主体提供融资、结算、贷款等服务的金融活动。供应链金融旨在为交易中的买方和卖方降低融资成本并提高业务效率，通过自动化交易以及跟踪发票审批和结算的过程来发挥作用。在这种模式下，银行凭借短期信贷，优化买卖双方的营运资金并为其提供流动资金，使得供应商可以更快地获得他们应收到的欠款，而买方也有更多时间来进行货款的偿付。与保理等其他应收账款融资技术不同，供应链金融是由买方而不是由供应商设立的，并且供应商可以根据买方而非自己的信用评级，以较低的融资成本从银行获得供应链融资。

在我国，供应链金融经历了五个阶段的转变，如表7-1所示。1.0时代是传统的中心化线下模式，主要向供应链中的单个企业或者上下游企业提供金融支持。2.0时代为线上化阶段，服务基础由要素转向结构与流程，进一步整合了供应链内部的信息流、物流和资金流。3.0时代以平台化为主要特征，通过构建专业服务平台为银行提供更多有效金融信息，供应链金融组织化发展也得以促进。4.0时代为智能化阶段，在3.0时代的基础上增加了大数据、物联网、云计算等新兴科技，旨在打造跨产业、跨部门、跨平台的供应链金融生态圈。时至今日，国内供应链金融已发展至5.0时代，即“区块链＋自金融”票据。供应链核心企业及中小企业不再被动接受金融服务，而是可以主动开展金融服务，逐渐形成基于区块链架构的产业链数字资产交易平台和相关模式，进一步提高了融资的便利性，降低了交易成本。①

表7-1　我国供应链金融变革历程

供应链金融阶段	阶段特征	阶段简述
1.0时代	中心化线下模式	向单个或上下游企业提供金融支持
2.0时代	线上化	服务基础由要素转向结构与流程
3.0时代	平台化	构建专业服务平台，促进组织化发展
4.0时代	智能化	增加了大数据、云计算等新兴科技
5.0时代	“区块链＋自金融”票据	供应链企业可以主动开展金融服务

未来，伴随着供应链的智慧化，供应链金融将呈现出与新兴科技高度融合的趋势，有效减少交易流程中的信息不对称和决策失误，供应链金融的参与主体也将专注重点细分行业，充分了解不同行业中客户的经营状况和特点，实施精准化管理，各主体间以

① 刘翔．供应链自金融模式创新与发展战略——区块链技术视角下的研究．技术经济与管理研究，2021，11：82-86.

“数字化票据、产融结合、全程化服务、战略驱动”为特征的供应链金融生态闭环也将逐步形成。

7.2.2 痛点与需求

虽然当前供应链金融行业发展迅猛，但现阶段仍然存在许多制约其深度发展的瓶颈。

首先，现代供应链结构复杂，通常由跨国、跨地区、跨行业的供应商、经销商、物流公司等企业构成，整个供应链拥有非常庞大的交易网络，交易周期长，物流环节多，上下游企业信息化发展程度也参差不齐，不利于企业间的信息交互、数据共享和紧密协作。①

其次，企业的信用得不到保障，难以跨级传递。供应链金融要求以核心企业的信用为依托，但远端的供应商、经销商由于无法与核心企业直接交易，很难借助核心企业的信用进行融资，导致其业务范围受限。同时，中心化的信用数据管理模式容易引发数据丢失、篡改等问题，使中小企业难以获得银行等金融机构的信任。②

最后，交易效率低下，风险控制困难。传统供应链中大部分交易流程依然需要人工操作，融资业务中使用的票据也无法做到安全可信地自动审核，加之企业间沟通时效性不强，严重拖慢了资金、货物等流动的节奏，进而影响了运营的效率。许多企业的业务结算也存在很多风险因素，如资产挪用、单据造假、故意违约等，金融机构难以掌握整个供应链上各类业务的真实情况，这也给融资、交易的风险控制带来了巨大挑战。

区块链技术具有去中心化、安全可靠、信息传递高效、可追溯与不可篡改等特点，能够有效应对传统供应链金融行业的发展痛点：

（1）采用分布式账本存储供应链金融各大流程中的数据信息，无论企业是否处在供应链的远端，相关利益方只需要通过区块链平台便可以实现数据的上传与快速接收，促进了信息共享，避免出现“信息孤岛”。

（2）区块链上所有信息和操作都是有迹可循的，透明化的交易流程有利于核心企业把控供应链中业务信息的准确性与真实性，使得信用能够逐级传递，增强了金融机构与上下游企业之间的联合授信，缓解了授信较低的中小企业融资难度大、成本高的难题。③

（3）非对称加密、数字签名等技术在区块链上的应用保护了供应链相关企业的隐私安全，共识机制的存在也让信息一经广播和节点认可便不能再被修改，确保交易数据真实可靠，在一定程度上降低了交易风险。

7.2.3 区块链解决方案

1. “工银 e 信”供应链网络融资方案

由于供应链的上游和下游企业间贸易信息传递不及时、不对称，交易真实性验证成本高，难以有效防范虚假交易，因此，供应链上企业信用难以多级传递，核心企业信用

---

① 刘婷，李冬. 区块链技术与供应链金融深度融合发展体系研究. 金融发展研究，2021，11：81-86.

② 李春花，董千里. 区块链赋能供应链金融模式创新机制研究. 商业经济研究. 2021，18：161-165.

③ 冯珊珊，李永梅. 区块链技术在供应链金融信用风险管理中的应用研究. 征信，2022，40（2）：59-65.

仅能传递到一级供应商。为贯彻国家普惠金融发展战略，优化供应链金融服务模式，中国工商银行于 2020 年推出了供应链金融应收账款融资平台，以及对应的“工银 e 信”链上可信数字信用凭据产融方案。该方案利用区块链技术实现了供应链上下游的信用穿透，降低了金融机构风控难度，有效解决了供应链企业融资难、融资成本高的问题。

中国工商银行供应链金融应收账款融资平台将应收账款电子化，在银行授信范围内，由供应链核心企业签发可流转、可融资、可拆分的数字信用凭据“工银 e 信”（以下简称“e 信”），支持供应商基于融资平台向其他供应商转让来自核心企业的应收账款，或者直接向核心企业或金融机构申请应收账款融资。所有操作记录在区块链上均有存证，保障供应链上应收账款转让的信息公开且不能被篡改。平台则提供 e 信签发、签收、支付、转让、拆分、贴现等功能，提高了应收账款的利用效率。

“工银 e 信”的具体业务流程如图 7－1 所示。

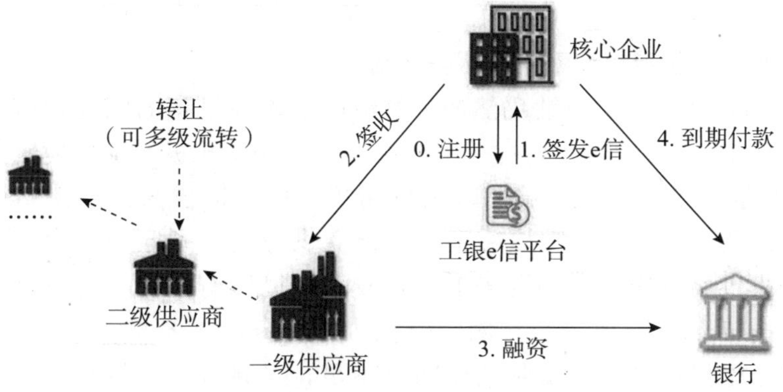

图 7－1　“工银 e 信”业务流程图

资料来源：https://www.chain1024.com/app/94.

首先，核心企业需要在“工银 e 信”供应链金融平台注册后才能在银行的授信额度之内签发 e 信。然后：（1）核心企业关联合同、凭证信息，录入签发信息，将 e 信发出；（2）该 e 信由与之直接产生业务联系的一级供应商签收，被签收的 e 信可以继续在多级供应商之间拆分、转让，只要供应商关联合同、凭证等信息，录入流转信息，就可以将 e 信转出；（3）各级供应商可以凭借所持有的 e 信向中国工商银行申请保理融资；（4）e 信到期后，由核心企业向银行进行到期清算还款。

该方案提出不久，便得到各地分行的大力支持。例如，中国工商银行南通市分行积极运用“工银 e 信”产品，于 2020 年 9 月 3 日为南通某建设集团有限公司上游供应商南通某实业有限公司发放 e 信融资 100 万元，并在之后先后确认了 13 条 e 信供应链，向 10 条 e 信供应链的 19 个上游子客户累计发放融资 6.17 亿元。中国工商银行深圳市分行也积极以“工银 e 信”数字供应链金融产品为抓手，聚合核心企业、链条企业等多个协同主体，仅 2021 年就已将该服务覆盖了近百条行业龙头企业供应链，精准服务近千户中小企业，发放融资超过 200 亿元。

“工银 e 信”打造了广覆盖、多层次、高效率、可持续的金融服务体系，有效助力了实体经济的发展。e 信通过释放核心企业信用，实现了信用多级传递，核心企业的债权凭据也可以在区块链上按不同的应收账款额度灵活拆分，破解了中小企业难以获得授信的困境。与之相对应的供应链金融平台则实现了贸易信息共享，减少了金融机构核对供应链交易真实性所需投入的成本，简化了传统供应链金融业务中的烦琐流程。区块链技术的应用将业务流程的办理转移到了线上，共识机制及智能合约也杜绝了传统业务模式中纸质化环节多、业务人为干预的问题，避免了交易数据的伪造和篡改，保障了贸易的真实性，可谓一举三得。

案例点评

"工银e信"供应链网络融资方案为中小企业提供了全方位、多维度的金融服务，可以惠及医药、化工、建材、运输设备、汽车等多个对供应链依赖较大的行业，实现了从业务运营、融资贷款到风险监管的一站式服务，真正助力了核心企业信用向产业链深度延伸。

2. 华能"能信"供应链金融科技服务平台

2018年前后，我国电力行业仍然面临供给侧结构性过剩的问题，迫切需要通过市场化改革提升整个产业链的竞争力。《国务院办公厅关于积极推进供应链创新与应用的指导意见》（国办发〔2017〕84号）等文件指出，供应链成为供给侧结构性改革的重要支撑，鼓励商业银行、供应链核心企业等建立供应链金融服务平台，为供应链上下游中小微企业提供高效便捷的融资渠道。相较于大型国有企业、上市公司、外资企业等，中小企业由于资产规模较小、固定资产少、财务制度不健全、缺乏担保等原因，可以从银行等金融机构获得的贷款数额明显不足，且融资成本较高。针对这些痛点问题，上海华能电子商务有限公司作为中国华能集团旗下供应链创新与应用试点企业，积极响应电力行业市场化改革趋势，创新打造了大数据支撑、网络化共享、智能化协作的智慧供应链集成服务平台——华能智链，而"能信"供应链金融科技服务平台正是其中的一环。

华能"能信"供应链金融科技服务平台是国内发电企业中首个将区块链技术与能源行业供应链金融深度融合的平台产品。该平台针对传统能源供应链所面临的融资难、融资成本高、信任机制缺乏等行业痛点问题，依托电厂供应链的真实贸易背景，以区块链技术为基础链接电厂、供应商、合作金融机构等各个相关利益方，通过区块链将电厂资产数字凭证化，实现核心企业信用的跨级传递。"能信"平台有效降低了整个供应链的融资门槛，压缩了全产业链的资金成本。

华能"能信"供应链金融科技服务平台的具体架构如图7-2所示。其核心逻辑是用标准化确权凭证解决核心企业确权难的问题，为供应链上下游企业间往来款清算提供新选择。平台底层使用Fabric搭建，支持快速、低成本地创建、部署和管理区块链应用和商业智能合约。在此基础上，构建"区块链+供应链"的金融系统，融合交易、物流、发票、工商等多项数据，实现合同流、货物流、资金流和发票流"四流合一"。风控数据获取、合同签订、票据流转等业务的执行均可在线上进行，降低了企业融资以及银行风控的难度。

"能信"方面，核心企业（即电力企业）可在与供应商签订合同后，根据供应商的实

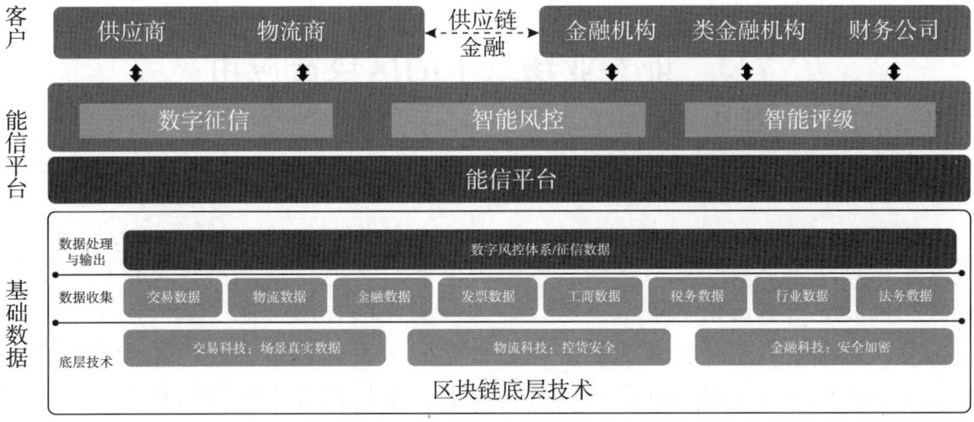

图 7－2　华能“能信”供应链金融科技服务平台架构

资料来源：https://www.chinacie.org/bzal/szal/42779.html.

际需要选择相应的时间节点开立“能信”电子付款承诺函。平台的业务流程也基本围绕核心企业开立此凭证展开，通过网络平台实现核心企业优质信用的流转，为供应链上中小供应商提供快速融资、多级流转、到期偿付等供应链金融服务。在付款承诺函到期时，核心企业将“能信”兑付，合同款便可从其原基本账户直接支付到供应商账户（即供应商在能信平台设立的监管账户）。之后，再由相关清算系统根据流转数据自动清分至各能信持有方。借助区块链技术，平台确保了数据的不易篡改和不可抵赖，为业务交易提供了有效的保障。

2021 年，该平台就已在全国范围的华能旗下企业进行试点，以华能某电厂进口煤采购业务为例：“能信”使得该供应商资金提前回笼 41 天，并有效降低了融资门槛，融资成本也由原来的 15%降为 8%，同时供应商主动让利电厂，带来了采购降本，电厂煤炭采购共获让利 9 万元。“能信”平台充分响应了“产融结合”的指导思想，通过金融科技控制风险，提供了有效的数字增信，实现了核心企业信用在供应链中的跨级传递。平台将高效、精准的融资服务传递到供应链更末层级的中小微供应商，有效降低了中小企业的融资门槛，加速了其资金周转效率，解决了融资难、融资成本高的行业问题。同时，平台也能够在一定程度上避免核心企业财务费用居高不下、企业三角债等问题，控制带息负债的规模增长，完成对核心企业采购环节的降本增效。

案例点评

华能“能信”供应链金融科技服务平台聚焦电力行业中供应链金融的现存问题，将其核心企业信用转化为可拆分、可流转、可被银行等机构认可的电子确权凭证，利用数字资产可拆分、可多级流传和融资贴现的优势，实现核心企业信用的跨级传递，做到了供应链金融流程的操作便捷、材料简单、银行直联、安全高效。

7.3 证券业场景下的区块链应用

7.3.1 场景简述

证券，多种经济权益凭证的统称，是指用来证明券票持有人享有某种特定权益的法律凭证。而证券业一般是指从事证券发行和交易服务的专门行业，是一国金融体系的关键组成部分。证券业的主要经营活动有沟通证券需求者和供给者并使之产生联系、为双方的证券交易提供服务、促使证券的发行与流通、维持证券市场的运转秩序等，其基本组成要素包括证券交易所、证券公司、证券协会和金融机构。

作为金融界一直备受关注的领域，证券业在我国经济社会中扮演着十分重要的角色。它不仅有效配置了金融资源，为众多企业的发展筹集资金，或促进其以重组方式重生壮大，还提供了各种各样的投资工具，拓展了投资者的选择范围，助力了金融基础设施的建设以及金融服务业的扩张。此外，随着国际合作和对外开放的日益加强，证券业也为外商在我国境内的投资增添了新的渠道。

证券业在我国已有 70 多年的历史，从新中国建立初期至今经历了初步探索、快速发展和新时代发展三个主要阶段。[①] 2017 年以后，我国证券业在稳步前进的同时比以往更加注重改革与创新。科创板的设立、注册制的施行、金融供给侧结构性改革的推进都印证了这一点。2022 年，证券业持续推动高质量发展，服务实体经济和居民财富管理能力不断增强，取得了许多令人瞩目的成果。例如，科创板股票做市交易业务正式启动，个人养老金制度成功落地，《证券行业执业声誉信息管理办法》正式实施等。目前，我国证券业的投资者总量已突破两亿，市场行情势必更加复杂多变，如何更好地实施创新驱动发展战略，充分利用金融科技的优势，将成为从业人员和企业必须思考并着手解决的问题。

7.3.2 痛点与需求

当前，国内国际双循环的新发展格局正在加速形成，资本市场的作用日益凸显，我国证券业实现高质量发展的关键时期已经到来。然而，业务多元化、经营规范化和竞争加剧化的趋势使得挑战与机遇并存，证券业发展中的许多痛点与需求仍然没有得到妥善处理。

首先，信息不对称的现象未能有效缓解。证券市场信息传递效率不够高使得同一市场中的不同交易者无法公平地同时获得所有有效信息，上市公司为使利益最大化也可能做不到如实公开披露，广大投资者便无法了解企业的真实情况。

其次，证券相关业务的成本较高，处理效率低。比如，单从资产证券化这一项业务的角度来看，参与主体多而复杂导致交易链条极长，传统的业务处理方式无疑增加了项

---

① 王国刚，郑联盛. 中国证券业 70 年：历程、成就和经验. 学术研究，2019，9：88－97＋177－178＋2.

目启动、执行、备案等环节的时间成本，加之券商管理费、托管费、评级机构费、法律顾问费等附加费用繁多，给各方都带来了不小的成本压力。

最后，基础资产同质化严重，数字化转型困难。多层次金融市场不断完善，证券业投资者数量剧增，使得同质化的证券产品与服务难以满足当前公民和企业的差异化需求。证券业在数字化进程中也面临着诸多转型挑战，如项目设计无法立足于全局视角、业务与科技融合程度较低、底层数字技术不牢固、行业数据的治理分析与应用能力薄弱等。

区块链技术依靠分布式账本结构、共识机制、加密算法、智能合约等手段，能够实现较为安全可靠的点对点直接交易，在优化证券交易和完善资本市场结构方面具有良好的作用。[①]

在证券交易中，区块链去中心化的特性以及链上智能合约的自动执行可以简化业务流程，在交易数据点对点传输的过程中大幅缩减人力成本与管理费用，保证信息高效传递，提高业务处理效率。同时，区块链基于分布式存储技术，确保了整个链条中业务各参与方之间的信息公开存储与透明共享，有效避免了信息不对称问题[②]，相关主体间的透明化交易也加快了证券的清结算环节，减少了中间环节的造假舞弊。

资本市场结构方面，区块链能够直接促进新型金融基础设施的建设，以多方对等的扁平化结构助力全局统一、去中心化、多方共识、以技术为核心保障的证券市场基础设施，较好地实现交易所、市场及监管部门的互联互通。[③] 凭借可追溯、不可逆、实时、多点证明的显著特质，区块链也可以让业务和监管规则更加透明可信，消除单点压力，降低市场风险、信用风险和系统风险，有能力应对未来更加开放与复杂的金融业务，并直接促进监管制度在所有权转移规则设计、内幕交易行为监督、交易结算不可逆等方面的变革。[④]

7.3.3　区块链解决方案

1. 交通银行“链交融”区块链资产证券化平台

2018 年，正值国内资产证券化（ABS）市场火热。但由于资产证券化本身较为特殊，结构复杂，涉及相关主体较多，且产品制作周期长，信息不对称、运行效率低下等业务问题层出不穷。受到数字资产迅速发展的影响，资产证券化处理流程、业务模式等亟须更新换代，以顺应时代要求。而区块链可以通过技术创新赋予传统资产高度的流动性，优化业务办理与信息传递，有效缓解传统资产证券化业务中存在的各类问题。在此背景下，交通银行把握机遇，努力寻求区块链与资产证券化业务的高度融合，于 2018 年 12 月正式推出了“链交融”区块链资产证券化平台，旨在为交通银行本身、企业客户、同业机构等提供全新的链上资产证券化服务。

---

① 李九斤，陈梦雨，徐玉德. 区块链技术在金融领域应用的研究综述. 会计之友，2021，22：137-142.

② 武英涛，雷丹，刘红梅. 区块链技术防范应收账款资产证券化风险的经济学可行性——以湘财证券“踩雷”案为例. 财会通讯，2022，18：161-165.

③ 姚前. 基于区块链的债券市场基础设施建设. 中国金融，2021，7：43-45.

④ 郑彧. 金融市场基础设施的历史进路及其监管应对. 国家检察官学院学报，2022，30（4）：158-176.

“链交融”平台汇集了区块链技术的分布式理念，将资产证券化各参与方（如原始权益人、投资者、信托机构、基金券商、评级机构、律师等）作为节点，用同一条联盟链相互连接，并将底层资产与项目运转信息上链，以提升业务运作的透明度和规范性。[①] 其具体结构如图 7－3 所示。平台底层由分布式账本、智能合约、RPC 通信与共识、非对称加密等基础组件构成，分布式账本保证数据的可追溯与难篡改，智能合约支持条件型业务逻辑的自动执行，RPC 通信与共识则保障了全网各节点数据的一致性，非对称加密结合公钥和私钥来加强数据保护，实现链上数据持久化。

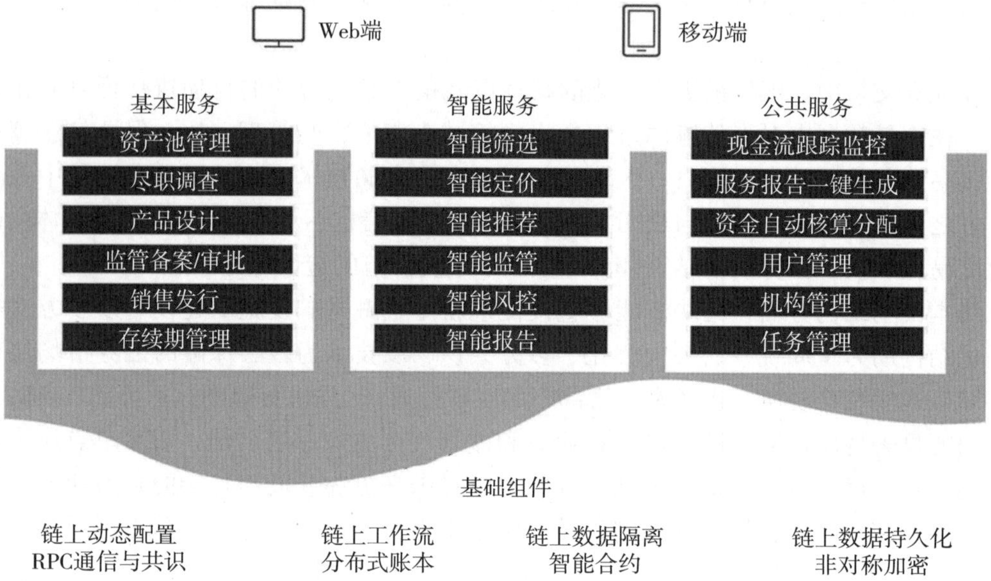

图 7－3 “链交融”平台功能示意图

资料来源：涂文斌. 区块链资产证券化平台“链交融”. 金融电子化，2019，2：64－66.

功能方面，“链交融”具备资产池管理、尽职调查、产品设计、监管备案/审批、销售发行、存续期管理等基本功能，也具备现金流跟踪监控、服务报告一键生成、资金自动核算分配等特色功能。在此基础上，“链交融”计划形成一套智能服务，涵盖智能筛选、智能定价、智能监管、智能风控等多个方面。另外，平台包含一套可配置的产品模板，支持信用卡分期、住房抵押贷款、应收账款等主流资产证券化产品的快速发行。[②] 借助 HTML 5 以及交通银行自主研发的区块链应用平台，“链交融”也具有良好的扩展性、移植和伸缩性，可以同时支持 Web 端与移动端的应用。

“链交融”应用区块链技术提升了资产证券化业务流程的处理效率，跨机构线上工作的模式在联盟链中得到了有效实现，各参与方之间也可以实时共享数据，有利于缩短资产证券化的发行周期。通过去中心化的信息传递以及智能合约的自动执行，“链交融”降低了人力成本和信息沟通成本，各方数据也可以实时验证，有效提升了投资者的信心，降低了证券发行利率，从而也能降低原始权益人的融资成本。同时，“链交融”的底层区

① 杨宝霞. 交通银行“链交融”平台案例分析. 河北大学，2021.

② 涂文斌. 区块链资产证券化平台“链交融”. 金融电子化，2019，2：64－66.

块链中包含资产证券化项目运转全过程信息与基础资产全生命周期信息，使资产证券化业务流程更加透明、规范，有利于缓解传统流程中的信息不对称，监管机构也可以实时跟踪项目运转，方便穿透式监管的实现。

截至2018年底，“链交融”平台发行了500多亿元资产证券化产品，其中主要由交通银行作为发起机构。截至2020年9月，该平台已累计发行资产证券化产品近840亿元。平台方案在2020年11月还通过了区块链价值认证，获得了由中值联认证中心（北京）颁发的“区块链价值证书”，其综合动态测评得分为22.8分，在行业中属于较高水平。

案例点评

“链交融”区块链资产证券化平台通过联盟链系统将各个业务参与方联系起来，以“技术信用+行业平台”的全新模式重塑了资产证券化业务，有助于构建一个开放、共享、可信的资产证券化业务联盟生态圈。“链交融”平台是业界“区块链+证券”应用的典型案例，它的推出能够促进业内的良性竞争，提高区块链在金融领域的应用质量和服务水平。

2. Norbloc Fides——KYC数据共享生态系统

KYC指银行等金融机构在为客户开立账户时识别和核实客户身份的强制性过程。它主要涉及三个步骤：确定客户真实身份；了解客户活动的性质，确定资金来源的合法性；评估与客户相关的洗钱活动风险。在经济日益全球化、信息化的背景下，金融机构更容易受到非法犯罪活动的影响，KYC标准的设立旨在保护金融机构免受欺诈、腐败、洗钱和恐怖主义融资等活动的危害。有效的KYC流程可谓所有成功的合规和风险管理计划的支柱。

然而，传统的KYC业务存在三个关键痛点：（1）缺乏数据协调。在大多数司法管辖区，监管机构并未明确规定应收集哪些客户数据以及应如何获取或评估这些数据，银行只能一味地扩大数据收集范围，导致数据验证工作量不断增加。（2）缺乏数字化。即使是在2022年第三季度，许多发达经济体的主要银行仍旧依赖硬拷贝数据和手写客户材料，使得KYC流程非常低效，且容易出错。（3）重复工作现象频发。例如，在瑞典，零售客户普遍要与两三家银行建立关系，而建立这些关系所需要的数据又几乎相同，客户只能一遍遍收集、提供和更新同种数据，机构也要重复验证其同行可能已经审查和验证过的数据。因此，亟须建立一个完全数字化的KYC相关系统，以解决上述痛点问题，优化传统的KYC业务流程。

Norbloc公司把握业界需求，在2018年以前便开始着手打造Fides平台，试图通过去中心化的应用程序实现所有主要的KYC操作。Fides是一个KYC数据共享生态系统，采用创新、安全的分布式账本和区块链技术构建，可以提高KYC的数据质量并简化数据验证流程。客户在进行电子ID登录后可以利用公共API来创建KYC文件，并与金融机构分享。银行职员使用自动公开数据检查来审查KYC文件，一旦验证通过，客户的KYC文件就被放在一个基于区块链的共享生态系统上。客户可以凭借验证过的KYC文件加入任何其他机构，如果需要进行信息更新，那么这些更新也会及时广播到所有可访问该数据的机构。同时，收到已验证文件的机构也可以看到是哪家银行做出了验证，以减少自己的工作量，做出验证的银行也可以对其验证工作收费。

Fides 平台的基础架构如图 7-4 所示。1 号为独立的客户门户，为银行客户提供针对其共享数据、访问权限和用户访问管理（UAM）等方面的整体视图。2 号为银行服务器，支持银行职员的所有操作以及与客户的互动。3 号为法律限制中的数据冗余（data redundancy in legal limitations，DRILL）节点，其数据库抽象层存有单独不可读但集合（跨银行）后完整的已编码 KYC 文件片段。4 号为区块链节点，通过许可区块链的安装，将各个银行连接到生态系统中，并为监管行动保留审计线索。5 号较为特殊，代表 Norbloc 访问管理系统（nAMS），是由 Norbloc 团队开发的一种高精度密钥管理机制，允许系统根据用户的访问权限创建密钥并对数据进行加密/解密，极大程度地保护了数据安全与隐私信息。

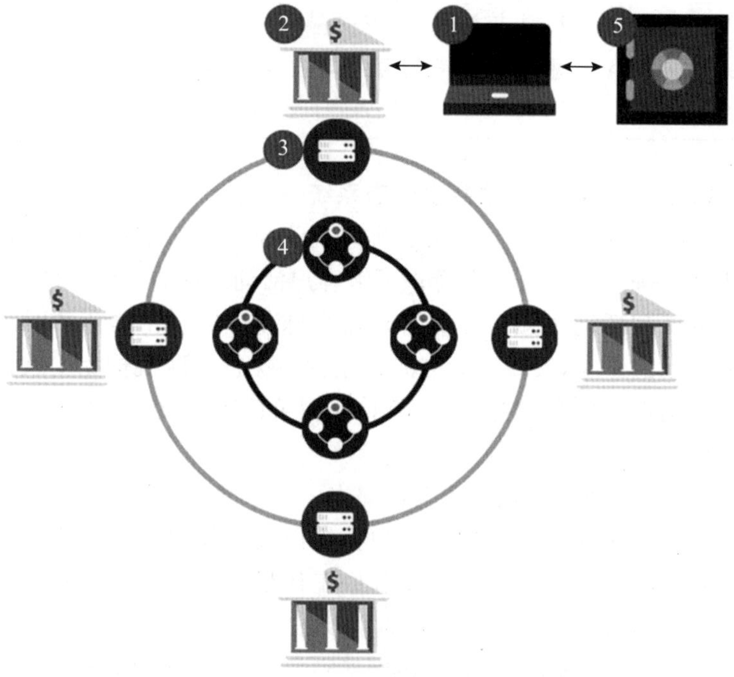

图 7-4 Norbloc Fides 平台架构示意图

资料来源：Norbloc 官方文档“Revolutionizing the KYC process”. https://www.enterprisegreece.gov.gr/images/public/pdf-files/imerologio/norbloc.pdf.

经过评估，Fides 平台可以有效缩短客户与机构之间建立 KYC 联系的时间，减少信息提交、入库与补充的成本。同时 Fides 还可以让机构在与客户建立联系的过程中显著降低客户流失率，并有机会获得新的客户。KYC 流程的简化与整体安全性的提升也有利于提高客户满意度，提升客户黏性，帮助业务拓展。在合规性上，Fides 明显改善了 KYC 相关数据集，删除了冗余术语，使词典和验证过程更加标准化，较好地提高了数据质量和 KYC 合规性。如今，Fides 平台方案早已被 Norbloc 推向市场，在 2020 年及以后相继获得了迪拜国际金融中心、Mashreq 银行、伊莎贝尔集团等机构的支持与合作。

案例点评

Norbloc的Fides平台致力于打造一个完全线上的KYC数据共享生态系统，而理论和实践都证明，Fides在KYC领域确实取得了一定的成功，可以说为全球金融机构的KYC管理提供了良好的范例，有助于推动世界范围内KYC业务的数字化、科技化改革，也为区块链在反洗钱、信用传递等场景中的应用开辟了新的路径。

7.4　保险业场景下的区块链应用

7.4.1　场景简述

所谓保险，既是一种合同行为，也是一种风险管理方式。其本意为稳妥可靠的保障，后延伸成为一种保障机制。根据《中华人民共和国保险法》，保险是指投保人根据合同约定，向保险人支付保险费，保险人对于合同约定的可能发生的事故因其发生所造成的财产损失承担赔偿保险金责任，或者当被保险人死亡、伤残、疾病或者达到合同约定的年龄、期限等条件时承担给付保险金责任的商业保险行为。保险最基本的功能便是经济补偿，随后也衍生出了资金融通和社会管理的能力。各类保险产品则填补了社会保障体系的空缺，有利于维护更良好的社会关系。

从2018年起，我国保险业才正式进入完全对外开放的发展阶段，保险市场规模迅速攀升至全球第二位。改革开放以来，国内保险公司和外资公司的数量都在逐年增加，主体多元化水平显著提升，市场份额也由原先的寡头垄断型向垄断竞争型过渡。[①] 不仅保险业的密度和深度不断提高，保险产品也更加多样，营销渠道逐渐拓宽，力求满足日益增长的经济社会需求。同时，监管制度也随着保险业的发展而持续跟进，《中华人民共和国保险法》的数次修订以及《保险公司偿付能力监管规则（Ⅱ）》等文件的出台，无不表明保险业愈发受到国家和政府的重视。

当前，虽然我国保险业正在从高速增长转向高质量发展阶段，但其仍面临“负增长”“趋势下行”等突出问题与挑战。保险业供给侧改革、保险科技的应用、与国家战略的对接成为我国保险业高质量发展的必经之路。而金融科技的快速兴起也让保险精算技术得以更快发展，保险产业链建设得以更加深入。在国家“十四五规划”及创新驱动发展战略的驱动与指导下，《保险科技“十四五”发展规划》于2021年底正式出台。换言之，科技赋能保险业形成高质量发展已然成为当前保险业的主旋律。

7.4.2　痛点与需求

伴随着新兴技术对金融各业态的深入渗透，保险业可谓正处于数字化转型的风口浪

① 王绪瑾，王浩帆. 改革开放以来中国保险业发展的回顾与展望. 北京工商大学学报（社会科学版），2020，35（2）：91-104.

尖。无论是传统保险中的痛点，还是数字保险所引发的新问题，都是不容忽视的。

首先，保险市场的信息不对称仍未能得到有效解决。潜在投保人总是比保险人更了解被保险人和保险标的的风险状态，使得保险定价难以全面顾及双方利益。反过来，保险人由于从业经验和专业知识较为丰富，对保险商品的了解程度远超一般消费者，加之商品供应方并非时刻披露所有商品信息，以及广告滥用的影响，消费者很难在投保前得到有关所投保险的有效信息。

其次，行业内信任危机较为严重。一方面，保险公司为防止投保人实施保险欺诈，需要对其信息进行细致核查，而投保人往往也会怀疑保险公司对客户信息的保密性、赔款的充分性等，致使双方均需耗费较大的时间和精力。另一方面，保险代理人在“互联网+”时代仍发挥重要作用，而销售套路多、夸大其词、误导情况严重等代理乱象频出，影响了公众对保险市场整体的信任，并留下了不良的刻板印象。

最后，目前国内保险市场仍存在明显的产品同质化、创新产品匮乏现象，数字化程度也不够高，转型前期问题重重。这使得多数保险公司缺乏核心竞争力，越来越无法满足消费者多元化、个性化的保险需求。

区块链凭借分布式存储、全网共识、不可篡改的特性，能够实现点对点快捷安全交易，其针对的便是保险中“保费在前，赔付在后”的信任问题。[①] 区块链技术的引入无疑加快了保险行业的数字化转型：

（1）去中心化、点对点传输的性质可以简化保险交易的流程，节省了雇用代理人、咨询保险中介等部分的开支，提高了业务效率，使投保人和保险人双方都受益。

（2）区块链节点通过密码技术互相串联，共识机制的运用也保证了链上信息都经过了其他节点的验证，由此诞生的交易透明、可追溯与不可篡改性极大程度地减少了人为操作的空间，有利于遏制保险欺诈、虚假宣传等不良信任问题的产生。

（3）链上用户信息受到非对称加密技术的保护，交易双方利用公私钥对进行直接交易，可以有效减少第三方平台或保险公司对于客户隐私的泄露，降低了监管难度。

同时，区块链也增强了信息流通的透明度和效率，保险机构更容易深入挖掘用户的投保需求，消费者也能更加安心地参与投保，有更多机会获得更加个性化的定制保险方案。因此，在我国传统保险市场转向数字化新市场的过程中，区块链技术能为其提供全方位的支持。

7.4.3 区块链解决方案

1. “保交链”——保险行业区块链底层技术平台

“十三五”以来，保险业面临风险监管日益严格、科技创新日新月异、行业边界逐渐模糊等趋势，运营转型、科技赋能已然是保险机构应对新挑战的关键词。作为金融基础设施服务行业的重要工具，区块链成为推动保险行业转型发展的重要引擎。上海保险交易所在国家监管部门的正确领导下，自 2016 年起就开始着手建设集区块链技术与应用场

---

① 王丽珍，张简荻，王维. 基于保险交易的静态最优区块链模型研究. 中国管理科学，2022，30（8）：44-56.

景于一体的"保交链"平台。2017 年 9 月，团队发布了"保交链"底层技术平台及白皮书，后续几年间不断进行多轮技术迭代，于 2020 年实现了二代底层平台的研发与上线。基于"保交链"平台加载的行业级应用多为业内首创，目前已推出十余项应用场景，服务数十家保险及上下游机构，在推动行业数字化转型，提升保险运营、管理和服务效能等方面发挥了显著作用。

"保交链"方案的整体架构与细节如图 7－5 所示。其底层核心是整个平台的基础，有六大模块：

（1）数据存储模块以接口的模式定义了数据读写的通用方法，支持 LevelDB 和 RocksDB 两类数据库；

（2）对等网络模块用于节点发现以及节点间的断线重连，保证网络加入或退出过程的灵活；

（3）智能合约模块提供 EVM 和 WASM 两种执行环境，兼容以太坊智能合约；

（4）功能节点模块实现了节点角色、节点间通信加密方式、节点准入准出的管理；

（5）共识算法模块采用改进型实用拜占庭容错；

（6）安全机制模块则用于用户权限的定义和管理，支持底层国密算法和非国密算法的自由切换。

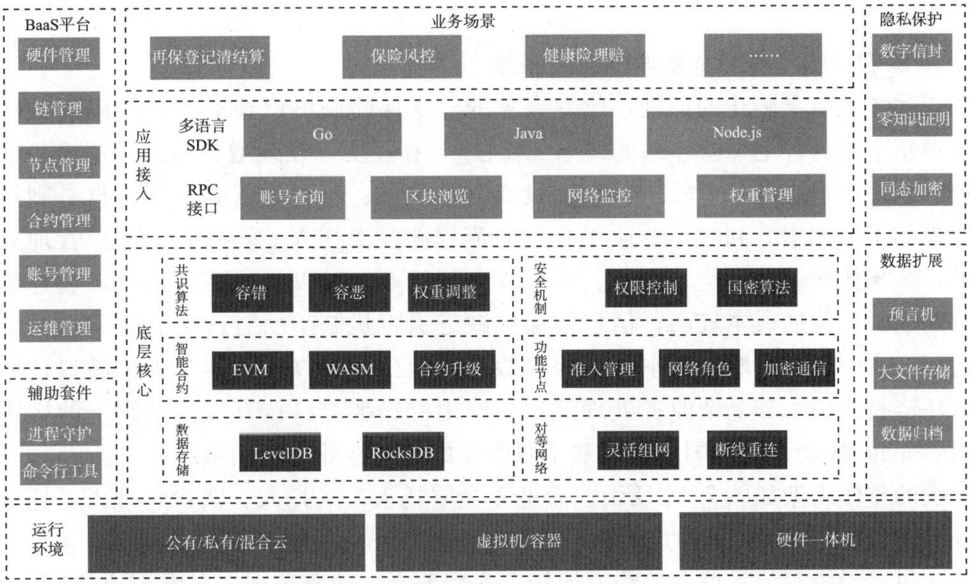

图 7－5　"保交链"平台整体架构图

资料来源：上海保险交易所. 保交链平台白皮书（2022）. 2022.

为降低部署和运维的难度和成本，"保交链"平台提供 BaaS（blockchain as a service，区块链即服务）平台以方便用户创建和管理区块链，对于未使用 BaaS 平台的用户，"保交链"平台也提供了相应的辅助套件。应用接入方面，应用可通过调用 RPC（remote procedure call，远程过程调用）接口来完成对链的操作，也可以通过 SDK（software development kit，软件开发工具包）直接操作链。隐私保护方面，"保交链"平台使用了数字信封、零知识证明、同态加密等技术，以满足业务的隐私保护需求。

“保交链”平台提供了从底层核心到业务应用层的全局化国密算法，保障了节点间通信的可靠性，提高了智能合约编译、执行环节以及业务流程的安全性。同时，支持多语言调用智能合约，并结合自身经验创设了丰富的智能合约模板，对应保险交易中的不同场景，可以帮助应用开发快速落地。权限控制上，采用 RBAC（role-based access control，基于角色的访问控制）多层级权限管控体系，通过对管理员、用户、共识节点、观察者节点等不同角色权限的配置，精准实现使用者对区块链平台的按“权”操作，方便了平台用户行为的精细化直接管理。

目前，“保交链”已被证实可用于数字化再保险登记清结算平台、健康险“零感知理赔”系统、保险风控区块链系统等项目的建设。“保交链”平台的成功实践更加证实区块链技术极大地推动了保险行业专业化、精细化、集约化发展，促进了保险业风险管理的长期稳定以及社会保障作用的发挥。

案例点评

“保交链”平台与其他应用级保险区块链平台不同，它更像是为“区块链+保险”相关系统的开发与建设提供了一个底层的、基础的架构，并且具有良好的可操作性和扩展性。“保交链”平台助力了我国保险业的数字化、科技化转型，也印证了区块链有能力改变整个保险业的业务运营方式，从头至尾地重塑保险产业链。

2. 中国农业银行养老金联盟链应用系统

随着我国人口老龄化的加剧，建立完善的养老保险制度已经成为一个亟须关注的问题。企业年金作为养老保险体系的“第二支柱”，在经历爆发式增长后进入了漫长的发展瓶颈期。新增参保企业数量较少、年金投资收益较低、年金运营成本高一直是制约企业年金发展的主要因素。同时，企业年金业务流程涉及委托人、受托人、账户管理人等多个角色，参与机构跨越保险、银行、基金等不同行业，难以建立互信机制，业务流程环节多、周期长，沟通成本较高，信息传递也缺乏保障机制。面对这些痛点问题，中国农业银行于 2018 年 10 月联合太平养老保险股份有限公司，以企业年金为突破口，创造性地将区块链技术引入养老金业务处理流程，使用杭州趣链科技有限公司旗下的区块链平台 Hyperchain 成功建立起国内首个基于联盟链的养老金业务应用系统。

系统的整体框架如图 7－6 所示。企业年金委托人、受托人、账户管理人、托管人和投资管理人被统一接入共同的联盟链网络。该网络支持企业年金计划建账、信息变更、缴费、支付、投资等流程信息的快速流转，实现养老金业务单据在各参与方之间的可信、安全、高效传递。借助区块链的多级加密机制，系统也支持构建多级证书体系，通过节点证书、SDK 证书、用户证书、交易证书等分别实现不同细粒度的准入控制；对于敏感数据也能加密存储与传输，有效提高了数据安全性和可靠性。此外，通过将业务处理逻辑嵌入智能合约的代码，系统还可以实现基于用户权限的访问控制，保证业务单据只能在授权用户间流转，提升缴费、支付、投资管理等业务的智能化、自动化处理水平，从而大幅提高业务处理效率。

作为国内首个针对养老金业务的联盟链系统，中国农业银行通过将企业年金业务全流程信息上链，改变了传统模式中受托人与账户管理人、托管人等机构之间信息传递大

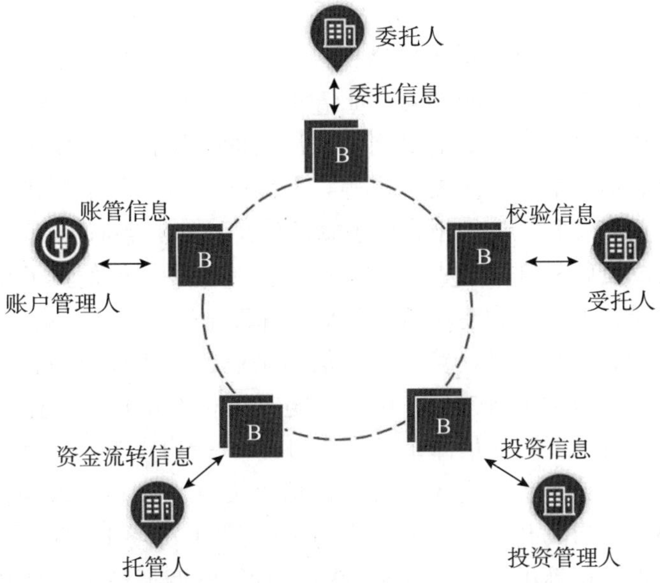

图 7 - 6　中国农业银行基于区块链的养老金业务应用系统框架图

资料来源：https://www.hyperchain.cn/news/85.html.

量依赖邮件、短信等低级方法的困境，有效降低了机构互联的人力和时间成本，大幅缩短了业务处理周期。自 2018 年与太平养老保险股份有限公司合作上线以来，系统累计交易金额近 1.2 亿元，业务处理时间也从传统的 12 天缩短为 3 天。2020 年 12 月，中国农业银行养老金区块链二期项目也顺利投产，新增泰康养老等联盟链合作伙伴，引入了长江养老进行跨链试点，丰富了业务应用场景。未来，平台将继续扩展、更新，以进一步发掘区块链在养老金领域的应用潜力。

案例点评

中国农业银行与太平养老保险股份有限公司联合推出基于区块链平台的养老金联盟链应用系统，在国内区块链保险应用领域具有非常重要的里程碑意义，也是国内联盟链发展的重要一步。该养老金系统的多次成功实施起到了良好的示范作用，也给同业探索养老金业务领域内的更多区块链应用带来了信心与动力。

7.5　征信场景下的区块链应用

7.5.1　场景简述

21 世纪以来，人类社会正逐渐从货币经济迈向信用经济。作为市场经济运行的前提与基础，信用理应受到市场监管的重视。[①] 实现信用经济离不开信用交易，于是征信业务

① 倪楠. 以信用为基础的新型市场监管模式：动因、框架与构建路径. 江海学刊，2020，5：237 - 241+255.

随之产生。征信是指依法收集、整理客观记录自然人、法人以及其他组织的信用信息，为之建立信用档案，并依法对外提供信用报告、信用评估、信用信息咨询等服务的一类活动。根据信息收集、服务对象的不同，征信业务可分为个人征信和企业征信两种。

由于与用户信用直接相关，征信机构依法出具的信用报告可以帮助银行直观地了解借款人的基本信息、信用情况、违约历史等，而无须银行反复审核借款申请信息的真实性，为双方提供了很多便利。信用报告所披露的信息还能够侧面警醒用户注意信用履行，减少因失信而造成的贷款额度降低、利率提高或拒绝贷款。征信业务也可以客观地给出目标用户的信用记录，有助于构建和谐、公平的现代化社会。

如今，社会机构和企业同时运营个人征信与企业征信业务成为新的发展趋势，芝麻信用、腾讯征信等机构也因此诞生①，并与百度、网易等互联网企业共同组建“信联”，逐步形成了金融创新背景下的征信体系。具体而言，“政府＋市场”和“公共＋私营”模式的融合是目前我国征信体系的主流。公共征信以央行为核心，以各省市政府主导的区域性征信系统为补充，市场化的私营征信体系则主要由市场上的征信公司、担保公司、评级公司及资信调查公司等组成。个人征信方面有以电商征信为主的机构，如京东、蚂蚁金服等，也有芝麻信用等社会机构。企业征信则当属商业信息查询平台最受关注，如“天眼查”“企查查”“启信宝”等。② 然而，现阶段仍旧没有确立一套广为接受的征信模式，不同平台的风险评估模型和使用的数据存在一定差异，以及平台在与征信、金融机构的合作中难以调和个性化需求等问题也一直没有解决，国内的征信体系尚处在不断发展与完善的过程中。

7.5.2 痛点与需求

信息经济时代，人们的生活和消费方式发生了巨大变化，多元化的消费空间搭配互联网金融产业的蓬勃发展，使得传统征信体系难以满足社会各界对于精准个人信用信息以及金融安全保护的迫切需求，其各项痛点也随之暴露。

第一，征信数据来源局限，质量不高。尽管第二代身份证上线后征信机构全面提升了信息采集能力，但传统个人征信体系所遗留的征信数据高度依赖金融机构，信贷信息占比较大的问题仍未完全解决。税务、公检法、社保等多个领域的信息以及信息主体行为模式、性格状态等数据的缺乏，加之数据采集范围有限，导致信用信息无法全面真实地反映个人的信用水平。③

第二，缺少征信数据共享机制。我国征信信息收集主要由中国人民银行征信中心与各类市场化征信机构共同完成，而数据提供方收集、存储和使用信息的技术标准并不相同，某些信息也有可能被瞒报。同时，京东、芝麻信用等市场化机构由于商业机密、隐私保护等原因不愿意互相共享征信数据，用户不同平台的信用记录未能得到有效整合。④

---

① 类延村，李玉玲．我国社会征信体系整体性建构与覆盖式发展．征信，2021，39（7）：23－31.

② 沈国云，侯宗辰．互联网时代我国征信体系建设现状与路径研究．商业经济，2022，7：166－170.

③ 李雪梅．基于区块链的互联网金融征信体系建设研究．征信，2021，39（9）：58－62.

④ 倪楠．区块链技术赋能下个人征信体系的法律重构．法律科学（西北政法大学学报），2022，40（4）：81－90.

第三，征信市场发展较慢。公民的征信、守信意识不强，征信需求的地域差异十分明显，信用报告等征信产品的应用场景也大多拘泥于金融市场，这些问题都使我国征信市场难以充分发展。另外，产业链方面也存在企业信用缺失、数据不统一、参与主体受限、很难达成全链互信等征信问题，亟须建立新的产业链企业征信系统。[①]

区块链技术以去中心化的分布式账本为基础，链上所有节点都可以点对点传输数据，同时还附带有非对称加密技术保护信息上传方的隐私，能够有效拓宽信息来源，打破信息壁垒，提高征信数据共享的主动性。央行、百行等大型征信机构以及政府、金融企业、第三方信用数据平台等其他群体均可统一接入联盟链系统，方便关键信息的快速安全共享，并借助联盟链的许可机制清晰划分链上身份。同时，区块链可追溯与不可篡改的特性让数据传输过程与信息来源更加透明，可以有效解决争议，保护信息主体的利益。共识机制的运用也给予了参与方相互验证信息的权利，提高了征信数据的质量，有助于推动征信业健康发展。

7.5.3　区块链解决方案

1. "珠三角征信链"应用平台

为贯彻落实习近平总书记关于"抓紧建立覆盖全社会的征信系统"的重要指示，落实区域一体化发展国家战略部署，"珠三角征信链"建设项目于2021年3月正式启动。在中国人民银行总行的统一领导、中国人民银行广州分行的指导下，2021年6月26日，"珠三角征信链"系统成功上线试点。首批试点节点为4个，包括中国人民银行广州分行（监管节点）、粤信融（金融机构业务统一接入节点）、图腾公司（征信机构节点）和智乘公司（征信机构节点）。系统上线后，广州银行电子结算中心为其设置了专门的运维人员，通过不断维护、更新和应用推广促使征信链健康、持续运营。

"珠三角征信链"的主要架构如图7-7所示。征信网络包含"粤信融"平台、征信机构、地方征信平台、监管机构等节点，它们经由区块链进行互连。各上链节点均拥有自己的专线网络。链上及链下的所有征信服务数据信息都通过专线进行传输，有效保障了信息安全。通过对"粤信融"平台网络的复用，也可以快速实现对广东省内（不含深圳）银行网点的覆盖。同时，平台提供标准接口，具备向泛珠三角区域拓展的能力，支持广东省以外的地方征信平台节点接入上链。底层区块链则采用FISCO BCOS技术，通过国密算法对上链交换的隐私数据进行保护，构建了包含身份与信任管理、访问控制、信息加密、安全审计等功能的安全体系，满足了系统安全性的要求。

通过"珠三角征信链"应用平台，链上的查询机构可自主向征信机构发起订单业务，由征信机构接单并提供服务。同时，监管机构可通过底层区块链上的监管节点（观察节点）获取订单流程信息，进行查询监管。广东省内金融机构可利用"粤信融"平台来享受"珠三角征信链"的相关业务服务。金融纠纷调解组织则可以经过相应节点实施链上业务查询的溯源，获取调解所必需的关键信息。

---

① 金兵兵，崔冬，杨柔佳．基于区块链技术的产业链征信问题研究．征信，2022，40（3）：60-65.

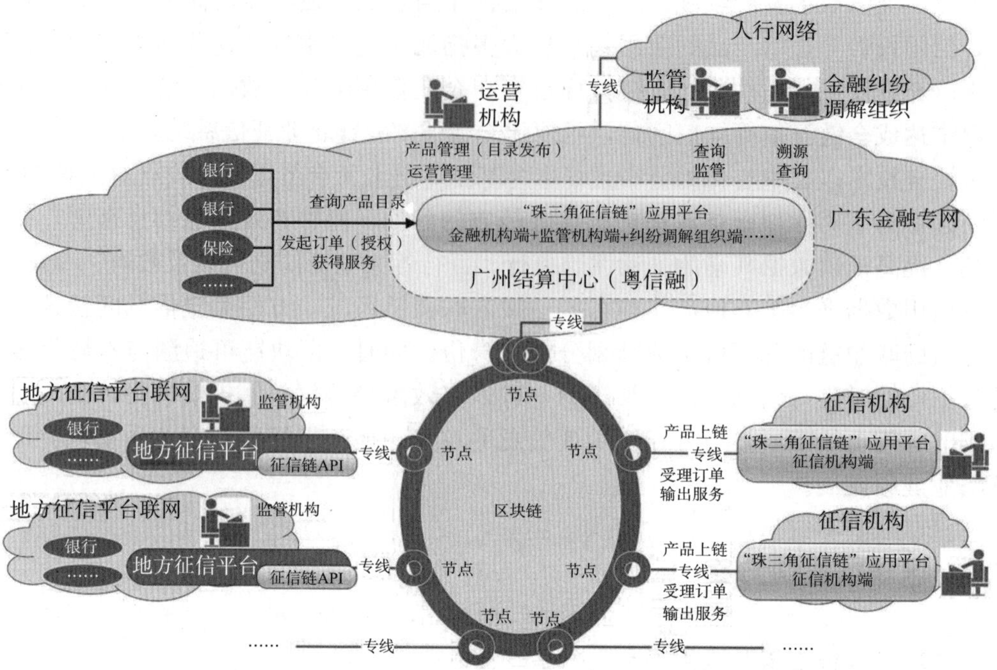

图 7-7 "珠三角征信链"平台架构示意图

资料来源：广州银行电子结算中心研究开发中心. https://mp.weixin.qq.com/s/0L2Nla51GGOqWbATXP_6vw.

"珠三角征信链"借助区块链技术，链接征信服务各方，能够有效整合各征信机构、地方征信平台的数据资源以及大数据处理、信息服务的能力，去中心化的架构也使订单的发起、接收以及监管的进行均可由独立节点完成。而且，链上产品向查询机构输出全方位、多维度的征信服务，并通过对不同类型信用信息的排列组合和深度挖掘，满足了金融机构差别化的业务需求，提升了信用报告的针对性和吸引力。此外，业务流程过程在区块链上进行存证共享，兼容链下机构以多种方式接入，同时支持数据上链方对部分上链数据信息进行加密处理，既能拓展服务范围，也能兼顾信息安全与隐私保护，真正实现了多方普惠。

案例点评

"珠三角征信链"将区块链技术与征信深度融合，尝试建设共用、共享、共治的信用生态系统，为中小微企业、涉农主体获取融资服务提供了必要支撑，有助于提升区域金融市场一体化水平。未来，"珠三角征信链"可进一步拓展到泛珠三角区域，也可以借助广东省内业务应用推广以及其他征信平台的接入，提供覆盖范围更广的全方位征信服务，促进区域经济的更高水平发展。

2. CreDA 链上信用评级系统

在国际社会，去中心化金融（DeFi）行业正面临指数级增长，去中心化融资有潜力成为传统融资的可行替代方案之一。然而，去中心化借贷平台往往以超额抵押的方式运作（比如要求用户至少存入 1 万美元才能获得 5 000 美元贷款），现有的 DeFi 平台通常也只接受加密资产作为抵押品。传统金融中的信用评级模块在 DeFi 领域相对缺失。因此，Credit Data Alliance（CreDA）应运而生，旨在将信贷概念引入 DeFi 系统，填补 DeFi 生态系统中十分匮乏的基础部分——信用评级。

通过 CreDA 协议的使用以及良性的链上活动，用户有机会提高存款储蓄率，降低借款、贷款利率，并获得额外的去中心化自治组织（DAO）权重投票奖金。同时，搭载 CreDA 协议的 DeFi 平台也能够实现有效的风险管理，并提供基于用户信用评级的定制费率。信用分析也允许其有针对性地制定营销和激励计划，从而进一步增加收益，提高资产利用率。

CreDA 协议的基础框架如图 7－8 所示。借助链上数据，CreDA Credit Oracle 利用多个链上的所有地址的交易特征计算信用评级，包括 Ethereum、Arbitrum、BSC（Binance Smart Chain）、Fantom 等。通过过滤和分析这些地址的历史数据来确定信用评级，以模拟用户的链上金融活动，保证完全匿名与安全。同时，CreDA 协议创建了一个基于去中心化网络的去中心化身份（DID），并且能够与其他系统的 DID 交换身份信息，例如 Elastos DID、Microsoft DID 等。用户可以绑定自己的多链 DID，CreDA 平台能够确保信息交换过程完全透明，独立于中心化实体，由用户自己完成。

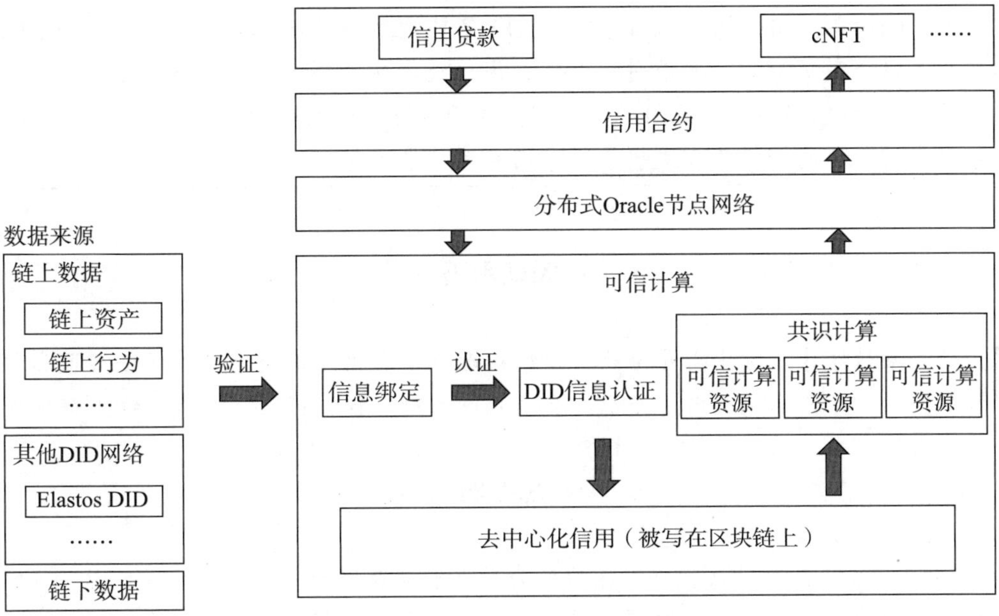

图 7－8　CreDA 协议框架示意图

资料来源：https://creda-app.gitbook.io/creda-protocol/.

CreDA 信用评级是对用户行为和链上使用特征进行分析和建模从而计算得出的，链下数据将在未来纳入。当用户绑定他们的 DID 时，建模过程便会自动开始。用户在链上的任何行为都可能成为其信用等级的影响因素，包括但不限于区块链资产的持有规模和持有时间、链上交易活动、虚拟网络社交活动、所参与的 DeFi 项目等。CreDA Credit Oracle 将为用户生成从 0 到 1 000 的相对信用评级。建模过程最终呈现的信用评级值是基于对个体用户过往行为、元宇宙信用网络（cNetwork）和实时信用评级的综合评估而得出的相对分数。

此外，CreDA 还为用户打造了链上信用 NFT（cNFT）。每个 cNFT 都以 DID 为核心生成，记录了与该 DID 相关联的所有钱包地址的资产状态、每个 DeFi 协议的交易历史和现状、由 CreDA Credit Oracle 计算得出的信用评级和用户注入的 CreDA 代币。cNFT 可以与多个操作界面通信，使其能够访问各种 DeFi 协议并与之进行互操作。当信用评级达到一定要求时，用户可以注入 CreDA 代币来升级他们的 cNFT。cNFT 的评级越高，其附带的权利和特权就越多，用户也就越容易获得优惠条件。

基于 cNFT，CreDA 正在为 DeFi 引入一种新的合约形式，即信用合约。合约的各利益方都是 cNFT 的持有者，其内容则由区块链的智能合约规定。信用合约可以用于零抵押贷款（出借人可以通过信用合约向他人或资金池借入一定数额，并按照信用合约的规定支付利息和本金），也可以用于信用保险（保险人无须预先支付保证金，承保事项处理完毕后，保险公司将按照信用合约的规定支付/收取相关的理赔和保险费用）。信用合约中的所有行为数据都将被 CreDA Credit Oracle 自动捕获，以用作计算动态信用评级的关键因素。

案例点评

未来，CreDA 信用评级将更有益于 DeFi 领域内的所有参与者。通过 CreDA Credit Oracle 引入链下数据将进一步改进协议的信用评级方法，给予市场参与者更多额外收益，并增强 DeFi 市场的稳定性。CreDA 将链上和链下数据相结合，利用几乎一切可以获得的用户数据来进行信用评级的方式也值得我们参考与借鉴。

关键术语

产业金融数字化	去中心化金融	供应链融资	供应链金融科技	资产证券化
KYC	保交链	养老金联盟链	征信链	链上信用评级

思考题

1. 区块链技术具有什么特点？区块链为什么能够赋能金融行业？
2. 什么是供应链融资？区块链从哪些方面促进了供应链融资的线上化？
3. 当前我国证券业的发展瓶颈是什么？区块链技术是如何给出解决方案的？
4. 区块链技术的引入为什么可以加快保险业的数字化转型？请举例说明。
5. “区块链+征信服务”为征信行业带来了哪些实质性的改善？区块链是否真的“可信”？
6. 怎样理解区块链技术能帮助我们实现去中心化金融？请举例说明。
7. 案例分析题：除本章介绍的金融行业的区块链应用外，你还能想到哪些可以应用区块链技术的金融场景？请简述该应用场景，分析其痛点与需求，并给出相应的区块链解决方案。

第8章

贸易行业中的区块链应用

学习目标

1. 深入了解区块链技术赋能贸易行业的核心价值。
2. 掌握区块链技术如何解决贸易中的信任危机。
3. 了解区块链技术在贸易行业中对交易、物流以及融资场景的影响。
4. 理解贸易领域的数字化转型。

8.1 行业概述

8.1.1 行业现状

近年来，国家高度重视区块链技术对推动贸易高质量发展的作用，希望通过相关技术构建更加有效的贸易平台。国家相关部门多次强调区块链技术赋能贸易领域的重要性。2021年7月，《国务院办公厅关于加快发展外贸新业态新模式的意见》强调要推广数字智能技术应用，加快贸易金融区块链平台建设，探索区块链技术在贸易细分领域中的应用。2021年10月，商务部等24个部门联合发布《“十四五”服务贸易发展规划》，指出“充分利用区块链、云计算等技术手段，加强风险防范，提升数字贸易治理能力和水平”，进而“建立健全数字贸易治理体系”。同年11月，商务部发布《“十四五”对外贸易高质量发展规划》，明确指出要“加快在贸易领域运用区块链技术，提升服务和监管效能”。这些政策和发展规划都体现出贸易行业将朝着同区块链等数字技术有效融合的“数字贸易”方向发展。利用数字为传统贸易赋能，促进其转型升级将是大势所趋。

目前区块链技术在贸易领域的应用已经在多个应用场景中进行试点和实践。2018 年 8 月，集装箱航运巨头马士基和 IBM 合作推出了区块链航运供应链平台 TradeLens。2019 年 1 月，由中原海科建立的航运供应链区块链存证平台投入试运行。2020 年 3 月，招商局港口集团与金融壹账通在深圳举行“粤港澳大湾区港口物流及贸易便利化区块链平台项目”签约仪式，希望通过区块链构建底层技术，推动智慧港口建设。2021 年 3 月，国际物流平台荣易达与蚂蚁链宣布合作，共同建设基于区块链技术的数字化航运服务平台。区块链与贸易领域的结合之路正在扩展，也在不断创新改革。

学者也针对贸易结合区块链中可能遇到的问题进行了相关研究，具体可以根据贸易流程分为四个阶段：围绕贸易中心商品，区块链技术主要为供应链赋能；在贸易运输（即物流）领域中，区块链技术集中于物流追溯和物流信息共享；在交易支付中，区块链技术正在探索如何实现更加有效、信任且透明的支付方式；在整体贸易监管并维持秩序中，区块链技术多应用于海关监管。

具体来说，在商品领域，区块链技术需要基于供应链环节来提供一个分布式供需信息匹配机制，从而推动供应链高效有序运作。例如，吉清凯等人在考虑两个供应商和一个零售商的机制下，分析了供应商加入区块链平台的激励以及零售商对供应商“上链”的偏好[①]；闻卉等人则针对生鲜农产品供应链，研究了零售商主导下的销售模式选择问题和定价策略[②]。在物流领域，现有文献针对产品溯源问题，进行了大量的理论和模型构建。[③④] 针对交易支付中可能遇到的风险和成本问题，丁宝根等人基于“区块链＋跨境电商”的特点，指出了该技术在跨境支付、跨境物流方面的可行性[⑤]；龚雅玲等人在结合区块链技术的核心功能基础上，创新地提出基于区块链的跨境贸易和支付清算平台，以期进一步优化区块链在跨境贸易领域中的应用。[⑥] 在海关监管方面，由于相关工作的复杂性，经常会出现时效和欺诈问题，相关研究基于此，指出可以基于区块链技术中的安全加密算法来防范对信用单据的篡改，并且通过分布式记账功能对纸质文档进行数字转化，最终解决时效问题和欺诈问题。[⑦⑧]

---

① 吉清凯，张凤麟，方刚，等. 零售供应链中的区块链参与决策与产品定价博弈模型. 中国管理科学，2023，31（3）：102-112.

② 闻卉，许明辉，陶建平. 考虑绿色度的生鲜农产品供应链的销售模式与定价策略. 武汉大学学报（理学版），2020，66（5）：495-504.

③ 李航，董瑞. 后疫情时代基于区块链技术的食品冷链物流追溯体系构建. 食品与机械，2021，37（5）：134-138＋155.

④ 刘若阳，申威，唐长虹. 基于区块链技术的中小物流企业多源征信追溯系统. 征信，2019，37（10）：32-36.

⑤ 丁宝根，赵玉，彭永樟. “区块链＋跨境电商”变革的现实性、限度性与政策建议. 当地经济管理，2020，42（1）：64-70.

⑥ 龚雅玲，吴俊峰，何斐. 外贸企业跨境支付清算平台构建与应用——基于区块链视角. 财会通讯，2022，23：138-142＋147.

⑦ Jain A，Jain A，Chauhan N，et al. Seguro digital storage of documents using blockchain. International Research Journal of Engineering and Technology，2018，5（4）：4951-4954.

⑧ Yang C S. Maritime shipping digitalization：blockchain-based technology applications，future improvements，and intention to use. Transportation Research Part E：Logistics and Transportation Review，2019，131：108-117.

8.1.2 区块链应用场景

基于贸易在进行过程中所需经历的部分环节，以及在实际中区块链能否为其切实赋能，选取了在贸易行业中区块链的三种应用场景，分别是交易场景、物流场景以及贸易融资场景。交易场景是贸易所能完成的根本支撑，是其中的主要环节之一；贸易的完成，即商品从发货人运输到收货人手中，最终离不开物流的实现；贸易融资不仅能促进银行业务的增长，而且能有效推动国家贸易的发展。

不论是国际贸易还是国内贸易，支付一直是贸易双方共同关注的问题之一，也是产生结算风险和财务风险的重要环节。目前随着互联网技术的迅速发展和普及，越来越多的企业将电子支付作为国际贸易的主要支付方式。但是，传统国际贸易跨境支付方式中间环节多、流程较复杂、到账速度较慢，导致国际贸易中存在“数据孤岛”和交易信任缺乏等问题，严重阻碍了国际贸易的可持续发展。因此，如何使用区块链赋能贸易中的交易环节，为商家和中间机构的交易支付环节排忧解难是一个值得关注的问题。

物流业是国民经济发展的支柱产业，跨境物流则是对外贸易发展的核心支撑。随着全球化的不断深入，各国之间经济往来日益增多。当前跨境物流正从高速大规模增长向高质量发展转变，而技术升级则是物流业转型升级的核心所在。① 传统贸易中的物流诸多环节受到管理机构规定和手工处理的约束，很多企业或者机构只能依靠人工输入数据和使用纸质文件来完成跨境通关、商检和货款结汇等流程，这就导致了货源追溯困难、物流信息查询难、物流到达时间不准确等问题。在物流领域中应用区块链技术，有助于解决跨境物流领域中的诸多问题。

贸易融资是指为贸易行为的顺利开展提供资金支持的一系列金融服务。贸易融资属于银行贸易结算业务，银行既可以向客户提供资金融通，也可以给客户提供固定的担保，确保客户能够成功获得资金流通。然而，传统的人工和劳动密集型的贸易融资可能会导致流程效率低、数据隐私以及欺诈风险等问题。其中主要的问题就在于贸易和融资过程缺乏可见性和透明度，而如果将贸易融资在去中心化的区块链上进行，将有助于缓解目前贸易融资中的许多担忧和风险。

8.2 交易场景

8.2.1 场景简述

国际贸易通常会涉及很复杂的交易流程。一位经营玻璃制品等外贸商品的商人就深刻认识到这种交易的复杂，产品从工厂中生产出来之后，通常是客户先支付 30%，在提

① 李旭东，王耀球，王芳．区块链技术在跨境物流领域的应用模式与实施路径研究．当代经济管理，2020，42(7)：32-39.

单之后再支付 40%，剩下的 30%则会在 1～2 个月内才完全支付。如果情况更糟糕的话，例如客户的商品销售不佳，卖家将会面临无法收回全部货款的风险。这个例子揭示了在国际贸易中交易的风险和延时性，其主要原因在于每单货物的交易流程非常复杂。联合国贸易便利化和电子商务中心的统计数据显示，其通常要涉及超过 30 个贸易参与方、40 种凭证、400 份拷贝文件。这种多个节点的高复杂流程往往使得信息非常滞后且不对称，而且传统模式下卖家还需要督促买家线下进行转账操作。同时无法避免买家风险以及恶意拖延付款的可能性，继而滋生交易信任问题。

8.2.2 痛点与需求

由于国际贸易操作环节多，并且涉及海关、商检、银行、物流、税务和外管局等多个部门，因此经常导致信息滞后且不对称。源于贸易的信息危机将会进一步产生更多问题。

首先是贸易各主体之间存在“数据孤岛”问题。跨境贸易包含了进口商、出口商等实物及金融供应链上的一系列参与者，这些参与方通常属于不同国家、不同单位。这些国家或单位在支付方式、标准规则以及法律体系等多个方面都存在诸多不同，数据之间也缺乏统一的规范，给数据流通带来了困难，甚至导致数据碎片化程度严重，成为“数据孤岛”。而且通常各参与方拥有的数据都具有高度的商业机密性，这也给数据共享带来了风险。

其次是交易中的信任问题。整个贸易的流程是需要商流、物流、信息流以及资金流合一的网络体系。这些流程都需要信任来维系。然而在传统的跨境贸易当中，用来提供信任的技术相对缺乏，一般会通过文件、签名或者第三方托管的方式来支持信任。这些方式在应对高突发性商务贸易的今天已经无法有效提供信任支持，甚至会因为“数据孤岛”而影响贸易交易的效率。此外，数据源是否真实也需要相应的技术进行确认，但是实际上由于参与方众多且复杂，传统贸易链中的任意一个参与方想要确认其他参与方的身份都面临着巨大的挑战，进而加重信任危机。数据在这种涉及多节点的贸易链中层层传递，也会对可信度造成损害，继而造成信息核实环节大量时间和人力成本的投入。一旦其中一个环节有所波动，都将对其他环节造成影响，并且逐级放大，最终导致信息在传播过程中一步步被扭曲。

这些痛点问题总结起来就是数据不能有效互通和参与方之间的信任问题，而区块链为解决这些痛点问题带来了可能。首先，区块链具有数据强一致性的特点，这使得贸易流程中的业务参与方都能以数据源的身份参与进去。其次，区块链提供的去信任机制也可以通过技术手段，使得多个参与方无须互相信任就可以完成各种类型的交易和协作。这就帮助跨境贸易摆脱了传统模式下对信任支持手段的依赖，不需要权威机构进行认证和信任背书。

8.2.3 区块链解决方案

1. 蚂蚁链国际贸易平台 Trusple

面对外贸交易中买卖双方的信任危机问题，阿里巴巴曾经尝试使用中间担保的模式来加以解决。然而，外贸通常是以 B2B 形式进行的，即企业对企业销售，所涉及的环节和交易成本都非常复杂，因此这种第三方担保辅助交易的方式在当时并未取得成功。之后支付宝诞生在较为简单的淘宝 C2C 交易当中，其也是作为第三方担保来解决买家和卖家之间的交易安全问题。C2C 交易模式下的信任危机从此不再成为线上交易的问题，然而当涉及更为复杂的交易模式时，买卖双方仍旧有所顾忌。在此背景下阿里巴巴于 2020 年正式上线 Trusple 平台，它是以蚂蚁链为基础构建的数字化国际贸易和金融服务平台。该平台的主要目标是面向国际贸易来突破买卖双方之间的信任问题，从而促进交易有效进行。图 8－1 展示了平台首页，其提供的服务包括订单管理、跨境收款、链上数字身份以及外贸贷款等。

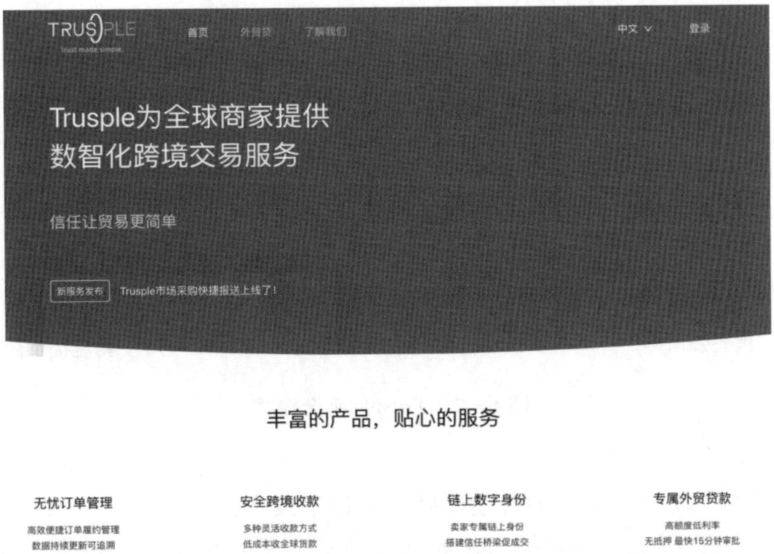

图 8－1　Trusple 平台首页

资料来源：https://www.trusple.com/.

蚂蚁链旧称蚂蚁区块链，是蚂蚁集团的一项代表性技术。它作为 Trusple 平台的基础架构，为其提供了区块链支持。如图 8－2 所示的 Trusple 平台模式，Trusple 连接了买卖双方、买卖方银行以及贸易链路中涉及的报关公司和物流方，结合区块链技术，为买卖方提供自动支付以及担保承诺，最终实现智能履约。当买家和卖家进行一笔交易时，相关的订单数据将会自动连接平台，实现数据上链并且进行流转。当买家银行接收到订单数据时，会根据订单约定自动付款，银行会根据交易数据提供付款保障。此外，由于物流数据也上链，买卖双方也可以随时查看货物的状态。实际上 Trusple 可以视为国际贸易场景中的“支付宝”，其主要是使用区块链技术提供第三方担保交易来解决国际贸易买卖方的信任问题。

Trusple 平台中流转的数据主要有两种。一种是数字身份，旨在表明买卖方分别是谁，在何时何地进行交易。对数字身份的上链保证了数据来源的真实性，从根本上对信任进行担保。另一种是交易数据，包括交易货物、价格、物流等详细数据。全流程的交易数据在链上流转保证了数据流通的有效性，从而杜绝传统模式下的信息扭曲和滞后问题。

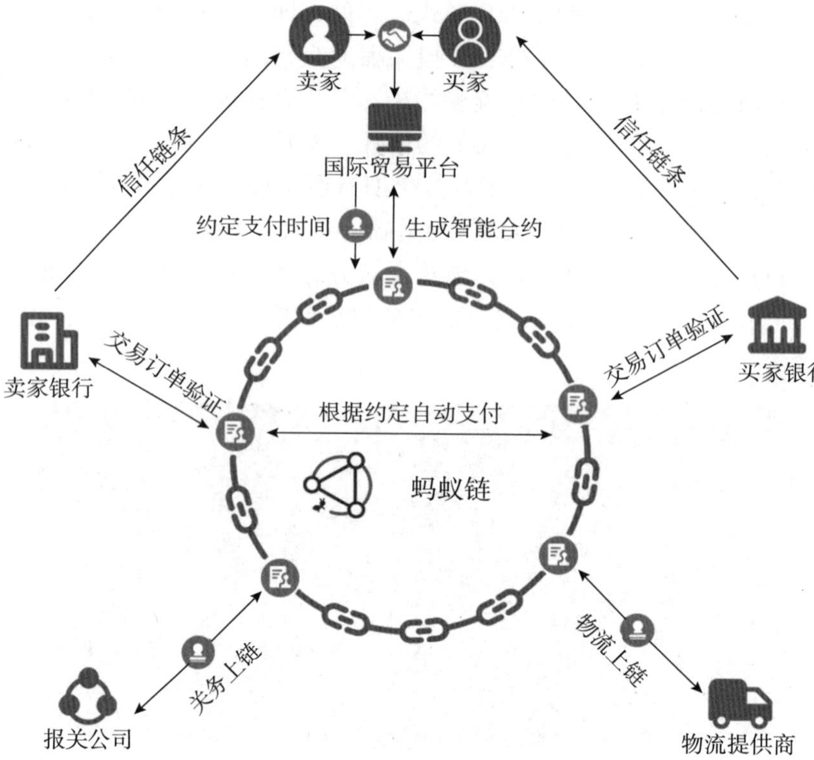

图 8-2　Trusple 平台模式

资料来源：https://www.trusple.com/zh_CN.

围绕区块链技术，Trusple 平台主要做出了以下改变：

一是证实身份和提供可信数据。正如前面所述，平台中上链的数据包括数字身份和交易数据两种。前者有助于资信调查，以保证在交易前能够充分考察对方资产信用的真实情况、履约能力和主体资格。而一旦参与方的信用发生变动，相应的数据也会更改，便于其他参与方进行查询和判断。后者提供的可信数据会降低贸易过程中信息欺诈所带来的潜在风险，给货物运输以及银行支付提供风险保障。

二是通过智能合约提供高效的结算方式。区块链技术提供的智能合约能够确保执行可追溯、不可逆转和安全交易。Trusple 通过蚂蚁链生成智能合约，其中包含了交易的所有信息，只有在满足要求之后才会自动执行结果操作。这种区块链智能合约通过数据来随时监控货运交易的全过程，保证货物通关之后智能合约就直接付款，从而提高交易的效率。

案例点评

数字化发展使企业贸易变得容易，但是 B2B 国际贸易的流程仍然高度复杂，买卖双方的信任问题仍是贸易的核心障碍。Trusple 基于此，利用蚂蚁链技术打造了一个一站式跨境贸易和金融服务平台。这个平台创新地应用了区块链技术来破解国际贸易中的信任问题，并为跨境买卖双方提供安全可靠的贸易服务。

2. TBC 区块链跨境贸易直通车

跨境贸易涉及的业务环节众多，包括交易、委托、运输、仓储等数十个环节。在每两个业务节点之间都有大量数据需要传递。前面曾提到过，这种多流程数据传递弊端的产生主要是因为不同参与方所携带的数据的来源不同，数据的规范往往也不同，而且因为商业机密的缘故，大多数数据的获取相当困难。这样就导致了每个节点都形成了一个“信息孤岛”，孤岛之间存在着交流鸿沟，使得商务四大流的准确传递有着相当大的困难。随着“信息孤岛”的产生，不同参与方例如企业和银行、监管机构之间的沟通交流成本逐步上升，这些贸易成本的增加也给不少中小企业带来了生存危机。

然而，区块链因其天然的性质而极其适用于这种由多个利益相关方组成的业务场景，因此 TBC 区块链跨境贸易直通车在此背景下于 2019 年正式上线，这也是全球首个将区块链应用于跨境贸易全流程的项目。这一平台容纳了跨境贸易全流程中的所有生态主体，包括贸易商、物流企业、金融机构以及监管方等角色，通过为这些主体提供区块链数字化的综合服务，最终实现贸易、物流、金融以及监管四大方向的“互信互享、互联互通”。

从图 8-3 中可以看出，该平台将国际贸易全流程中的 10 个业务的数据和信息都整合在链上，同时将金融服务业务和监管业务也加以整合。在贸易过程中，对单证数据进行交叉验证，形成金融机构和监管机构认可且需要的可信数据。区块链技术为这种复杂的全流程业务整合提供了帮助，从而使得流程中每个参与主体之间的数据能够互信互享、互联互通。交易时，每个参与方将摆脱传统模式下信息数据分别独立的缺陷，更加有助于进行沟通协作。

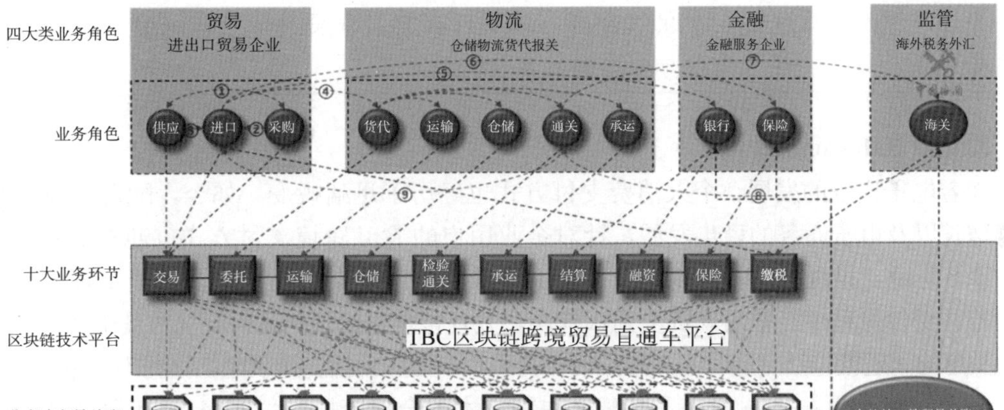

图 8-3　TBC 区块链跨境贸易直通车平台架构

资料来源：https://mp.weixin.qq.com/s/FcpIsXRz2CfTQV5M79SSiw.

TBC 平台以区块链技术平台为支撑，通过其提供的技术实现了贸易全流程的运行。首先是实名认证技术，这需要所有业务定位到负责的主体单位或者个人（包括供应、采购、运输等角色），之后所有业务交互活动以及责任授权均需要由主体负责。这种实名认证能够从源头确权。其次是去中心化技术，在分布式账本系统中，任意节点都拥有记录的副本，形成有效的证据链。再者是安全加密技术，在多层安全防护下，区块链底层采用非对称加密方式，由公私钥完成加解密过程。在这种情况下，黑客无法对账户进行攻击，每一节点分布式地存储数据，利用冗余性抵抗攻击。区块链提供的不可篡改技术保证了新生区块链只可附加在最长链上，不影响之前的区块。同时每个区块都引用前一区块的哈希值，且有时间戳。监管机构可根据需要获取真实数据，减少业务干预。共识机制通过有效的共识算法保障分布式系统的一致性，使用智能合约等自动化脚本实现业务校验、形成业务共识。这些技术应用在跨境贸易当中可以有效保证信息的真实准确，对在区块链覆盖下的全部企业进行授信，进而有助于交易有效进行并且提升监管效率。

TBC平台使用加密授权机制来解决商业隐私保护问题，使用账本同步更新、数字化协同来实现可信数据信息的及时共享；通过实名认证确权，在职责可究的基础上实现线下线上全流程溯源、多方数据授权应用、交叉验证协同监管。平台的应用层整体分为四大模块：贸易、物流、金融和监管。使用联盟链实名去中心化、加密算法、分布式记账、共识机制等技术加以支持，需要每个参与方贡献数据交叉比对，之后形成与业务流对应的数据流。使用平台规定的完整记录并且去中心化的跨境贸易账本，可以实现所有参与主体共同证实信息数据的真实性，这也是从传统模式下“自证”转变为“他证”“多证”的体现。

案例点评

总的来说，TBC是用于服务跨境贸易的全生态平台。目前其已在多个城市应用，在天津应用于平行进口车场景，在威海应用于跨境寄递业务场景，在南京应用于综合保税区业务数字化协同监管场景。在这些应用当中，TBC以业务环节为基础，囊括了业务的所有参与方，形成了有效准确的业务数据闭环。同时由于TBC能够提供业务数据交叉验证、存证、溯源等区块链数字化综合服务，可以有效实现贸易、物流、金融、监管四大项主要业务，最终实现各个参与主体的数字化有效协同。

3. Visa B2B Connect①

随着电子商务的发展，个人消费支付方式也经历了迅猛蜕变。如今，随着全球贸易的持续增长以及电子商务的稳步发展，针对企业用户的B2B跨境支付方式也迎来了春天。然而，B2B跨境支付也面临着诸多问题。这主要是因为跨境交易环节众多、涉及多方的中介机构等，支付过程中经常出现资金到账延误，并且常常难以预测延误时间。其中让跨境企业最为头疼的问题就包括交易时间无法预估、费用收取无法预估、接收账款存在不确定性等。

基于上述背景，Visa推出了基于区块链技术的全球跨境支付网络Visa B2B Connect，即对公连汇业务。Visa B2B Connect主要面向全球的跨境B2B支付，其将交易的发起银行和收款银行直接连接，并解决潜在的交易障碍，缩短资金收付时间，从而降低企业的成本。同时，利用数字身份识别功能将银行信息和账号等敏感商业信息令牌化，以提升资金收付的安全性。Visa B2B Connect给跨境支付带来的改变主要有以下三点。

（1）简化跨境支付流程。传统的跨境支付模式需要企业建立多重双边关系的代理行网络来进行支付。这一过程将会涉及发起银行、发起银行的代理行、中间行、收款银行的代理行和收款银行等数家银行来实现跨境支付。这样的数据处理过程非常烦琐，而且交易细节难以实现透明。企业通过传统的代理行发起支付，中间会经过多家银行，不同

① Visa B2B Connect让跨境交易不再“无法预估”. https://www.yicai.com/news/100751560.html.

的银行将会产生不同的服务扣费，导致较高的交易手续费。而且每家银行处理交易的时间不确定，导致最终端到端的交易时间也无法预估。

Visa B2B Connect 则完美地解决了上述问题。其将交易的发起银行和收款银行直接连接，缩短了资金收付的时间。只要银行加入支付网络，就可以享受平台提供的多边关系，直接向可应用 Visa B2B Connect 的其他国家和地区发起跨境支付。这样的多边关系大大简化了跨境支付环节的步骤，减少了参与者和交易环节。

（2）令牌化技术保障交易安全。信息化在方便交易的同时，也会涉及数据安全、盗用账号、支付手续之间的协议泄露等问题。而由于跨境欺诈问题追溯、赔偿处理相比普通交易来说更加复杂，所以一旦发生，后果也会令企业更加困扰。对于该问题，Visa B2B Connect 基于区块链技术赋予的数字身份识别功能，可以将企业的私密信息（例如银行信息和账号）令牌化，生成唯一的识别符号用于交易。首先从技术层面上看，令牌化技术增强了数据的保密性，客户的信息在存储和运输过程中可以完全保密。其次，平台使用了区块链技术，这使得交易一旦被验证将不可更改。

（3）多元化服务满足市场需求。虽然不同地区和国家的企业客户存在共同点，但是不同的银行客户在面对系统对接时依然会有不同的需求。例如，有的银行或许会希望用 API 接入，有的银行希望用传统的跨境报文方式对接，等等。Visa B2B Connect 在技术层面上就可以灵活满足这些不同的需求。此外，Visa 平台也可以灵活地应对外汇兑换。银行可以在平台上直接用外币进行跨境支付，并且实时跟踪了解汇率情况，进行支付查询。

案例点评

总的来说，Visa B2B Connect 旨在帮助金融机构简化其在 B2B 跨境支付中的流程，实现银行间的直接交易。平台通过将交易从付款银行直接送至收款银行来消除企业跨境支付中的障碍。此外，区块链技术还为其赋予了数字身份识别功能，将企业的敏感信息令牌化，助力企业进行安全交易。

8.3 物流场景

8.3.1 场景简述

物流一直是贸易中的关键环节之一，其最终实现将货物从发货人手中运输到收货人手中。国际贸易中常采用海洋运输、铁路运输、航空运输、集装箱运输以及邮包运输等方式，其中海洋运输是国际物流中最主要的运输方式。国际物流是开展国际贸易的必要条件，世界范围内的社会化大生产必然会引起不同的国际分工。而国际商品和服务流动由商流和物流组成，前者主要是由交易机构进行协同工作，后者则由物流企业完成。为了避免贸易流程中各节点的各个参与方产生矛盾，就必须开展与国际贸易相适应的国际物流。然而，由于国际贸易涉及的流动范围大，接触的机构节点众多，与此联系的物流流程也异常复杂。

8.3.2 痛点与需求

传统的国际物流环节多、时间长，仅在两国之间进行交易就需要企业首先通过中转仓库实现境内运输，之后到达起运港码头；然后通过船运公司实现海上运输到达目的港码头。之后再在目的地内进行境内运输，才能到达买家手中。货物信息很难实现透明化，常常出现丢包或者误领的情况。此外，流程长、环节多也会带来“附加费”的水涨船高，各种查验费、改单费、换单费、落箱费等也会随之而来。国际物流中的项目多，收费情况也相对复杂。不同的航线和船运公司之间并不统一。在这种情况下，如何对通过国际物流的产品溯源和信息上链就显得尤为重要。

8.3.3 区块链解决方案：天猫国际全球溯源计划①

随着消费方式的改变和网络购物渠道的扩展，目前跨境电商给人们的生活带来了诸多便利。然而由于跨境贸易的特殊复杂性，行业内存在着严重的假货泛滥问题。货物来源广泛，一般涉及多个国家、多个产地和多个渠道，复杂的商品供应增加了假冒伪劣产品的风险。而将区块链应用于贸易物流场景可以为每个商品附上唯一的“身份证”，实现商品溯源和信用背书，并能最终将责任落实到负责人身上，实现责任溯源。其主要使用的是一种无法更改、伪造的分布式记账系统，利用智能合约、加密算法等技术来保证交易安全，解决因为信任缺乏而产生的交易问题。而目前国内外已经开始广泛使用区块链技术赋能商品溯源功能。

2017 年天猫国际全面启动全球溯源计划，这项计划以区块链技术和大数据作为支撑，将进口商品全链路上链，汇集生产、运输、通关、报检以及第三方检验等信息，最终为跨境商品附上“身份证”。天猫国际的商品溯源链路涉及生产企业、海外质检机构、物流企业、消费者这四个部分，具体的链路如图 8-4 所示。

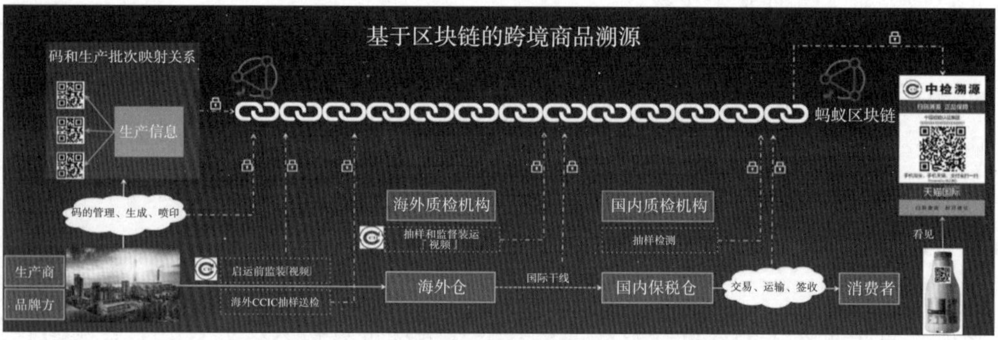

图 8-4　天猫国际全球溯源计划链路图

资料来源：区块链在天猫国际商品溯源中的应用. https://developer. aliyun. com/article/348787.

通过区块链技术，天猫国际的跨境商品溯源计划将产品从生产源头到送达消费者手中的每一步的关键数据都进行加密并上链存储。首先是生产商和品牌方为产品进行唯一的身份码的管理、生产和喷印。之后将产品运输到海外仓，商品运输前都要进行抽样送

---

① 区块链在天猫国际商品溯源中的应用 . https://developer. aliyun. com/article/348787.

检以及启运前监装。在海外仓还需要将商品送到海外质检机构进行抽样和监督装运，之后才能通过国际干线运输到国内保税仓。在国内保税仓也需要国内质检机构进行抽样检测。通过保税仓将商品运输到消费者手中进行签收，而消费者则可随时扫描商品所附的身份码进行溯源信息查看。在此交易过程中，一切数据都将上传到蚂蚁区块链上。

通过上面所描述的方式，一个国际货品就可以随时被各方溯源。这样整个溯源过程主要包括货品基础信息、货品海关备案信息、质检机构检测信息以及二维码关联信息。其中，货品基础信息包括条形码、贸易国、生产工厂图片、工厂认证证书、成分含量图片等；货品海关备案信息包括原产国等；质检机构检测信息包括监装、验厂、流通、成分含量检验等。通过这些信息就有足够的证据来证明货品的“正”与“好”，而再加以区块链技术辅助就能够确保信息不会被修改而失去公信力。

天猫国际根据上述流程建设了一整套溯源平台系统来配合供应链监测以共同完成整个溯源流程。图 8－5 展示了整套系统模型，该系统分为三层，分别是最基础的数据模型设计、业务层以及交互层。

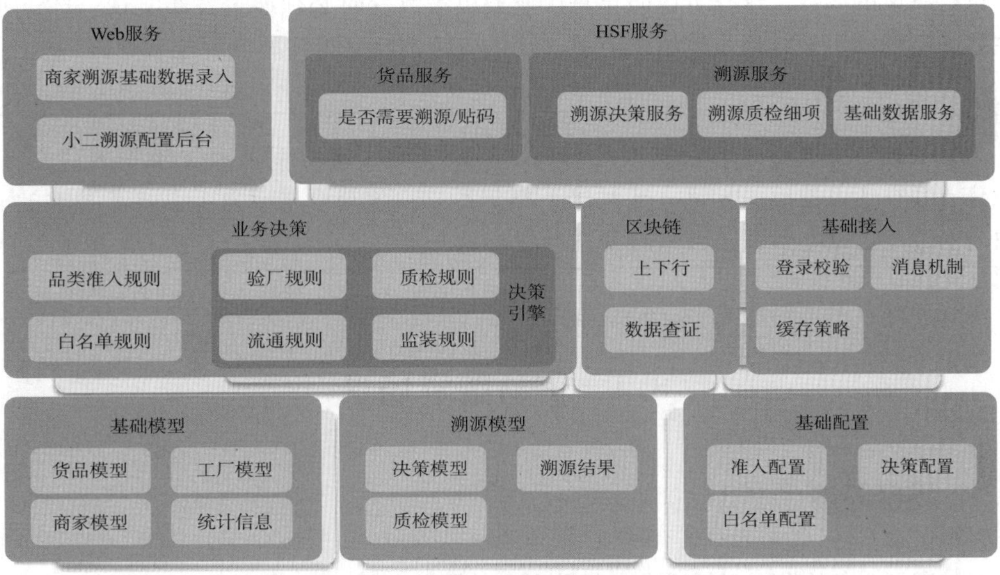

图 8－5　天猫国际全球溯源计划系统模型图

资料来源：https://www.tmall.hk.

底层数据模型设计包括基础模型、溯源模型和基础配置。基础模型主要是通过结构化的数据设计将基础的底层数据构建起来，提供数据支持，数据来源有商品中心和云梯 ODPS 统计，部分货品信息来自商家的自行录入。溯源模型则包括决策模型、溯源结果、质检模型等，由于溯源的决策规则和质检规则可能会发生变化，需要保证溯源模型的可扩展性。在基础配置中包括溯源准入配置、决策配置、白名单配置等，比如根据抽检的命中概率可以随时配置来适应不同时期的运营需要。

中间层为业务层，分为业务决策、区块链和基础接入部分。业务决策是整个系统里最重要的能力建设，其中涉及几项规则。品类准入规则用于判断哪些货品需要做溯源，白名单规则用于确定某些商品或者商家在特殊情况跳过溯源设置。决策引擎中包括的四项规则则用来判断货品命中四项抽检中的哪几项。如果命中这四项规则中的任意一项，则根据验厂报告来确定是否要验厂。区块链部分即是之前讨论过的各类数据信息上链方案，负责数据的上下行以及数据查证。基础接入部分主要负责与外部系统之间的信息交互、登录验证、数据上链等任务。天猫国际平台类似于一个协调者，对整个国际贸易的环节进行协调。经过前面的业务决策之后，就会形成具体的溯源任务，并将任务分发给外部质检机构。机构再将结果反馈给天猫国际，平台会根据自己的规则再将结果确认并反馈给供应链。反馈之后即可以通知供应链溯源服务流程已经结束，可以下发外贸ASN，即提前发货通知。

系统的最上层即是交互层，分为Web服务和HSF服务，前者是溯源信息来源的基础，后者则主要用来实现溯源功能。Web服务包括商家溯源基础数据录入和小二溯源配置后台，商家可以通过基础数据录入平台来录入货品的基础信息，如条形码、原产地、工厂图片、成分含量图片、工厂认证图片等信息。这些信息将用于后面的质检并最后传达给消费者。小二溯源配置后台负责配置溯源参数，如验厂命中概率、流通命中概率等所需进行决策的参数，这样可以防止每次业务决策改变时必须通过发布实现。HSF服务则主要是将溯源决策结果反馈给供应链，让供应链判断是否需要溯源或者贴码。

案例点评

总的来说，天猫国际全球溯源计划最终实现将每个进口商品打上唯一的“身份证”码来作为每个商品的唯一标识。通过这个标识可以向消费者展示商品从生产到到达自己手中的全过程，这在加强正品信任的同时还能提升用户购物体验。

8.4 贸易融资场景

8.4.1 场景简述

对外贸易业务的发展不断催生出各种衍生的服务市场，其中贸易融资也逐渐成为跨境贸易的附属核心业务之一。贸易融资是指银行对进出口商提供的与进出口贸易结算相关的短期融资或者信用便利，简单来说，这些业务包括结算、融资、信用担保、保值避险等。与传统融资不同的是，在贸易融资过程中主要审核的是贸易的可行性、真实性而并非企业的财务状况。贸易融资将贸易同融资紧密结合，将贸易过程中的存货、应收账款当作银行的抵押品，利用整个贸易周期为企业和其上下游贸易商提供融资支持。这种融资方式相对来说风险较低，而且可以扩大银行的收入来源，能够为开拓新业务提升盈利空间。

8.4.2 痛点与需求

由于贸易融资主要是依附在贸易过程中产生的业务，因此贸易本身会对融资难易产生很大影响。贸易金融市场体量非常庞大，各种融资方式也呈现多样化的特点，因此贸易融资的风险也在不断提高。贸易融资主要存在以下几个问题。

第一，流程烦琐复杂且参与主体众多。贸易融资业务会涉及企业、银行、物流商、海关、税务、仓储等诸多部门，商品流转将会接触到多渠道的海量信息。一般来说，融资单笔金额较少但笔数较多，需要对客户的资信背景、市场、运输、仓储等多方面的情况进行调查，生成严格的凭据，对这些凭据进行审查通常也需要依赖人工完成，会耗费大量的时间成本和人力成本。

第二，信息不透明且真实性审核困难。在实际贸易过程中，各种物流、单据流、资金流的信息并不透明，常会滋生出各类欺诈现象。对贸易背景的真实性进行审核的难度由此提高，银行往往难以防范纸质凭证重复使用、造假的可能性，风险难以控制。而且当前的贸易融资主要依赖于纸质单据，单笔货物贸易业务会涉及提单、临时发票、品质证、重量证、原产地证、货物运输保险单。这些单据的数目往往为几十甚至上百张，欺诈造假的现象频频发生。

第三，贸易融资业务中多部门协作问题日益突出。由于传统的贸易融资业务涉及诸多部门，这些部门的业务相对独立且联系较少，而且管理模式一般也并不相同。部门业务的独立直接导致任务协调的难度提升。此外，不同部门通常都建设了服务于各自业务的系统。因为系统建设不统一，数据格式和接口方式也不统一，这进一步提升了部门之间信息共享、沟通协作的难度。

总而言之，传统贸易融资存在参与主体多、业务数据量大、数据应用审核复杂等痛点。如今国际、国内贸易发展迅速，对贸易融资业务的需求也日益增加。传统贸易融资中的部门协作方式、风险控制方式、信任机制构建等多方面已经难以适应当前的时代要求，因此如何对贸易融资方式进行转型升级是业界共同面临的挑战。区块链因其独有的特性在众多技术中脱颖而出，其能够保证信息无法篡改、可追溯、统一账本实时共享、多方对等协作等的特点都契合了贸易融资业务的需求。

8.4.3　区块链解决方案

1. "跨境 e 链"转口贸易服务平台[①]

转口贸易是对外贸易的重要组成部分之一，是指国际贸易中进出口货品的生意不是在生产国与消费国之间直接进行的，而是通过第三国进行易手交易买卖。对于第三国来说即为转口贸易。正如上面讨论的在贸易融资业务中存在的问题，转口贸易融资在此基础上还存在一些突出问题。

首先仍然是贸易单据真实性的问题，具体到转口贸易领域中主要是缺乏具有一定公信力的物流凭证。相较于其他贸易来说，转口贸易又增加了多个节点和参与方，协调控制的难度进一步加大。在这种情况下，银行无法通过一个有效的信息交易平台验证相关贸易单据的真实性和有效性，只能通过海关、船运公司、物流仓库等部门、中介服务平台或者上门实体核验数据。此外，对有效货权凭证的认定标准也有很大不同，这主要是

---

① https://www.hyperchain.cn/solution/trade.

因为参与国相关政策的差别。在实际进行贸易的过程中，一些已经被认定为具有真实贸易背景的转口贸易仍然无法提供有效货权凭证。

其次是转口贸易环节与参与方有关的问题。当流程变得更加复杂时，流程所涉及的企业资质往往会变得参差不齐。当前的转口贸易领域仍旧存在鱼龙混杂、行业规范欠佳的情况。同时又因为涉及多个主体，数据源多样且流程复杂度较高，很难进行细粒度级的监管。在这种情况下，对转口贸易进行监管的难度逐步加大。

“跨境 e 链”项目针对转口贸易中存在的突出痛点，通过区块链平台技术加以解决。如图 8-6 所示，该平台将银行、货运商、贸易商三方的贸易信息和流程数据上链，实现多个参与方验真。面向政府和监管机构也有相应的监测接口，为监管带来了便利。数据集中在跨境贸易链当中，有助于数据保护、访问控制和身份认证。通过这样的方式实现了业务线上化，业务申请、受理和验证等流程均可以在线上办理，从而有效提高工作效率。此外，平台还设置了信用积分、黑名单等模块，一旦参与方有失信行为，将会被记录并且在全网公开，以坚决杜绝欺诈行为。转口企业基础资料和业务贸易材料分开存储，货权单据进行分布式存储、集中式管理，以防范出现重复融资和重复支付的现象。

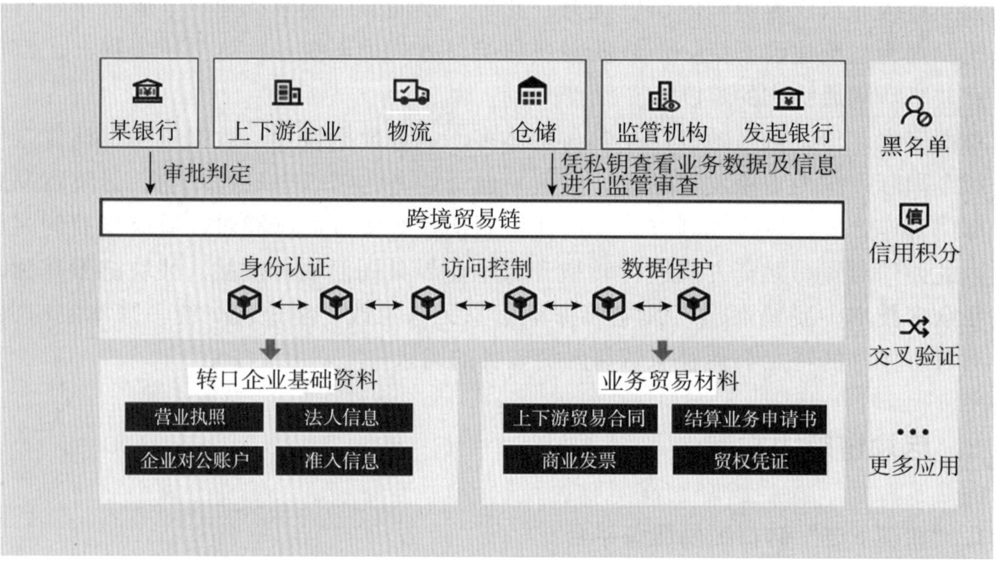

图 8-6 “跨境 e 链”平台架构图

资料来源：https://www. hyperchain. cn/solution/trade.

“跨境 e 链”为转口贸易带来了有效的信息数据和监管方式。其将单据进行分布式存储并采用共享账本技术来实现多点存储、集中管理。分布式存储数据的方式可让转口贸易融资各个参与主体共同记录交易信息，并且保证信息不被篡改和实现信任拆分。各个参与方皆可查看贸易过程中的信息和数据，同时单据流、物流和资金流会进行交叉验证，这有效地解决了信息不对称问题。在监管方面，通过设置信用积分、黑名单等模块，可以有效打击欺诈行为和虚假交易，为贸易业务流程保驾护航。政府也可以作为区块链平台中的特殊参与方进行穿透式监管，进一步加大监管力度。

为了实现上述功能，“跨境 e 链”平台将联盟链和公有链创新融合。联盟链将核心参与方连接在一起搭建了平台的主要部分，之后面向外部和境外客户对接互联网公有链，这样既可以解决联盟链开放性不足的问题，又可以解决公有链公信力不足的问题。双链之间的融合最终实现了数据同步和相互制约。

案例点评

转口贸易相对于普通贸易来说增加了中转节点，因此其真实性一直是业界关注的重点。"跨境 e 链"通过区块链的共享账本、不可篡改、时间戳、可追溯等特性，使链上的各个主体可以进行交叉验证，并且与业务流程同步共享验证，确保转口贸易的可信性。同时由于与贸易过程相关的业务信息都已完全上链，因此可以对链上业务进行实时追踪，有效规避违规融资现象的发生。

2. 跨行区块链福费廷交易平台①

福费廷是贸易融资的一种方式，它是指在延期付款的大型设备贸易中，出口商把进口商承兑的或者经第三方担保的远期汇票，无追索权地售予出口商所在地的银行或者大型金融公司，提前获得现款的一种资金融通方式。在传统的福费廷交易中，银行往往会面临以下问题。

首先是缺乏公开的报价市场。这是因为一般仅会依靠电话、邮件、微信等传统渠道发布交易信息，这些信息辨识真假较为困难。询价成本高且效率低，各类单据也常采用传真或者邮寄的方式传递，缺乏安全保障。

其次是票据存在安全隐患。这类有价票据在保管、传递过程中对安全性要求较高，现有的传输方式存在丢失或者被篡改的安全风险。

最后是交易标准的不统一问题，这主要是因为参与主体众多且相互独立。

总而言之，传统的福费廷交易缺乏一个有助于多方协作沟通并且促进交易的平台。

区块链技术天然具有防篡改、自信任、去中心化等技术特性，利用区块链技术结合业务流程构建的平台，可以从根本上解决传统交易中所面临的问题。一方面，该平台可以降低系统开发成本，攻克协调沟通难度大等痛点问题，协助中小银行梳理标准业务流程，有效打造中小银行参与的生态圈，让业务实现数字化、系统化、便利化、统一化；另一方面，该平台还可以整合各银行的技术与特长，推进行业整体标准提升，最终把银行和银行，银行和其他机构、企业连接在一起，在共享共建的交易圈中取长补短，构建高效、合作、共赢的金融生态圈。在此基础上，中信银行率先倡议，之后由中信银行、中国银行以及民生银行设计开发出跨行区块链福费廷交易平台。该平台于 2018 年 9 月 30 日正式上线并持续开展相关的交易工作。

该平台的架构如图 8－7 所示，其将需要支持和完善的用户信息管理、权限管理、数据传输以及文件传递等功能部署实施之后，把各参与行的福费廷应用平台网络打通，最终实现了通过应用平台互相传递文件，完成交易信息的传递。系统内交易发起方将对报文进行加密处理，防止在交易过程中交易内容被泄露；利用区块链技术，保证过程中交易多方的报价议价和交易确认过程不可篡改，并且可以被追溯，最终保障交易过程规范

① 中国银行、中信银行、民生银行联合发布全功能区块链福费廷交易平台．金融电子化，2019（1）：32－33.

顺利地进行，并且能够增加平台公信力；系统通过工作流分工管理，为不同的角色赋予不同的权限，最终按照既定的标准化流程完成交易。此外，系统内交易由发起方经过底层区块链系统直达交易接收方，不需要经过中介方的中转。

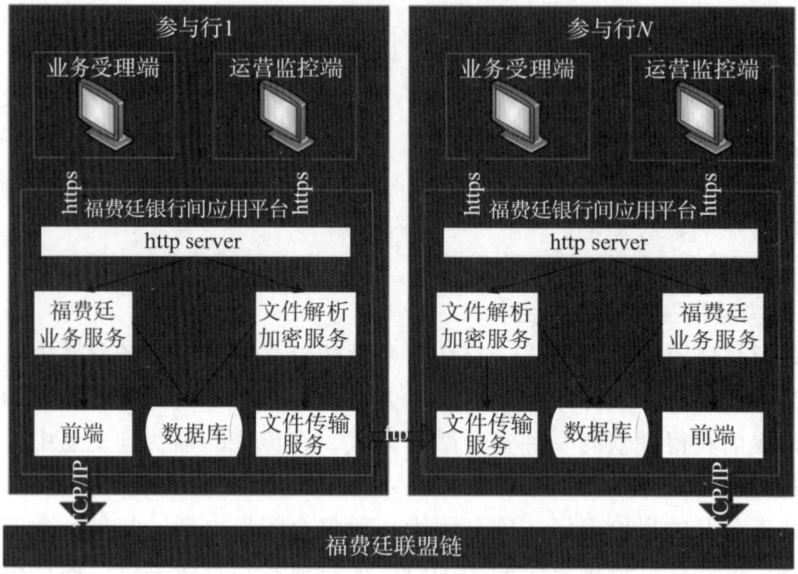

图 8－7　跨行区块链福费廷交易平台架构图

资料来源：https://mp.weixin.qq.com/s/hea5a3cs_issdxVXGryOLA.

案例点评

跨行区块链福费廷交易平台将银行的业务需求同科技进行契合，创新地改变了银行之间信息互通和资产交易的流程。其利用区块链的防篡改、自信任、去中心化等技术特点，面向福费廷业务应用场景，结合操作人员的实际需求，对平台系统进行优化设计。

关键术语

国际贸易痛点　　数据孤岛　　信任危机　　区块链技术

思考题

1. 在贸易行业中，传统支付方式存在哪些问题？区块链是如何解决这些问题的？
2. 在贸易领域中，区块链是如何简化跨境支付和资产交易的？
3. 在物流方面，区块链是如何优化物流信息共享和物流追溯的？
4. 在区块链技术的支持下，贸易流程中的合规性和监管方面有哪些改进？
5. 案例分析题：本章调研了区块链技术在贸易行业的交易、物流和贸易融资场景中的应用，你还能想到哪些区块链在贸易行业中的场景应用？区块链技术在该场景中可以解决什么痛点问题？

第9章

农业中的区块链应用

学习目标

1. 认识传统农业供应链与生产模式中存在的问题。
2. 了解农业向数字化、智能化发展的必要性。
3. 了解区块链技术在农业生产中的应用场景、痛点与需求。
4. 理解区块链对全球农业系统与未来农业发展的影响和改变。

9.1 行业概述

9.1.1 行业现状

农业是让人类社会得以存续、支撑国家经济建设与发展的基础产业之一，为人类的生存提供了必要的农林渔牧等产品。我国自古以来便是农业大国，农耕历史悠久，耕地面积广阔，农村人口众多，“国以农为本”这一说法既是广大人民对土地和粮食的情怀所系，亦体现了现实生产生活中农业的极端重要性。但由于我国人口庞大、农业生产模式偏向传统、现代化程度低，我国农业还不能完全满足国内的需求。引入高新技术，加快推动农业向数字化、智能化转型势在必行。

目前，已有多项新兴技术开始助力农业发展。农业的特殊性体现在其产业链长、信息不对称程度高、各环节互联互通困难等困境上，而区块链技术凭借其开放性、可追溯、不可篡改等特性，能在一定程度上解决农业发展的痛点，在农业转型中发挥着越来越关键的作用。

首先，区块链能够加强农业数据的共享与规范，促进农业数字化转型。在数据成为一种资源的当下，农业数据同样蕴含着丰富的价值，是农业生产与资源配置的根本参考，亟须被开发利用。其次，区块链可以实现产品信息可追溯，协助建立更可靠的信用与信任机制。这在产品质量关乎人的生命安全的农业领域具有广阔的应用前景，能够为提升农产品的透明性带来变革性的推进。最后，区块链与物联网、人工智能等技术相结合，形成一整套数字化农业基础设施，可以便捷从种植、物流到销售、监管的各个环节，对精确化、科学化的农业生产管理大有裨益，有效改善农业生态环境。总的来说，我国农业潜力巨大，并且正发生着影响深远的变化，区块链技术在其中起到了重大而积极的作用。随着农业发展与改革进程继续推进，以及区块链技术在农业中更广泛的应用，农业必将与区块链技术进一步融合。

9.1.2 区块链应用场景

目前，区块链技术已应用于农产品质量安全溯源、农业金融服务、智慧农业、农业供应链管理、农业电子商务等多个场景，下面选取农产品质量安全溯源、农业金融服务、智慧农业这三个技术较为成熟的应用场景，分析区块链技术在农业中具体的应用情况。

1. 农产品质量安全溯源

区块链存储了自创造链后所有上链的数据，每条数据都能追溯到其完整信息，因此区块链上的数据是可追溯的，而这一性质正是农产品质量安全溯源过程中最需要的。农产品从生产到销售的各个环节所产生的数据都被区块链收集起来，且数据公开透明、不可篡改，确保了农产品全程可追踪、可回溯。将区块链引入农产品质量安全溯源，能够有效保障食品安全，增进消费者信任。

2. 农业金融服务

区块链采用分布式的方式存储数据，链上每个节点的权利和义务对等，使其具有去中心化的性质。而且区块链的运作基于协商一致的协议，不受人为控制，是一个自治的系统。这些特性让区块链在农业数字金融中得以应用，在涉农投资、贷款、保险等金融活动中起到了共享信息、降低风险的作用，为农业从业人员获取金融服务拓宽了渠道。

3. 智慧农业

与物联网结合是现下许多领域运用区块链技术的一种方式。物联网是数据产生的源头，能够实现对大量数据的精准采集，区块链则可以存储与管理数据。农业生产过程中的数据经物联网采集后存入区块链，全程无人工干涉，确保了数据的准确性与安全性。区块链与物联网等其他设施相结合，极大地提高了农业生产的智能化程度，让智慧农场和智慧农村真正做到在实践中拥有“智慧”。

9.2　农产品质量安全溯源

9.2.1　场景简述

农产品质量安全溯源是指运用信息化的方式，跟踪记录农产品生产经营者主体和产品流向等农产品质量安全信息，满足政府监管、企业经营和公众查询需要的管理措施。农产品质量安全溯源涉及的生产经营者包括个人、家庭农场、屠宰场、农业合作社、农产品加工厂与企业等，溯源信息包括农产品名称、种类、产地、数量、去向及其他一切农产品种植、养殖、加工、售卖过程中的指标信息，覆盖生产、加工、运输、批发、零售全过程。

农产品质量是否过关直接关系到人的身体健康，是与每个人都息息相关的重大问题。然而，农产品安全事故在全世界屡见不鲜，威胁着人们的健康。2011 年河南“瘦肉精”事件涉及 60 多个养殖场、100 余头生猪；美国李斯特菌污染奶酪事件导致 142 个病例、52 人死亡。这些历史事实充分说明了农产品质量安全溯源的重要性。

除了杜绝农产品安全事故以外，农产品质量安全溯源还有更深一层的意义。首先，某些特定产地、品种的农产品在市场上更受消费者欢迎、价格更高，会出现冒充产地或品种、以次充好的情况。消费者无法分辨真假，就容易对农产品产生不信任的情绪，而有溯源信息的农产品能够避免产地或品种造假，重新获取消费者的信任。其次，在有溯源信息的产品和没有溯源信息的产品之间，消费者自然对后者更为放心，品牌可以借此提升品牌形象。最后，若农产品信息可溯源，一旦出现问题就能更快找到问题源头，提高召回效率，同时也利于政府监管。

9.2.2　痛点与需求

农产品质量安全溯源是一个仍在探索中的领域，存在以下痛点：

（1）农产品质量安全溯源需要收集大量农产品信息，但在农场或农户日常劳作过程中很容易忽略对农产品生长数据的及时收集，溯源没有与农场的日常运作相关联。溯源信息不得不在日后进行补录，而补录不仅成本高，而且信息可能不完整、不准确。

（2）消费者受不良商家造假影响，对现有食品安全体系与生产方缺乏信任，尤其是当溯源信息仅为纸面文字或为消费者看不懂的专业数据、证书时，消费者容易对农产品溯源信息抱有怀疑态度。

（3）很大一部分基层农业从业者素质不高、信息化意识不强，对农产品质量安全溯源缺乏科学的认识，也不懂如何操作来实现溯源，导致农产品质量安全溯源实施难度大，缺乏相关人才。

为了扩大溯源应用面，让农产品质量安全溯源真正惠及于民，该领域尚有以下需求：

（1）合理利用现代化设备与方法，优化溯源流程，减少溯源工作量，让农产品质量安全溯源朝着数字化、智能化的方向发展，从而提高溯源整体效率。

（2）加强口碑工作建设，加大对消费者体验的重视程度，在溯源过程中通过使用更易懂、更丰富的溯源信息展现方式来改善消费者体验，提高消费者在溯源过程中的参与度。

（3）积极培养既熟悉农业又掌握高新技能的复合型人才，填补农业信息化方面的人才缺口，提升广大农民应用信息技术的意愿与能力。

9.2.3 区块链解决方案

1. TE-FOOD

农产品质量安全溯源是区块链在农业中一个较大的应用场景，已有一些比较成熟的尝试。TE-FOOD 是一家专营食品溯源的企业，它的自我定位是“使用区块链技术的农场到餐桌食品追溯解决方案”，主营业务是帮助食品公司优化供应链流程、帮助生产者提高运营效率和帮助消费者了解产品的来源信息，目前已服务 6 000 余名企业客户，每天平均处理 40 万笔交易。

TE-FOOD 为完整的食品供应链提供溯源所需的工具与应用程序。它通过序列化标识赋予产品数字身份，利用区块链存储所有可追溯数据。消费者通过扫描产品包装上的二维码就能查看溯源信息。溯源信息包括产品历史、成分、使用说明、供应商、权威认证、环保声明等内容。一方面提升了消费者的参与度，有助于品牌方打造独特优势；另一方面能使整个食品供应链中的产品召回管理自动化，通过将批次追溯至原料生产商，生成要召回的批次 ID 与产品序列号列表，并发送给受影响方，以此缩短产品召回的时间、缩小产品召回的范围。

支撑 TE-FOOD 运作的是由 TE-FOOD 自身推出的区块链 TrustChain 和代币 TONE。TrustChain 提供超级节点和主节点两种节点类型。超级节点目前共有 7 个，由多家供应链公司负责运营，它们通过超级节点接入服务网络，每个发送到 TrustChain 上的交易都至少需要一个超级节点进行验证。主节点由消费者社区的成员负责运营，主节点池完成分发代币奖励、分配区块链交易操作、保护网络等工作。代币 TONE 则是 TrustChain 上进行交易与验证交易的网络燃料，可用于向 TrustChain 发布数据、激励区块链生态系统参与者等，客户通过在公开市场上购买 TONE 来推动 TrustChain 的正常运作。

自 2015 年起，TE-FOOD 便开始在越南实施端到端的食品溯源系统。从农场到餐桌的溯源对于发展中国家是一个挑战，但具有充足的必要性，因为这些国家市场广阔且对于更安全的食品的需求格外迫切。2017 年，TE-FOOD 开始实现基于区块链技术的溯源系统。此后，TE-FOOD 在越南多个省份继续推进可溯源的食品供应。

2019 年，TE-FOOD 与越南最重要的养猪省份同奈省政府合作，利用区块链的可追溯性防范非洲猪瘟（ASF）的爆发。同奈省拥有约 250 万头猪，而非洲猪瘟一旦发生，死亡率接近 100%，会对养猪农民造成残酷的打击。为了预防非洲猪瘟，同奈省所有养猪场都需在 TE-FOOD 的移动应用程序中注册并定期提供牲畜的状态报告，出现疑似病例时相关部门会派人前来评估或者扑杀牲畜，同时相关部门也能通过应用程序向农民分发有关识别与防范非洲猪瘟的科普材料。通过这一系统，农民与相关部门间的联系更加紧密，流行病也能够得到更为快速的处理。目前，TE-FOOD 的畜牧流行病管控系统在同奈省与芹苴市均已落地。

为了更好地提供食品溯源服务、发掘区块链技术潜能，TE-FOOD 进行过多种尝试。一项尝试是 2019 年 TE-FOOD 推出了一项新产品 BlockSeal，让食品质量证书颁发者能够在区块链上创建安全、真实且易于共享的证书。证书造假并不罕见，确保证书的真实性是确保食品安全的前提条件。而区块链对于建立信任具有相当大的优势，存储在区块链上的证书是不可改变、不易损毁或丢失的。BlockSeal 让证书颁发者通过将证书上传至区块链获得二维码和区块链的哈希函数，然后便能使用基于区块链的数据生成的证书的电子版本，纸质证书也能通过打印二维码提升其可信度。BlockSeal 的电子证书示例如图 9－1 所示。

图 9－1　BlockSeal 电子证书示例

资料来源：https://medium.com/te-food/te-food-introduces-blockseal-a-new-product-to-authenticate-certificates-be00681275bc.

另一尝试是 2022 年 TE-FOOD 开发的基于区块链的客户忠诚度奖励制度。许多消费者不喜欢每个零售商都有一套自己的忠诚度奖励制度，他们希望能够有一种统一的奖励制度，让他们不必经常在多个忠诚度奖励的账户、卡或应用程序中切换。在 TE-FOOD 的忠诚度奖励制度中，加密代币 TONE 可以作为一种忠诚度积分，每个参与的零售商都会发行 TONE，且他们只需与这项服务的提供方 TE-FOOD 签订双边合同，不必在多边结构中相互签订合同。消费者则能在所有参与了这一项目的零售商处通过消费获得忠诚度积分，然后在不同的零售商处使用积分，省去了忠诚度奖励制度的切换成本。系统由智能合约进行管理，负责在后台交换代币，以便为不同零售商进行结算，所有信用与交易信息都将记录存储在 TrustChain 上。这一改进提升了消费者的体验，让商家增添了一项吸引消费者的优势，也探索了一条新的加密代币的使用路径。

案例点评

从 TE-FOOD 做出的种种尝试可以看出，区块链在农产品质量安全溯源领域应用前景广阔。TE-FOOD 的食品安全追溯系统不仅改进了供应链，提高了行业信息透明度，而且优化了消费者的体验，创造了品牌价值。TE-FOOD 现在正和 Vinamilk、欧尚等多家企业合作，为有机奶粉、新鲜蔬果、肉类等不同种类的商品提供可追溯性。但 TE-FOOD 相信区块链的潜力不止于此，它仍在多方面地探索与发掘区块链的价值。例如，新产品 TE-FOOD Lite 是一种轻量级的 SaaS（软件即服务）溯源解决方案，期望为产品增加可追溯性的公司无须花费几个月的时间为引入溯源信息做准备，也无须加入完整的供应链便可快速实施溯源。这一产品的推出迎合了中小型客户对于低成本的可追溯性方案的需求，让食品安全溯源能够在更广阔的市场得到应用。

2. 京东农产品防伪溯源

京东是国内规模最大的电商企业之一，经营业务多样，在技术创新方面也十分积极。京东自主开发的智臻链防伪追溯平台基于物联网和区块链技术，专门为企业提供产品流通数据的全流程追溯能力。智臻链防伪溯源平台如实记录产品生产、加工、包装、物流全生命周期的数据，消费者想看到任何重要信息的需求都能被满足；提供包括二维码、RFID 标签在内的多种赋码方式，以应对各种场景的需要；记录消费者扫码情况，让溯源不再单向，而是有所反馈，并通过反馈信息更好地掌握消费者的情况，增加溯源收益。

2018 年，京东成立了京东农场项目与全国各地多家农场合作，希望能打造出一系列特色农产品品牌，包括内蒙古呼伦贝尔芥花油、黑龙江五常大米、陕西黄陵苹果等 24 种地区特色农产品；并在京东商城开设京东农场旗舰店和京东农场生鲜旗舰店，专营京东农场出产的农产品，且所有产品均按照“一物一码”的标准配有溯源信息以供消费者查询。图 9 - 2 为京东农场生鲜旗舰店出售的赣南脐橙详情页面对溯源码的说明。

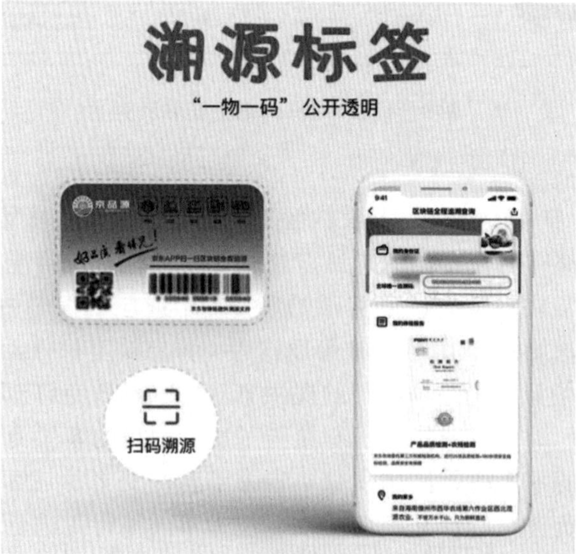

图 9 - 2　京东赣南脐橙详情页面对溯源码的说明

在防伪溯源方面，京东采取了多种措施实现高标准、全流程的农产品质量安全溯源。首先，京东农场推出了基于区块链的数字农业管理平台——谷语。谷语通过设置在农场的物联网设备采集农作物生长过程中的关键数据，包括自然环境信息、化肥农药用量、物流运输节点等，这些数据随后会通过区块链生成溯源二维码。① 农产品的生长状况、种植过程与加工仓储的数据都能被放入展示给消费者的溯源信息中，从而实现农产品生产过程全透明。

其次，为了更好地实现防伪溯源，京东研发了多种独特的区块链技术。由于不同省市地区的溯源信息标准并不一致，产品在流通过程中可能会出现需要重复贴码的问题，因此，京东研发了“一码到底”的溯源技术，打破了区域溯源壁垒，实现了跨域追溯与追溯码互通，加快了产品流通的效率。“千里眼”技术则是通过视频的形式记录产品生产流通过程，将生鲜养殖环境等相关信息进行直播展示，以达到提升销量与提高品牌评价的目的。视频相较于文字、图片更具有说服力，消费者能亲眼看到自己购买的产品被收获、加工的情景，更容易对产品乃至品牌、平台产生信任。

考虑到农产品溯源不同于一般商品的溯源，只做商品信息的展示是不够的，必须保证农产品从生产端起便足够优质，京东物流针对农产品的信任问题推出了“京源链”。京源链结合农业生产端管控系统和区块链技术，从源头认证农户和地块，提升农场生产管控水平。在京源链的微信小程序上，农户能够上传地块、作物等基本生产信息，查看根据特定农产品生产标准制定的种植计划（见图 9－3），并实时记录生产过程。农事作业完成后，平台会自动生成溯源记录，将上述素材写入二维码或 NFC 格式的溯源码。

图 9－3　京源链小程序种植计划界面

① 王春雷，陈翠妮. 京东农场区块链技术应用及其对社区支持农业的启示. 北方经济，2020，7：43－46.

案例点评

京东的农产品防伪溯源体系充分保证了溯源数据的真实性、准确性与连续性，将农产品的生命历程完整地呈现给消费者，并且依托京东强大的电子商务平台，与多个品牌合作，真切地为消费者带来了更放心的消费体验。

3. 联合国棉花溯源

从2017年起，联合国各组织开始在业务活动中应用区块链技术，在全球多个地区成功开展了包括数字支付、牲畜追踪、土地登记在内的试点项目。2020年，联合国欧洲经济委员会（UNECE）为了加强服装行业的可追溯性和透明度，启动了棉花价值链的溯源试点项目。截至2022年10月，该项目已在20个国家实施，73个实体（农民、棉花合作社、贸易商、制造商等）参与其中。

棉花是世界上使用最广泛的天然纤维，是纺织与服装业中一种不可或缺的原材料，也是全球2 600万棉农的生计来源。随着消费者消费观念的不断更新迭代，部分消费者开始对棉花生产的环境与条件有了更高的要求。种植棉花所造成的气候、土壤和水资源污染引起了环保人士的担忧，童工、低工资、强制劳动等在历史上曾经发生过的剥削工人事件也容易引发质疑。对此，一个可行的解决办法是在棉花价值链中建立可追溯系统。

UNECE开发的区块链系统用于从土地到货架的棉花价值链的溯源与尽职调查，由联合国贸易便利化与电子商务中心（UN/CEFACT）和国际贸易中心（ITC）为其提供可追溯性与透明度工具。UNECE首先完成了两项测试：一项是测试上述工具在区块链环境中的使用，上述工具能够对关键数据实体进行识别和编码，而这些数据实体后续会用于评估产品、流程和设施的可持续性表现；另一项是测试企业在区块链环境中使用UN/CEFACT提供的可追溯性与透明度方法和标准时的风险知情决策能力，因为追溯系统是覆盖完整棉花价值链的，棉花认证机构、服装制造商、服装品牌等都需要参与区块链的运营。

在棉花价值链的关键节点上，送货单、发票等商业信息和产地证书、有机证书、可持续发展证书等证明文件会被收集以作为支持棉花可持续性的证据。图9-4展示了一条标准的棉花价值链的业务流程、参与方和关键节点。为了使棉花的物理资产与其数字证据联系在一起，物理资产与数字证据会被赋予具有相同标识符的DNA标记，通过这种方式为可追溯性增加可信度。为了应对不同参与方对可持续性的不同要求，每个参与方都会在一个“TT矩阵”中选择他们希望解决的可持续性风险，并输入解决风险的认证或标准，溯源系统所收集的数据将根据各参与方的选择而有所区别。[①]

① United Nations Economic Commission for Europe. Report on the Blockchain Pilots Project for the Garment and Footwear Sector. 2022：16.

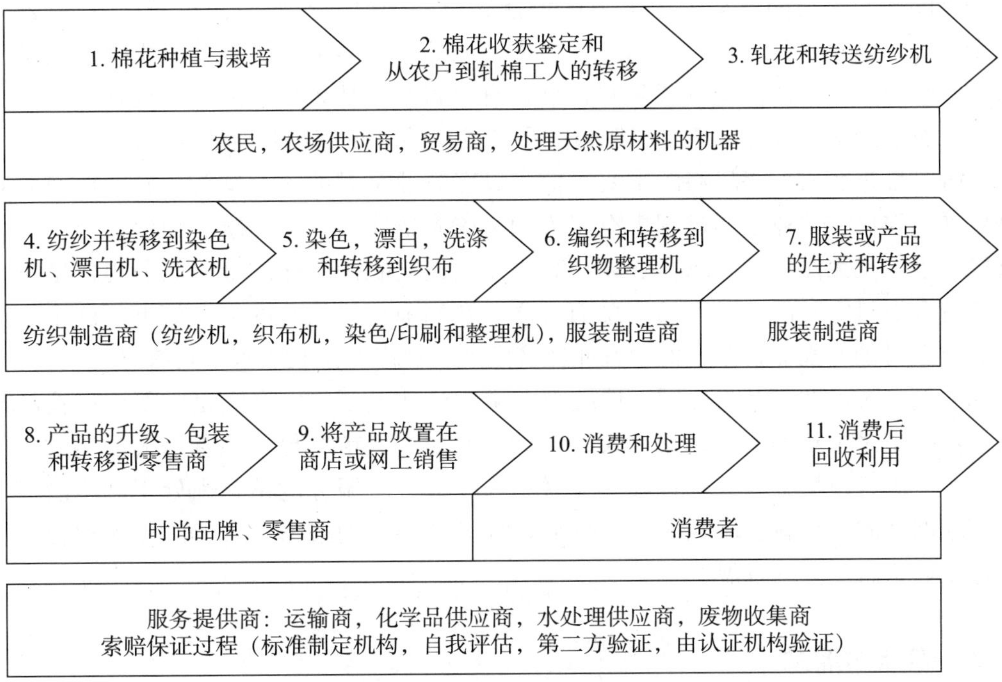

图9-4　棉花价值链业务流程图

资料来源：United Nations Economic Commission for Europe. Harnessing the potential of blockchain technology for due diligence and sustainability in cotton value chains. 2021：6.

案例点评

在UNECE的棉花溯源方案中，区块链为棉花的种植和流通提供了共享且可靠的数字存档，增强了棉花产业各合作方的沟通与信任，满足了消费者对棉花的环保和可持续性的要求。事实上，联合国已经利用区块链造福了多个国家和地区的农民群体，例如，世界粮食计划署（WFP）在约旦通过区块链跟踪食品从农场到餐桌的轨迹，国际电信联盟（ITU）与联合国粮食及农业组织（FAO）在巴布亚新几内亚用区块链搭建生猪追溯系统，联合国开发计划署（UNDP）在厄瓜多尔用区块链追溯可可成为巧克力棒的历程。这些受惠国无一例外经济落后且农业在国民经济中占比大，联合国的介入弥补了第三世界国家难以自主进行科研创新和产业升级的短板，有助于增加当地农民的收入、减少贫困，也体现了联合国对可持续发展一以贯之的追求。

9.3　农业金融服务

9.3.1　场景简述

农业金融服务是指农村金融机构运用货币交易手段融通有价物品，向农村金融需求主体提供的共同受益的活动，需求主体包括农户、种植养殖经营户、农民专业合作社、农业企业等，涉及存款、贷款、保险、期货、证券等各类金融服务。由于农业生产受自然条件影响较大、生产活动持续时间长且具有盲目性、从事生产的农民往往缺乏抵押物等原因，农业金融服务比一般金融服务有更高的风险，更依赖政府的扶持。

金融是推进乡村振兴战略的重要支撑，没有农业金融的资金支持，农业经济就难以得到发展。农民在农业生产过程中有多方面的融资需求、保险需求、担保需求等，但农户规模较小，也无法负担高成本贷款，需要专门面向农民群体的金融服务提供融资信贷渠道与符合农村实际的金融产品。总而言之，在当前乡村振兴的大背景下，健全农业金融服务体系对加速农业转型、推动农业经济发展、提高农民收入水平具有显著意义。

随着信息技术的普及与应用，传统农业金融模式已不能完全满足需要，科技的进步为农业金融带来了新的活力。农村人口庞大，农业金融市场也存在着巨大的需求，但农业金融服务本身市场并未完全打开，互联网与农业金融服务的结合尚处于起步阶段。因此，互联网在农业金融领域既面临着挑战，也具有很大的潜力，二者的深入融合必将极大促进农业金融服务的发展。

9.3.2 痛点与需求

农业金融服务仍存在许多有待改进的问题，总结如下：

（1）农业金融服务主要面向基层农民，而基层农民资产少、收入不稳定、存贷款金额小，金融机构对其提供融资和贷款也会出现回报慢、风险高的情况，且农村土地价值评估困难，作为抵押的资产不容易被接受。以上种种原因都使农民很难得到融资服务。

（2）农业金融机构尚未建设完善，农业信息化建设程度低、分布离散，农民经济基础和信用意识差，使得农业金融的发展环境恶劣，农业从业者难以及时得到金融服务的帮助，非正规融资大行其道，有许多安全隐患。

农业金融服务有以下需求：

（1）农村金融机构抗风险的能力急需通过扩大其资金来源、改善其资本结构等方案提升，风险预警体系需加以完善，从而对金融机构的风险状况进行动态的跟踪监测，做好金融风险的及时防范和化解工作。

（2）信息技术在农业金融服务中的价值有待进一步挖掘，诸如征信、风控、定价等金融业务需要在数据的基础上进行分析，农民、金融机构、政府部门之间的互联互通也要基于互联网。因此，向数字化转型是农业金融服务适应时代巨变的迫切需求。

9.3.3 区块链解决方案

1. EthicHub

农民融资难是一个在世界范围内普遍存在的问题，许多金融机构不愿意打开农业市场，这使得农民群体缺乏融资渠道。西班牙的 EthicHub 公司瞄准农民群体的融资需求，专门为他们打造了一个协同融资平台，向中小型农户提供流动资金并帮助他们的产品进入市场。该平台基于区块链技术建成，集合了许多需要资金支持的农业项目，并附以项目基本信息、资金去向与预期收益的说明，投资者选定一个项目后便能进行最低 20 欧元的投资。图 9-5 是 EthicHub 上一部分项目的展示。投资可以采用传统的信用卡、储蓄卡等支付渠道，也可以通过 EthicHub 的账户使用加密货币进行资产转移。目前，EthicHub 已在墨西哥、巴西和洪都拉斯三个国家开展业务，自 2018 年以来已经完成了超过 200 万欧元的转账。

图 9-5 EthicHub 部分项目展示

资料来源：www. ethichub. com.

EthicHub 的理念是“打破货币边界”，实现这一理念的渠道便是通过区块链技术进行透明、安全、可追溯的价值转移活动。长久以来，农民在金融体系中一直被边缘化，正规金融服务严重供给不足，无法应对在工业化进程中日渐增长的农村资金需求。去中心化金融（DeFi）在增强金融系统透明性、增加参与者获得金融服务机会方面有显著优势，EthicHub 希望借助区块链的去中心化特质，充当去中心化金融与农村经济之间的桥梁。

实现这一目标需要降低农民贷款违约率、提高向农民借贷的收益水平，以吸引更多投资者向农民投资。EthicHub 发行的代币 Ethix 是其中的关键，用于为农户的贷款做担保，降低不付款和盈利波动的风险。同时也作为实施去中心化治理的工具，让去中心化系统得以在所有参与者间分配 EthicHub 生态系统的价值。EthicHub 将大部分代币资本转化为一个清算池，投资者参与越多，Ethix 代币所产生的价值就越大，用于补偿的储备也就能带来越多的安全保障。具有更好的安全性又能吸引更多的投资者，通过这种正向的激励循环，EthicHub 在 2018 年之后两年多的运营中得以保持 0%的违约率。

在保护投资者利益方面，EthicHub 同样设计了一套补偿系统来降低投资失败的风险。在贷款没有达到预期最低收益时，EthicHub 的智能合约会自动启动补偿机制，支付给投资者一定数量的 Ethix 代币以弥补损失。补偿一共包括四级，会依次激活，直到投资者的损失总额加贷方利息被完全偿还。对于第一级补偿，EthicHub 起源中心的 Ethix 代币会作为项目的抵押品被首先清算补偿给受损失的贷方。对于第二级补偿，当起源中心的 Ethix 代币数量不足时，合约将要求全球补偿池出售 Ethix 代币，直到覆盖预期的盈利能力。第三级补偿是当前两级补偿都不足以弥补违约时，Ethix 代币持有者可以通过冻结 Ethix 代币来充当第三级补偿的抵押品，并获取平台折扣、更高的贷款利息等好处作为奖励。最后一级补偿则由去中心化交易所流动性池（liquidity pool）中的流动性提供者自行选择，他们可以选择成为第四级补偿，以获得与第三级补偿相同的奖励并且在池中固定他们的位置。EthicHub的运营体系结构如图 9-6 所示。

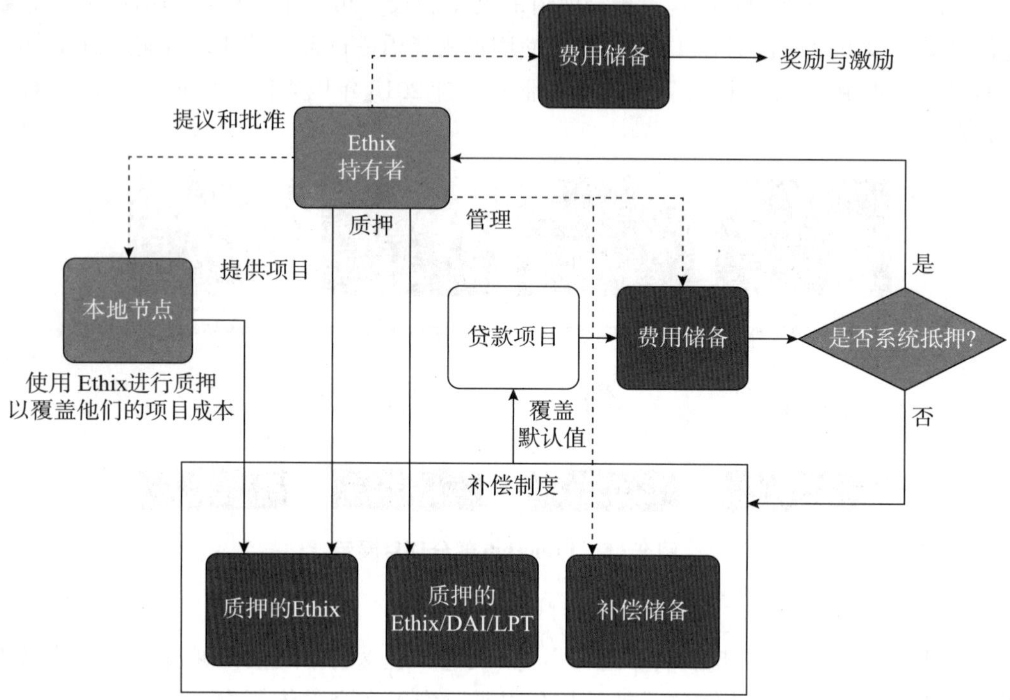

图 9-6　EthicHub 运营体系结构图

案例点评

EthicHub 建立的平台实现了农户和投资者的双赢，它既为中小农户解决了资金问题，又为投资者提供了操作便捷的投资渠道。农户能够以较低的利率获得融资，并且得到 EthicHub 提供的技术援助以更好地进入市场，从而提高收入与偿贷能力。投资者能够自行挑选其认为有潜力的农业项目进行小额或其他数额的投资，并享有为投资兜底的补偿机制。

2. 农金保

为了应对我国农业金融服务供给不足、服务质量低下的问题，中农置粮联合东软集团推出了一套基于区块链的农业综合服务框架系统——农金保。农金保项目创建于 2020 年，目前累计成交额已达 50 亿元，农户注册会员逾 70 万，供应链金融规模达 1 亿元。该项目的业务内容包括农产品交易、风险决策、数字资产管理等金融服务以及农业电商、订单管理等便民服务，参与方除农民外还有银行、保险、合作社、政府等。

农金保采用东软集团开发的 EchoTrust 区块链作为技术支撑，提供了一整套基于区块链的农业金融服务解决方案。农金保的核心系统为农产品交易结算中心和农业区块链平台（见图9-7）。[①] 系统中的各个部分通过区块链相互连接，以实现各环节、各参与方互联互通、信息共享。

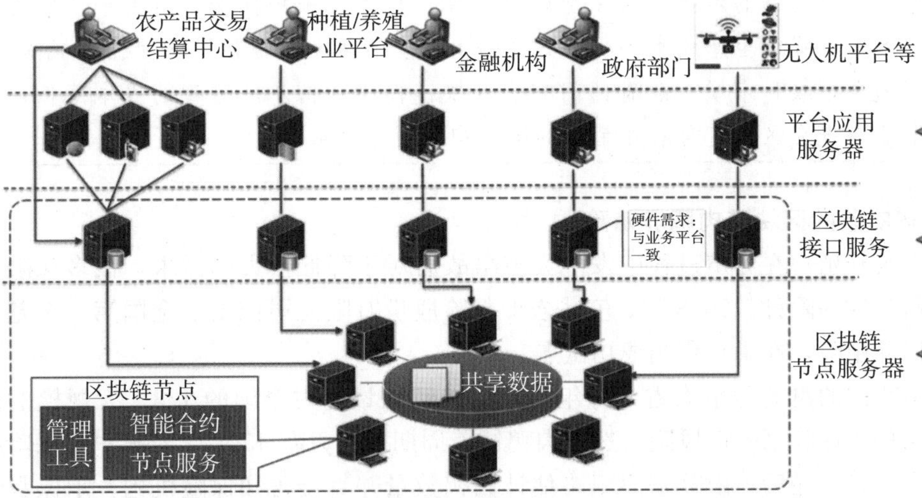

图9-7 基于区块链的农业金融服务平台部署架构图

对于农民而言，这一平台为他们的农产品生产和销售、获取金融服务、与粮食收售加工企业相连接等行为提供了诸多便利。农民将土地信息、贷款记录、订单记录等数据上链统一存储与管理，依靠区块链的不可篡改性、不可删除性，避免了记录缺失或不一致带来的产权纠纷、交易纠纷。在生产阶段，生产过程的数据实时存储在平台中，让其他生产参与方可查看农产品的现状。在销售阶段，农民通过平台与收粮企业进行交易，在平台上签订收售订单。在交付阶段，物联网等设备的定位与监控功能时刻捕捉商品的物流状态，为商品运输保驾护航。在验货阶段，验货完成会触发智能合约的执行，由智能合约来替代人工完成支付，确保资金转移没有延迟、出错。

当农民需要金融服务时，也可通过区块链系统向金融机构申请贷款、保险等服务。而农民上链的信息可作为金融征信查询信息的重要来源，金融机构能根据链上信息对申请人进行资产与信用评估，判断是否为其提供服务。这种金融服务模式极大地降低了信息传递成本，提升了针对农业金融服务风险的识别与监控能力，拓宽了农民寻求金融服务的渠道，对于解决农业金融服务供给不足、风险监控困难的问题具有深远的影响。

同时，农金保也是我国首个在农村产权交易领域引入区块链技术的项目。农村土地流转是农业可持续发展的必然要求，具有优化土地配置、促进农业结构调整的作用。然而，我国农村土地流转存在缺乏规范化管理的问题，流转程序混乱、流转行为不备案甚至不遵守法律规定的情况屡见不鲜，农民利益难以得到保障。农金保平台可完成土地流转合同备案，借助区块链技术实现对土地经营权的认定，规范土地流转交易过程，并保证土地流转交易合同的真实性与有效性，从而在一定程度上打破了信息不对称的局面，解决了农村土地流转监管困境。

---

① 上海金融信息行业协会. 2020全球区块链创新应用示范项目集. 2020：55-57.

案例点评

总而言之，农金保在扩大农业金融服务覆盖面，打通各环节、各部门之间的沟通壁垒方面提供了一个良好的示范。农民得以享受信息技术带来的便捷，运用平台整合的资源提高生产效率、降低生产成本、获得更好的生产生活保障。金融机构面临的风险降低，能够更从容地开拓农村市场。政府部门有了区块链提供的信息，监管的成本降低，效率提高。多个参与方在区块链与农业金融的融合中实现了共赢。

3. 安华农险的区块链肉鸭养殖险

为了满足养殖户在养殖过程中发生灾害事故后对于降低损失的需求，很多保险机构都提供养殖险这一险种。2018年，安华农业保险股份有限公司推出了全国第一个基于区块链的肉鸭养殖险，在山东兖州成功试点。

山东是我国的禽类养殖大省，每年出产的肉鸭数量约占全国的1/3。大规模的肉鸭养殖需要靠购买保险来降低风险，然而肉鸭饲养周期一般只有45天，养殖户与保险机构间的信息流通容易滞后。由养殖户粗略估计肉鸭数量并直接告知保险机构，承保数量和出险数量难以清晰地确定，保险机构需实地勘察以对肉鸭数量进行确认。而家禽死亡率本就较高，过多的勘察次数会增加理赔成本。以上种种原因使肉鸭养殖险理赔面临着许多障碍。

针对上述问题，安华农险将区块链技术引入肉鸭养殖险。每只肉鸭的保费为0.1元，承保金额为20元。除保险公司外，养殖户和相关企业也参与其中。提供鸭苗的企业在养殖户向其进雏时将进雏数量上链，这一数据便是承保出单的依据。养殖户每天在区块链系统中上传肉鸭的死亡数量与证明。屠宰场在肉鸭出栏时同样要登记肉鸭数量。如此多方数据相互印证，确保了数据真实可信。

疫病、自然灾害、意外事故等事件都在出保范围之内，当区块链上的信息达到理赔条件、触发理赔机制时，智能合约会直接执行理赔。传统的理赔模式中，理赔需经过初审、复核、结案等一系列流程，理赔周期长达数周乃至数月不等。而智能合约的程序中会预先对一些可能发生的情况做出指示，自动计算金额并通知到各方，节省了一部分人力，极大地提高了理赔的效率。这种自动理赔避免了由于保险机构与养殖户之间的信息不对称而产生的分歧，杜绝了拖欠、拒赔等情况的发生，保障了养殖户的权益不受侵犯。

将各参与方通过区块链相连的另一好处是养殖信息公开透明，专业人员可根据链上信息为养殖户提供指导和建议，降低疫病风险。保险机构则能通过区块链查看养殖情况，便于在出现异常时及时派遣工作人员前去调查和处理。信息在参与方之间通过区块链实现了共享，对监督养殖户、增进各方信任而言作用匪浅。

案例点评

安华农险的区块链肉鸭养殖险促进了养殖户、保险公司与其他相关参与方的信息互通，通过比对多方数据来获取肉鸭的真实死亡数量，解决了传统肉鸭养殖险中数据失真的问题，降低了肉鸭养殖险承保、理赔业务的成本。同时，这种“区块链＋农业保险”

的模式可以在其他禽类或牲畜上复制。这无疑能增加保险业对禽类养殖业的信心，为减少禽类养殖户的养殖风险做出贡献，也为农村信用体系建设添砖加瓦。

9.4　智慧农业

9.4.1　场景简述

智慧农业是指综合利用无线传感技术、自动控制技术、网络技术和数据库技术等现代信息技术实现农业全过程智能化的农业形式，核心技术包括物联网、区块链、云计算、机器人等，依托各类传感器和无线通信网络实现对农业生产环境的感知、监测与预警，为农业生产提供可视化管理与智能化决策。

智慧农业将现代信息技术引入农业生产与管理，拓宽了农业发展空间，为农业转型升级和可持续发展提供了解决方案。首先，智慧农业使农业生产管理更加精细、高效。传感器能够收集光照、温度、湿度等养殖种植数据，为农药、肥料、饲料的使用量提供最优方案，减少了农产品生产成本。其次，智慧农业有助于保障农产品品质。农户能实时监测生产环境状况并对其加以控制，也能检验农产品品质以保证其符合标准，有力促进了农产品的安全性。最后，智慧农业符合可持续发展理念。精细化生产能够避免物资的浪费，环境物理参数的获取也有助于实现生态环境的治理，在生态保护上具有重大现实意义。

9.4.2　痛点与需求

现有的智慧农业以理论为主，实际落地并不广泛，阻碍其进入实践的痛点问题有：

(1) 许多地区的农业生产以家庭为基本单位，但智慧农业依赖大规模土地，过于零散的土地难以进行智慧化生产布局。尤其是我国耕地细碎，阻碍了智慧农业的发展。

(2) 农村地区基础设施建设薄弱，在通信服务性能与核心科技的掌握方面难以达到智慧农业的要求。农户经济条件差，无力负担建设智慧农业所需的设备成本。

因此引出以下需求：

(1) 加大对智慧农业所需技术的研发与推广，降低实现智慧农业的成本，简化数字化设备的操作以方便农民学习掌握，针对不同农业生产模式或农业生产主体区别化推进智慧农场落地进程。

(2) 加强农村基础设施的建设，利用信息化技术优化农业产业链，搭建起能实现精准作业、实时感知、自动控制的平台，为智慧农业的更普遍落地创造可能。

9.4.3　区块链解决方案

1. AgriDigital

AgriDigital 是澳大利亚的一家智慧农场管理企业，是世界上首批使用区块链在农业领域建立数字信任的企业之一，它为农业从业者提供了基于云的集成商品管理解决方案。该企业成立于 2015 年，目前已为全球 11 600 余家农企实行了农业管理数字化，有约 11 140 名活跃用户。

AgriDigital 主要面向的用户有四类：农民、网站运营商、农产品交易商与农业经纪人。AgriDigital 通过跟踪卡车交货过程、实时记录农场的存货情况、管理合同与核对交付情况等举措使农作物管理数字化，让农民能轻松把握农场存货与订单。同时，它有助于强化农户与买家之间的关系，以及团队内部的协作关系，简化了付款与发票生成流程，使农业中的库存、交易、票据管理更加简单高效。总的来说，AgriDigital 提供的核心服务包括数字化存储管理、买卖双方的网络连接、自动结算、更简便的融资。AgriDigital 官网列举的农场服务如图 9-8 所示。

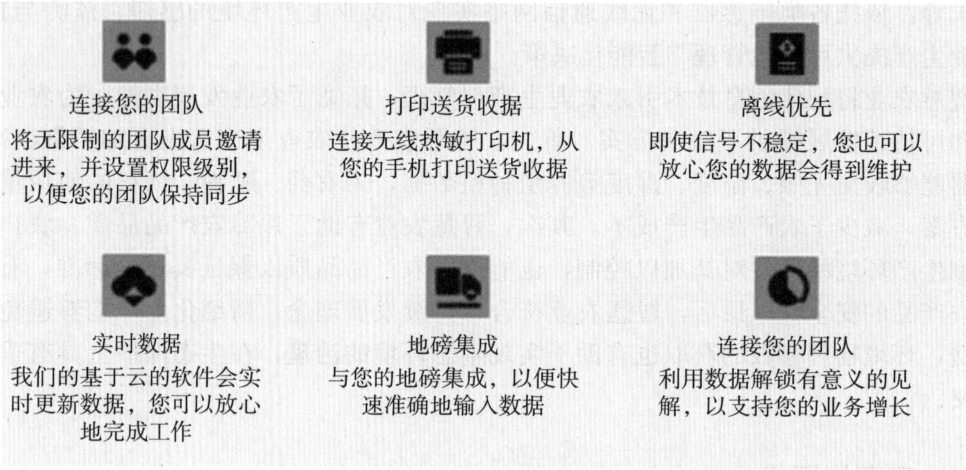

图 9-8　AgriDigital 官网列举的农场服务

农业供应链参与者众多，大量的复式记账、付款与资产转移使得供应链运作效率低下，参与者之间缺乏沟通与信任。在传统的农业供应链中，农民往往是弱势方。当买方认为一笔交易无利可图时可能会毁约，而农作物容易腐坏变质，农民如果不能尽快找到下一个买家，便只能白白蒙受损失。AgriDigital 解决的关键问题便是借助区块链创建更高效的多方参与的农业管理平台，在农业供应链参与者之间建立数字信任。[①] AgriDigital 的创始人 Emma Weston 提到，AgriDigital 真正关注的三个方面分别是支付和交易安全、网络和市场效率、透明度。

交易缺乏安全性与实时性正是农业供应链信任缺失的根源，因为信任源于买卖双方能够安全且及时地交付或转移农产品与资金，否则便会导致欺诈与延迟。基于此，AgriDigital 于 2016 年完成了一项里程碑式的工作，即在区块链上执行了全球首个实物商品结算。首先，作为小麦卖方的农民向作为买方的出口公司运送了 23.46 吨小麦。在小麦进入仓库的那一刻，地磅等设备记录下小麦的数量和质量。AgriDigital 的智能合约根据小麦交付情况进行评估后，验证买方的数字钱包里的资金是否足够支付给卖方，并确保资

① Xu X, Weber I, Staples M. Architecture for blockchain applications. Switzerland: Springer Nature Switzerland AG, 2019: 241.

金在卖方名下。当商品最终完成实物交付，即小麦的所有权转移到买方名下后，资金同时也被支付给卖方。尽管结算的过程在区块链上进行，但卖方收款仍然是通过传统的银行方式收到当地货币。

总的来说，AgriDigital 使用智能合约技术自动执行交易的结算，确保了农产品的所有权转让与支付相匹配。当农产品没有在规定的时间交付时，为了保证这种匹配，AgriDigital 采用的方法是锁定支付金额与应交付产品的数字资产，直到智能合约执行交易。这种结算模式优于传统模式的地方在于确保了农产品的所有权清晰可见。传统的纸质记录或电子记录容易损毁且不具有实时性，难以应对付款失败等特殊情况，而区块链上的结算总能保证买卖双方的即时利益。

2017 年，AgriDigital 与澳大利亚粮食出口商 CBH 集团合作完成了另一项测试区块链支付的实验，旨在实验生成实物商品的数字所有权并在区块链上执行付款（允许安全的七天付款期限）的功能，以及使用区块链追踪一批燕麦从农场经加工、碾磨直至零售端的流通过程，以验证这些燕麦是否有机。AgriDigital 记录下燕麦的数量与质量信息，这些信息在农户的数字钱包中生成数字所有权令牌。该令牌在七天内被持有，以保证在付款前农户对待交付的商品拥有所有权。七天后，结算发生在原子交易中，所有权从卖方转移向买方的同时，在区块链上使用 AgriDigital 发行的代币 Agricoin 向卖方支付报酬。这次交易的成功满足了真实商业情景下七天付款期限的要求，证明了在区块链上可以顺利进行商品交易并降低交易风险。

另外，AgriDigital 也记录下了关于燕麦来源、储存、运输的数据。这些数据被捆绑在各种断言中，每个断言代表一个事件或一个与有机燕麦相关的关键声明。这批燕麦每经过一个流通环节，AgriDigital 开发的分析模型就会生成一个真或假的陈述，以确认其有机状态。消费者则可以通过扫描销售点的二维码查看燕麦是否有机，实现了农业供应链的可追溯性。

如今，AgriDigital 利用区块链优化农业供应链的设想已经在商用中取得了一些成果。AgriDigital 目前主要面向的农作物是粮食与棉花，通过订阅费、向供应链利益相关者销售数据服务以及收取融资服务管理费来获得收入。2021 年，共有 2 500 万吨价值超过 60 亿美元的谷物在平台上完成了交易。它推出的 Waypath 应用程序与农业区块链协议 Geora 合作，专为农民打造，将农民接入区块链。农民可以通过 Waypath 实时管理农产品的存储、转移、合同和付款，追踪自己的农产品从农场到交付的完整过程。这无疑有助于减少农民的管理成本，在农业生产中赋予他们更多的主动权。

案例点评

作为一个农业管理平台，AgriDigital 专注于帮助农业从业人员在农产品收获、储存以及销售、付款过程中管理他们的农产品和资金，为推动农业供应链运作向数字化转变做出了一定贡献。它的基于区块链的实时商品结算在消除交易风险方面意义重大，为农业供应链带来了安全与信任。而跟踪软件所获得的农场数据则是一笔宝贵的数字财富，通过这些数据，农户能够调整种植计划、制定种植决策，最终提升盈利能力。

2. 善粮味道

2017年，江苏中南建设集团股份有限公司携手黑龙江北大荒农业股份有限公司成立了黑龙江善粮味道数字农业股份有限公司，旨在打造全球首个区块链大农场。北大荒地处黑龙江北部，水质、土壤等自然条件优越，有“中华大粮仓”的美称，得天独厚的地理优势使这里出产的大米格外优质。善粮味道主打的产品正是这种产自北大荒的高品质大米，但仅仅有好产品是不够的，善粮味道将区块链、农业大数据、农业物联网技术引入了农场建设，让农场作业实现了全程数字化与智能化，为北大荒地区农业产业升级提供了范例。

善粮味道利用北大荒大规模集约化土地资源和高度组织化的管理模式，建立了“交易平台＋生产基地＋农户”管理模式的封闭自治农业组织。[①] 在这一管理模式中，善粮味道平台提供粮食种植标准与生产过程中需要的农资，农民负责按照所给标准完成生产，农场的专业技术人才会指导种植并对产品进行检验。为了确保数据能被自动记录且客观真实，善粮味道开发了智能终端“农工宝”，与遍布农场的物联网设备相配合，自动获取农业作业的时间、地理位置、农作物生长情况等信息。这些信息会被锁定在区块链上，连同粮食加工运输过程中涉及的所有关键数据一同形成一条安全、透明、可追溯的数据链，将农户、农场、加工商、物流商、交易商、分销商等角色串连起来，在农业供应链上传递了信任。

善粮味道的区块链技术基础源于区块链服务提供商智链 ChainNova，其智能合约系统能自动执行交易内容，避免交易参与方出现失信和作弊行为，并为农户设计了奖惩机制，拒收在种植管理中企图作弊的农户所产出的粮食，同时为生产流程达到标准的农户提供额外的零售返利，以此来激发农户生产的积极性。

由于北大荒大米品质显著优于一般大米，市场上常有假冒伪劣产品，影响消费者口碑。对此，善粮味道 CEO 穆晨表示：“利用区块链透明公平的精神是核心，区块链的不可篡改特性带来深层次的应用智能合约，而背后真正的互联网精神带来自治农业组织，完成溯源。打造良币清洗劣币的自治组织，将问题粮逐步淘汰，重建粮食市场的良好秩序。”善粮味道赋予每袋大米唯一的身份二维码，实现了产品的全生命周期溯源。消费者扫码后便可以看到由区块链生成的时间戳、地理戳、品质戳，分别保障了产品各个环节的时间节点、产品的原产地、产品的品质三类关键信息的清晰可见，能够有效减少北大荒大米市场劣币驱逐良币现象的发生，也借此塑造了品牌差异化的优势。

不止在农业种植与管理上发力，善粮味道还推出了农业普惠金融平台——善粮金融，同样服务于农业全产业链的所有参与方，提供包括贷款、保险、信用查询、支付结算等农业金融服务。利用区块链存储交易信息与信用信息，解决农户缺乏抵押物、征信记录少的问题，为广大传统金融机构覆盖不到位的中小型农户群体提供了获取金融服务的另一种可能。

---

① 江雪，王旭. 区块链技术在农产品供应链的应用与挑战——以善粮味道为例. 农村经济与科技，2018，29(17)：147-149.

案例点评

善粮味道借助其规模化、数字化的管理模式与区块链、物联网的底层技术支撑，让北大荒大米不仅仅是一种特色农产品，更是区块链技术应用于农业现代化管理的一大典型示例。对于农户而言，善粮味道的区块链大农场的统一分发农资、统一组织管理与激励机制让他们能获得更多收益；对于农产品加工流通过程的各个参与方而言，区块链大农场这一生产模式在解决信息不对称方面作用显著，消除了冗长复杂的农业供应链中的信任危机；对于消费者而言，得益于区块链的可追溯性与不可篡改性，他们买到的每袋善粮味道大米都是产地和品质有保障的北大荒大米。可以说，善粮味道的区块链大农场利用科技的力量激发了北大荒这片沃土更大的价值，对打破传统的粗放型农业生产模式具有重大的借鉴意义。

关键术语

农业供应链　　食品安全　　农产品溯源　　农业物联网
农业金融　　智慧农业　　可持续发展

思考题

1. 什么是农业智能合约？它如何帮助农民和其他农业参与者更有效地进行业务交易？

2. 在农业供应链中，区块链如何实现可持续和有机农业实践的认证？

3. 区块链如何在农业金融中发挥作用？请探讨其在贷款、支付和保险方面的应用。

4. 对于小规模个体农民而言，区块链技术如何改善他们的市场准入和经济地位？

5. 区块链技术是如何改善农业数据管理的？请举例说明它们是如何解决传统数据管理中的问题的。

6. 区块链在全球农业系统中的角色是什么？它对全球粮食安全和可持续发展目标有什么贡献？

7. 案例分析题：农业物联网和区块链的结合是现代化农业的重要发展方向，请思考区块链与物联网在农业中有哪些应用场景。阐述这些场景下农业生产的效率和质量发生了什么变化。

第10章

制造业中的区块链应用

学习目标

1. 了解制造业的发展现状及区块链在制造业中的应用场景。

2. 理解增材制造、中国制造业数字化转型、工业物联网、智能制造等多个制造业场景中现存的痛点问题。

3. 掌握区块链如何为制造业中的痛点问题提供相应的解决方案。

10.1 行业概述

10.1.1 行业现状

制造业作为国民经济的重要组成部分，其转型升级一直是世界各国关注的重点。2011年，德国首次提出“工业4.0”战略①，随后各国相继提出“中国制造2025”、美国《先进制造业国家战略》、法国“未来工业”等类工业4.0的概念，制造业向数字化、网络化、智能化的发展已成为不可逆转的趋势。然而，在实际应用中，数据与设备的安全性、设备的交互效率以及过程数据的可信度等问题尚未得到解决。同时，随着全球化的分工越来越深入，制造企业的供应链结构呈现出碎片化、复杂化、分散化等特点，供应链的透明度随之降低，进而导致供应链上下游企业之间的沟通成本增加。②

① 黄顺魁. 制造业转型升级：德国“工业4.0”的启示. 学习与实践，2015（1）：44-51.

② 张玉洁，孙慧英. 基于区块链技术的制造业供应链管理研究. 西部财会，2022（5）：77-79.

除了各国制造业共同面临的上述亟待解决的难题以外，中国制造业还面临一些特有的机遇与挑战。自新中国成立以来，特别是改革开放以后，中国制造业得到了稳定快速的发展，工业增加值从 1952 年的 120 亿元增至 2018 年的 30 多万亿元，以不变价格计算增长了 971 倍，年均增长 11%。[①] 如今，中国已从一个工业基础非常薄弱的国家发展成为世界最大的制造业国家，中国制造业也已经成为世界实体经济的重要组成部分。“后发优势”使得中国制造业与发达国家的差距不断缩小，然而，中国制造业正面临转型升级的挑战[②]，需要从追求规模和速度转向更加注重质量和效益。[③]

区块链是近年来制造业领域最热门的技术之一，甚至被称为制造业升级的关键。工业 4.0 的本质就是一场数字经济的转型变革，而区块链技术将成为数字经济中可信、共享和安全的基础技术。此外，区块链是最理想的重建信任的工具，可以增强企业对供应链的控制，从而实现对产品的精确追溯。从供货商、采购到车间作业（包括机器监控和人工操作）、质量检验、物流等各个生产环节，区块链技术的加入使它们的可见性得到了提升，实现了一个全新的制造业业务模式。具体来说，利用分布式账本、基于区块的方式、智能合约等进行订单的发布和采购，可以更快速地对生产需求做出响应，提升供应链的效率；当制造商将重要文件通过区块链技术进行传输和保存时，不用担心中途会丢失；当文档共享时，系统会重新创建一个块，并加到以前的块上，以形成易于跟踪的链，每个人都可以看到信息的去向，改善供应链的可追溯性；由于制造业的供应链往往分布在全球各地，且发货交易通常处于不同的时间段，导致产品的研发、制造和交付过程的每个组件难以被跟踪，通过区块链可以创建更智能、更安全的供应链，因为它提供了实时可见的可靠路径，透明的实时供应链系统使制造商能够快速检测并解决突发问题，降低产品召回的可能性，从而降低产品制造服务的成本；当供应商的产品质量、跟踪和可追溯性得以提高时，制造商也能够更好地提高产品质量，促进产品的销售。

在中国，制造业与区块链的融合已经得到了政府的支持和鼓励。比如，在 2015 年的国务院常务会议上，李克强总理强调要加速推进“中国制造 2025”的部署；十九大也提出，中国经济转向高质量发展，要基于互联网推动区块链、人工智能等和实体经济深度融合，加快建设制造强国。中国政府已经开始重视区块链技术在制造业中的应用，并将其视为实现制造业升级和转型的重要手段。但由于区块链技术的认知门槛较高、相关技术人才短缺、参与者缺乏自信心等，同时也存在系统效率和可扩充性不足、隐私泄露等技术风险，所以在落地应用方面还受到一定的制约。[④] 因此，当下还需要进一步完善相关的法律环境、加强企业的自身决心、发展合理的商业模式并制定相应的政府鼓励措施，未来，区块链技术一定会是推动我国乃至世界制造业高质量发展的坚实力量。

---

① 国家统计局工业司. 新中国成立 70 周年：工业经济跨越发展 制造大国屹立东方. 智能制造，2019（10）：19-23.

② 周维富. 我国实体经济发展的结构性困境及转型升级对策. 经济纵横，2018（3）：52-57.

③ 胡迟. 以创新驱动打造我国制造业高质量成长——基于 70 年制造业发展回顾与现状的考察. 经济纵横，2019（10）：53-63.

④ 袁勇，王飞跃. 区块链技术发展现状与展望. 自动化学报，2016，42（4）：481-494.

10.1.2 区块链应用场景

关于区块链在制造业领域的应用场景，本章根据其功能将其划分为两类。一类采用区块链技术来提高制造业相关数据的可信度[①]，包括原材料、生产过程、产品质量等方面。另一类使用区块链技术来提升制造系统中各组织间、人与机器间的通信、交互和合作能力[②③]，提高制造业务运营效率。

（1）增材制造（additive manufacturing，AM）。增材制造是一种通过逐层堆叠材料来制造物品的技术。现在，世界上很多企业都配备3D打印机，通过使用数字文件来制造部件。区块链技术可以使数字文件更加安全和可靠，数字文件可以存储在区块链上，区块链技术不可删除或更改的特性可以保证数字文件中数据的安全性和可靠性，确保用户所获取的信息是最原始的，并且只有授权用户才能访问它们。这意味着企业可以向顾客出售数字文件，让他们自己制造部件。[④⑤] 此外，区块链技术还能够帮助企业杜绝仿冒，使企业能够跟踪到产品的整个生命周期。例如，当一个部件被制造出来时，它可以被标记并记录在区块链上，以便在整个生命周期中进行跟踪。这样，企业可以确保其产品的真实性和质量，并且可以更好地保护其知识产权。

（2）中国制造业数字化转型。中国制造业正处于数字化转型的关键时期。数字化转型是指传统制造业向数字化制造业转变的过程。在传统的制造业中，企业的自主创新和生产经营效率低下。企业要想生存、发展、壮大，就必须不断地提升产品质量、生产管理的效率以及竞争力。数字转型是提升制造企业的产品品质、经营效率的一个重要手段。近几年，数字技术如大数据、云计算、人工智能等加快与制造业融合，并取得了一些成果，但是还存在着许多亟待解决的问题。[⑥]

（3）工业物联网。传统的物联网系统是中心化的数据库，而中心化云服务器、大型网络设备的建设和维护费用十分昂贵。随着工业4.0的到来，将会有数以百亿计的设备与信息物理系统相连，这些设备会产生大量数据，并且需要进行实时通信，从而会大大提高通信的成本。国际数据公司（IDC）的统计数据预测，未来的物联网将会有1 000亿个传感设备连接在一起，如果一个中央服务器需要存储如此多的数据，那么解决网络的安全性和互信问题就很重要。

区块链正好可以应用于此，其利用点对点的去中心化通信方式，能够高效地处理大量设备之间的交易，大大减少大规模的数据中心的安装和维护费用，在此基础上可以将

---

① Abdullah R S，M. A. F. Block chain：cryptographic method in fourth industrial revolution. International Journal of Computer Network and Information Security（IJCNIS），2018，11：9-17.

② 靳志伟. 区块链在工业控制领域中的应用探讨. 信息技术与网络安全，2019，38（10）：1-5+17.

③ Lee J，Azamfar M，Singh J. A blockchain enabled cyber-physical system architecture for industry 4.0 manufacturing systems. Manufacturing Letters，2019，20：34-39.

④ Knapp G L，Mukherjee T，Zuback J S，et al. Building blocks for a digital twin of additive manufacturing. Acta Materialia，2017，135：390-399.

⑤ 王亚菁，饶伟锋，杨耀东. 利用区块链技术为增材制造增加“信任”. 智能制造，2021（4）：62-67.

⑥ 沈恒超. 中国制造业数字化转型的特点、问题与对策. 中国经济报告，2019（5）：102-107.

计算与存储的要求分散到构成物联网网络的各个设备上，防止单一节点或者一个传输通道被入侵而造成整个网络的崩溃，从而保证了整个系统的安全。根据区块链的定义，设备可以通过自己的软件更新来验证彼此的信誉以及为这些资源和服务付费，也可以用区块链技术来实现数字合约的自动执行而无须人工鉴别，实现自我维持、自我服务，成为一种真正的智能设备。智能设备之间的自动化交易也将带来一种全新的商业模式。[①②]

（4）智能制造。智能制造是基于新一代信息技术，与新能源、新材料、新工艺相结合，贯穿设计、生产、管理等制造活动的各个环节，具有信息深度自感知、智慧优化自决策、精准控制自执行等功能的先进制造过程、系统与模式的总称。智能制造的实质是虚拟网络与实物产品的交互作用，一方面，信息网络将会彻底改变制造业的生产组织模式，使制造业的生产效率得到极大的提升；另一方面，制造业将成为互联网的一个延伸和重要节点，它将会扩展网络经济的影响和范围。[③]

10.2　增材制造

10.2.1　场景简述

传统的工业制造以“减法”为基础，通过对原材料进行切割、打磨来生产制造各种零部件，这种制造方式对每一步操作的精确度都要求极高，任何差错的出现都会导致原材料报废。增材制造则是一种基于“加法”的生产技术，它基于数字化模型，通过使用软件和数控系统将原材料一层一层地叠加来完成零部件产品的制造过程。3D 打印技术便是一种快速增材制造技术，它可以根据需求及时、高效地生产零部件而无须提前生产和储存，大大降低了制造商的库存和运输费用，因此 3D 打印技术正逐步成为一种制造工业零部件的流行方式。

10.2.2　痛点与需求

在今天的数字化时代，供应链的数字化管理意义重大，特别是在核电、航空航天等领域，质量控制非常重要。3D 打印技术的兴起使得 3D 打印文件的完整性和可追溯性对于制造商和客户来说都很重要。其中，对于航空公司客户来说，把 3D 打印技术实际应用于飞机零部件的生产制造仍然存在一些问题。首先，航空公司并没有飞机零部件的原始 CAD 设计文件资料，当零部件短缺又急需更换时，可能无法及时联系到供应商进行远程设计并用 3D 打印机器进行现场制造。其次，对于远程设计图纸和 3D 打印机器制造出的零部件，飞行员和航空公司能放心地相信其质量吗？自 2018 年美国西南航空公司失事以来，零部件追溯的重要性就已经被提上日程。在此背景下，应用区块链技术可以有效地提高 3D 打印产品的售后服务效率并保护知识产权，对航空航天市场的供应链进行优化。

---

① 卿苏德. 区块链在物联网中的应用. 智能物联技术，2019，51（3）：1－8.

② 白翔，许从方，柳兴，等. 区块链物联网安全技术综述及关键技术分析. 信息技术，2022（10）：24－30＋40.

③ 吕铁，韩娜. 智能制造：全球趋势与中国战略. 人民论坛·学术前沿，2015（11）：6－17.

10.2.3 区块链解决方案

1. 穆格 VeriPart 系统①

针对航空公司客户使用 3D 打印技术时的痛点与需求，一支包括多家大型航空公司和一个全球软件巨头的团队进行了研究调查。结果表明，借助区块链技术可以保证在特殊情况下也能通过 3D 打印来及时获取零部件，公司之间的合作以及最新的软硬件技术可以在物理层面上有效解决紧急情况下飞机零部件的供给问题，区块链技术则能在信息层面上显著改善航空零部件的供应链。

美国制造企业穆格公司（Moog）是一家以机械控制系统和零部件设计精密制造为核心业务的企业，也是波音 787、F-35 等军民用飞机的主要控制组件供应商。2018 年，为了满足对客户、设计方和制造商三方之间互信的分布式交易平台的需求，穆格将区块链技术整合到传统的制造过程中，开发了基于区块链的分布式交易系统——VeriPart。作为支持区块链的解决方案，VeriPart 将区块链技术应用于生产流程，在使用 3D 打印技术制造零部件的场景中应用分布式信任，利用区块链技术实现了 3D 设计文档的加密，同时在共识机制下能够保证数据的协同性和安全性，实现了对 3D 打印零部件的追溯和对其供应链的数字化管理，并能有效地提高售后服务的效率和安全性，优化军用和商用航空航天市场的供应链。

具体来说，VeriPart 利用微软研发的 Azure 区块链技术，创建了一个安全且可追溯的智能数字供应链，可以在分布式网络上提供每个零部件的来源。VeriPart 可以将增材制造零部件的全部信息通过区块链技术同步到其整个生命周期的各个环节，并将每个零部件的交易记录在一个共享的分布式账簿中，允许授权方进行授权交易的查询和信息追溯。为了确保数字化分布式制造过程中数据交换的安全性，VeriPart 利用区块链的不可变分布式账本来建立信任，基于分布式制造阶段中各个成员间的信任程度，评估每个交易环节可能面临的安全威胁，并在需要时采取相应的缓和措施。VeriPart 在跟踪和追溯受监管应用的高质量零部件的来源时，具有以下显著优点：VeriPart 可以将纸质或者断开连接的数据记录替换为不可变的事件和操作链，并且参与人数不限。因此，获取零部件或原材料的订购、制造和使用历史记录会更加方便，而且可以跨多个组织进行同级别的追踪。在 VeriPart 中，每个公司都只能查看所允许查看的信息，所有资料都经过了加密处理，只能通过权限和密钥进行查询。此外，VeriPart 也会确保接受航空行业严格的监管审计，并且更易于进行监管审计。

新西兰航空公司（Air NZ）和新加坡科技工程有限公司（ST Engineering）在 2019 年对 VeriPart 进行了一次实验。实验背景设定为一架飞往洛杉矶的新西兰航空公司的波音 777 客机的塑料缓冲器出现问题，这一缓冲器被放置在商务舱座椅后部显示屏的背面，用于防止显示屏被挤压时对座椅造成损坏，能够起到一定的缓冲作用。在实验中，新西兰航空公司的维护团队从新加坡科技工程有限公司订购了一份包含零件设计的数字文件，该订单在穆格的区块链系统上进行了验证，随后新加坡科技工程有限公司向穆格预先在洛杉矶国际机场部署的一台移动 3D 打印机发送了一份缓冲器的设计资料，并在飞机抵达

---

① https://www.moog.com/innovation/DigitalManufacturing/Veripart.html.

洛杉矶前完成了缓冲器备件的打印。在此期间，新西兰航空公司的要求、新加坡科技工程有限公司的数字指令以及实际安装的所有相关数据，都被记录在基于区块链的分布式交易平台 VeriPart 上。VeriPart 不仅可以使新加坡科技工程有限公司以可控的方式提供有自主知识产权的设计资料，还能保证 3D 打印机经授权只能打印出新西兰航空公司所需的缓冲器零件。这样的三方合作模式不但能确保新西兰航空公司及时获取零部件，而且还能保护新加坡科技工程有限公司与穆格公司的知识产权。在上述实验过程中，穆格公司用一台美国联邦航空管理局（FAA）认证的移动式 3D 打印机为新西兰航空公司打印了缓冲器，未来穆格公司会在离客户尽可能近的站点安装部署 3D 打印机。

其实穆格在塑料和金属零部件的生产制造中应用 3D 打印技术已经有十余年了，目前零部件应用 3D 打印制造最广泛的是塑料零部件，将来某些与结构安全有关的金属零部件将会更多地应用基于区块链的 3D 打印技术生产制造。在航空零部件市场中，区块链不仅可以共享交易和可信制造商的数字账本，还可以存储飞机零部件所用材料的信息，例如特定塑料或金属，因此订单可以重定向到相关的 3D 打印机。由于 VeriPart 的一个显著优点就是可以对 3D 打印产品溯源，所以穆格公司计划在传统的制造过程中引进 VeriPart，以改变传统的制造过程中供应链纸质文件的单向特性。区块链技术的发展与移动电话技术的发展有异曲同工之妙，如今的移动电话已经是一个可以同时支持多个应用和多个用户的平台，未来的区块链也是如此，需要行业合作建立一个基于区块链的零部件制造平台，而企业联盟只需要制定规则和管理平台。

案例点评

在现实场景中，制造企业的设备和信息系统涉及多个厂家和多个年代，采用工业云（也就是中心化控制）的方式虽然原理上可行，但实时获得制造环节中的所有信息的难度非常大。同时，所有生产状态、订单需求、产线情况、库存变化以及突发故障等信息都存储在各自独立的系统中，这些系统的技术架构、通信协议、数据存储格式等各不相同，在真实的智能制造场景中，互联互通是无法实现的。穆格公司在航空增材制造方面的尝试证明了利用区块链技术的分布式结构可有效采集和分析在原本孤立的系统中存在的所有传感器和其他部件所产生的信息，并结合工业大数据技术、人工智能技术等实现对现实世界生产系统的大范围优化。

2. LINK3D 的数字工厂

在产品数据资料逐渐变成商业机密的今天，3D 打印文件的完整性和可追溯性对于顾客和制造商来说都是非常重要的。近年来，全球越来越多的创新企业都将目光投向了区块链，希望能把区块链技术与 3D 打印结合起来，增材制造软件解决方案公司 LINK3D 就是其中之一。LINK3D 公司总部设在美国纽约，专门从事工业 3D 打印软件的研发，以协助企业实现工业 4.0。LINK3D 专注于新型打印过程中的版权保护，认为保证文件的完整性和可追溯性是增材制造过程中最重要的工作，而区块链能起到很大的作用。

LINK3D 把区块链技术与云计算相结合，并集成到其 SaaS 产品数字工厂（Digital Factory）中，使企业能够对其 3D 打印全过程进行自动化管理。数字工厂是全球领先的增材制造工作流软件，使得拥有技术的组织能够跨业务部门利用增材制造资源，为航空航天、汽车、工业和医疗企业提供了动力。数字工厂的集成通过一系列应用程序提供数据治理、数据来源、可审计性和验证，包括以下四个方面[①]：

（1）文件集成、IP 完整性、数字版权管理（DRM）：通过应用区块链技术，数字工厂可以追踪每个设计文档的来源和修订过程，保证知识产权的完整性；

（2）设施匹配/认证：数字工厂可以将 3D 打印服务局的功能存储在区块链中，并且可以提前验证订单；

（3）供应链和物流追踪：在零部件开始装运后，数字工厂能够对包裹进行追踪，确保包裹被正确的人打开；

（4）来自机器的实时数据：3D 打印设备上的实时数据日志可以在存储过程中保持不变，当产品召回时，便于取证和追溯。

由于区块链数据具有可追踪性，因此数字工厂可以实时保存数据日志，并追溯和验证数据的复制、变更，从而保证知识产权的完整性和数据的安全性。在数字工厂系统中，制造商可以存储顾客与自身产能相关的信息，以便进行设备的匹配和验证，便于顾客快速找到合适的制造商，同时，制造商也可以对订单的可行性进行预先确认。数字工厂系统以智能合约为基础，实现了对关键数据的审计和治理。供应链和物流追踪的功能可以让制造商和顾客双方都放心，当制造商将产品包裹送出后，数字工厂就可以追踪产品包裹在途中的每个位置，让制造商和顾客能够实时了解包裹到目的地的距离以及是否被打开过。

LINK3D 相信区块链技术可以作为数字制造生态体系的核心技术，为增材制造提供可靠的中间件，从而使不受信任的分布式网络变得稳固。此外，3D 打印流程的简化和安全是工业 3D 打印在全球范围内生存与发展的关键，而区块链技术有潜质在未来将数字主线连接起来，简化增材制造的流程，促进工业 3D 打印应用的发展。

案例点评

在没有结合区块链技术的 3D 打印过程中，无论从最初的构想、设计还是打印生产，都没有任何数据可以实现无缝对接。LINK3D 将区块链技术与其数字工厂结合，使 3D 打印流程得到了显著改进，并且能够大幅提高安全性能，保障用户数据在 3D 打印过程中的安全。当前，在 3D 打印流程中遇到的一些比较大的难题可以利用区块链技术加以解决，以 LINK3D 公司为代表的企业持续探索区块链技术和 3D 打印增材制造领域的融合，将推动 3D 打印流程管理进入一个快速高效的时代，进而推动工业 3D 打印应用的发展。

10.3 中国制造业数字化转型

10.3.1 场景简述

过去数十年，中国的实体制造业发展迅速，市场规模迅猛扩大，同时也存在参与者

① Laura Griffiths. (2018). LINK3D announces first integration of blockchain technology for 3D printing. https://www.tctmagazine.com/tct-events/3d-printing-at-rapid-tct/link3d-integrates-blockchain-3d-printing-digital-thread/.

数量庞大、鱼龙混杂的情况。打破制造商和消费者之间的产品信息壁垒、架起双方之间信任的桥梁是解决“山寨”和提升“中国制造”质量这一系列难题的关键所在。

10.3.2 痛点与需求

从制造业大国转型为制造业强国，为中国开辟出一条高质量、高品质的制造之路是必然的选择。在国际上，人们普遍认为中国制造的产品低端化，仅仅保有对中国制造业早期在海外所形成的“世界工厂”的固有印象。实际上，在中国经济逐步转型的今天，能够代表中国的制造企业早已经具备了世界一流的管理水平和质量控制体系。因此，重塑品牌信任、重构企业信誉价值链以建立高品质的品牌形象，是当前中国制造企业面临的最核心的问题。

此外，在传统制造业中，产品制造需要原材料、生产工具、人力资源等各种要素，但在未来的产品制造中，除了上述要素以外，还必然会引入数据这一全新的生产要素。尽管工业领域的数字化转型早已如火如荼地展开，但更多的还是在解决效率难题，对于如何避免人为干扰数据从而对产品质量提升形成有效的助力，现在的数字化转型并不能给出答案。

10.3.3 区块链解决方案：QBBSS 质量链

中国浪潮集团是中国领先的云计算、大数据领域的服务提供商，已为中国 130 多个省市区政府及上千家大型企业提供云计算服务，帮助 50 多万家企业实现了数字化转型。针对中国制造业当前质量领域存在的技术基础薄弱等问题，浪潮集团认为，在科技不断进步的时代，云计算只是底层的基础设施，大数据作为沃土，人工智能则是工具，这些都是生产力的变革，而区块链所代表的才是生产关系的变革。因此，浪潮集团与中国检验检疫学会、中国检验检测创新联合体、国家开发投资集团合作，结合中国检验检疫学会推出的“五位一体”全程质量管理支撑体系（QBBSS），利用云计算、大数据、人工智能、区块链等技术构建了 QBBSS 质量链。

QBBSS 质量链是一个以产品为核心，纵向贯通从企业到消费者的产品供应链，横向以产品标准和检验检测为支撑，能够从制造、流通、消费各个环节实现产品全生命周期的质量管理和提升的公共服务平台，是中国制造业领域引入区块链技术的首创，旨在打造一个制造商和消费者之间的信任生态系统。

利用区块链技术去中心化的特点，QBBSS 质量链构建了内外结合的质量管控新局面。在外部，QBBSS 质量链在政府部门、企业与相关服务机构之间建立起跨组织的互信关系，以更低的技术费用解决了信任成本高的“管理难题”；在内部，QBBSS 质量链将标准、计量、检验检测、认证认可等业务整合在一起，形成了一个共治共享、数据互通的体系。基于内外结合，QBBSS 质量链形成了一个闭环的质量管理体系。为了保障产品的质量，QBBSS 质量链的闭环体系包括质量信用、质量标准、检验检测、质量溯源和质量保险五大部分。基于区块链不可篡改、可追溯等特性，结合政府监管部门、检验检测服务机构的共识，QBBSS质量链以质量为核心，建立了产品与信息的全环节连通，保障了产品质量、流通质量和消费质量。

通过将产品生产与流通的全过程数据连接在一起，QBBSS质量链覆盖了产品的全生命周期，其采集的信息远远超过了现有网络系统能提供的内容，使得QBBSS质量链不局限于对产品静态的质量溯源，其保障能力也不局限于产品的保真溯源，从而强化了其质量权威平台的定位。每当鲜见的特产开始出售，市面上就会出现数量远超产地产出数量的特产，显然其中有很多假冒伪劣产品，而如果产品加入了QBBSS质量链，假冒伪劣产品就会无处遁形。这是市场运作的一种必然规律，当造假的成本远远超出产品品质提升所带来的利润时，质量监督的作用才会真正显现出来。例如，对于已加入QBBSS质量链的茅台、格力等企业的产品，消费者只要使用手机上的专用软件进行扫描，就能得到产品的原料、生产时间、运输过程、销售地点等全面的详细信息。

目前，浪潮集团已与茅台、东阿阿胶等多家知名企业签订了QBBSS质量链的战略合作协议，其中格力、美的等9家企业的产品已顺利加入QBBSS质量链平台。以东阿阿胶为例，浪潮集团和东阿阿胶股份有限公司在2018年2月签订了战略合作协议，双方在QBBSS质量链的基础上，将东阿阿胶的全链条质量要素进行了集成，对包括原材料养殖、检疫、制胶、流通、销售等在内的全过程质量数据和采用的高标准进行数据写链，并由链上的政府机关和第三方权威检测机构节点进行审查和背书。QBBSS质量链基于区块链的分布式、不可篡改、可信任、高安全性等特性，将东阿阿胶的产品全生命周期信息串联起来，为消费者提供产品的溯源和鉴真服务，最大限度地保护消费者的权益，保证东阿阿胶的产品品质，从而促进了整个供应链的优化，促进了全行业的整体品质提升，为质量强国建设做出了贡献。双方还将在质量链、工业互联网平台、智慧企业等方面进行深度合作，进一步深化东阿阿胶云服务平台、大数据平台、工业互联网平台的建设，共同打造以"企业大脑"为核心的"智慧东阿阿胶"，并结合浪潮集团在健康医疗领域的经验，共同探索如何制订大健康领域的行业规范，推动我国健康产业的发展。

案例点评

QBBSS质量链的发展思路十分明确，其目标是利用区块链技术解决产品质量管理中的难题，并借助信息化平台实现质量提升。现在，格力、美的、东鹏控股、万和新电气等多个优秀的国产品牌已经加入QBBSS质量链。将来，中国将会有更多企业参与QBBSS质量链，中国的整体质量体系将得到进一步的改善，这不仅有利于建立良好的市场竞争环境，而且将极大地提高中国产品的国际竞争力。

10.4 工业物联网

10.4.1 场景简述

工业物联网将具有感知、监控功能的采集、控制传感器与移动通信、智能分析等技术应用于工业生产的各个阶段，能够显著提升生产效率和产品质量，同时降低产品成本和减少资源消耗，使传统工业向智能化迈上一个新台阶。建立高效、低成本的工业物联网系统是构建智能化制造网络基础设施的重要组成部分。

10.4.2　痛点与需求

在传统的组网模式下，工业物联网的各设备之间的通信采用中央代理通信的方式，各设备间的互联都必须经过网络，这样的形式大大增加了组网的费用，并且可扩展性、可维护性和稳定性都比较差。

工业物联网加强了事物之间的关联，区块链技术则可以为其提供安全的保证。区块链的去中心化可以为工业物联网提供一个安全的环境，实现真正的分布式系统；去信任化和智能合约能够加强工业物联网的信任机制，减少系统的开销；时序数据与数据加密能够为工业物联网数据的安全提供保证。简而言之，区块链技术可以增强工业物联网应用层、网络层和感知层的安全。区块链技术之所以能够较好地解决异构设备间的通信问题，是因为其所采用的 P2P 组网技术和混合通信协议可以大大减少中央数据中心的建设和维护费用，并将计算与存储的需求分散到构成网络的各个设备上，从而防止由于某个节点的故障而造成整个网络系统的崩溃、瘫痪。此外，区块链分布式账本的防篡改功能可以有效避免在工业物联网系统中，任意一个单一节点的设备受到恶意攻击或控制而导致的信息泄露和恶意操纵。利用区块链技术组建与管理工业，能够及时、动态地掌握网络中各类生产制造设备的运行状态，提高设备的利用率和维修效率，为供应链提供精准高效的服务。

10.4.3　区块链解决方案

1. 京东智臻链防伪溯源平台①

目前，很多供应链上的制造企业都面临着“信息孤岛”、信息不透明等一系列问题，可以总结为以下三方面：

（1）信息不对称、以次充好。许多不法商贩利用商品供应链中各个环节存在的漏洞和信息不对称，生产售卖假冒的劣质产品，造成国家、产品品牌和消费者的巨大损失。

（2）纠纷处理困难。对于供应链中各个环节的主体，如果信息不符合其利益，它们就可能篡改账本、伪造账目，或谎称资料由于某些原因而遗失，甚至否认以推卸责任，造成举证和追责的困难，使得许多纠纷不了了之。

（3）供应链效率低。供应链各个环节的主体之间必然有很多互动与合作，但由于信息不透明、信息传递不流畅，供应链中的各方无法及时、准确地了解相关事件的状况和问题，进而影响到整个供应链的效率。

供应链溯源是目前最成熟的区块链应用场景之一，率先在“区块链＋供应链溯源”这一领域进行布局的是京东科技，主要是建立在京东零售与物流的资源丰富的先天优势

---

① https://blockchain.jd.com/solutions/supply/.

上。京东不仅具备完善的供应链物流基础设施体系和良好的服务能力，数字化程度高的供应链可以降低信息上链的边际成本，而且零售业务与供应链上下游的所有参与者都有着紧密的联系，对构建联盟链和后续管理各参与节点都十分有利。

京东智臻链防伪溯源平台是京东科技针对供应链溯源这一应用场景所研发的产品解决方案，是京东科技与监管部门、第三方机构和品牌商等多方共同构建的一个防伪和全链条闭环大数据分析相结合的区块链防伪溯源开放平台。通过结合物联网与区块链技术，京东智臻链防伪溯源平台记录每件商品从原材料采购、加工、生产、质检、物流、经销、零售直到消费者、售后的全周期闭环中所有环节的关键数据，与联盟链成员共同维护安全、透明的追溯信息，并通过建立技术互信机制确保数据的不可篡改和隐私保护，能够实现真正的防伪和全过程的追溯。

对于案例开头提到的一系列问题，京东智臻链防伪溯源平台具有以下解决优势：

（1）商品防伪。所有商品都采用“一物一码”标识，并在区块链中记录写入整个流程的数据。由于区块链中的信息不可更改，商品从生产、运输直至销售等所有环节的数据都通过区块链进行录入，假冒产品很难伪造符合特殊规定的产品标识，从而保证了商品的唯一性。

（2）有效监管。每件商品从制造到销售的各个环节都要求参与者用自己的身份（私钥）将数据签名写入区块链，由于区块链信息无法更改，因此参与者的身份是无法否认的，一旦发生纠纷，就能迅速定位问题所在，收集证据并追究责任。

（3）供应链协同。区块链技术的加入能够实现供应链各个环节的部门之间数据的高效共享，实现统一凭证、全程记录、及时高效，有效解决多方参与、信息碎片化、流通环节重复审核等问题，从而降低物流成本、提高效率。智臻链防伪溯源平台的架构如图 10－1 所示。

案例点评

京东区块链防伪溯源平台为企业提供了一种针对全过程的产品流通数据追溯功能，能够对产品进行防伪验证、品质溯源，以及在发生重大安全事故时进行召回和责任的界定。目前，京东智臻链防伪溯源平台已经有超过 10 亿级的落链数据量，并与 1 900 多个品牌进行了溯源合作，已有超过 40 万 SKU 进驻和 1 000 万余次售后用户访问，涵盖了生鲜、农业、母婴、跨境商品、化妆品、高端酒类、二手 3C 商品、医药、线下商超等十多个行业，以科技为消费者提供了品质保障。

2. IBM 的 ADEPT 平台

作为最早公布区块链开发项目的企业之一，IBM 认为区块链可以成为物联网最好的解决方案。2015 年，IBM 商业价值研究院（IBV）的一支研究团队研发出了使用区块链技术的物联网分布式平台——去中心化的 P2P 自动遥测系统（autonomous decentralized peer-to-peer telemetry，ADEPT），解决了物联网所面临的技术和经济难题。通过使用 ADEPT 平台，物联网中的设备无须人工操作，就能够自动检测故障与自动更新，同时各设备还能与其他邻近的设备进行通信，不仅节约能量，还便于对电池充电。在 ADEPT 中，设备被授权具备三个基本功能：点对点消息传递、分布式文件共享和自主设备协调。具体如图 10－2 所示。

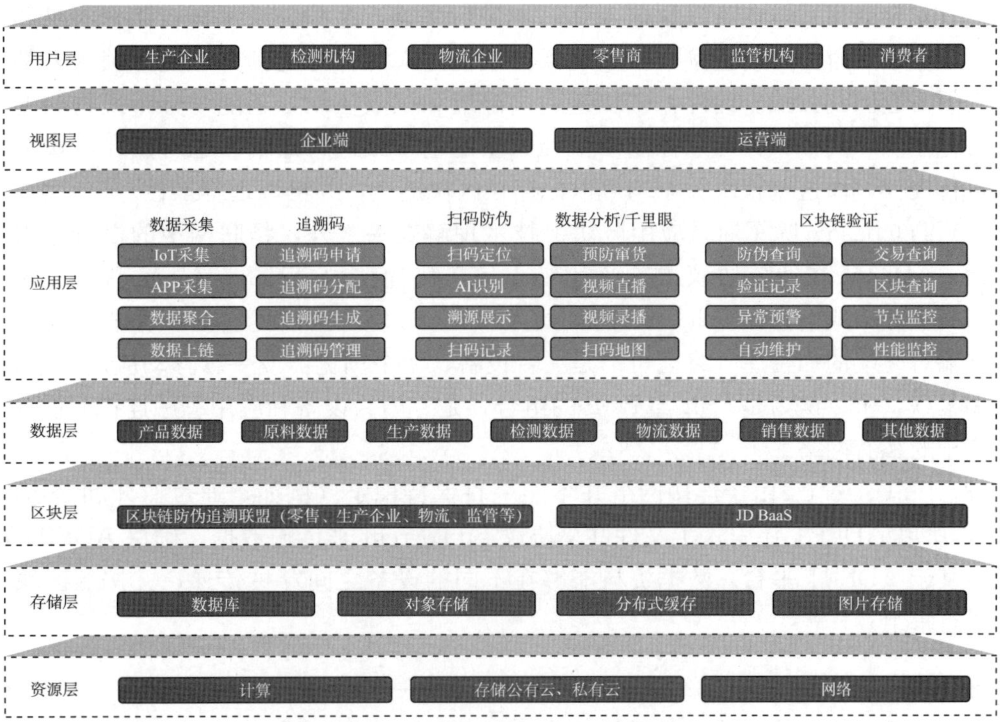

图 10－1　智臻链防伪溯源平台的架构

资料来源：https://blockchain.jd.com/solutions/zhuisu/.

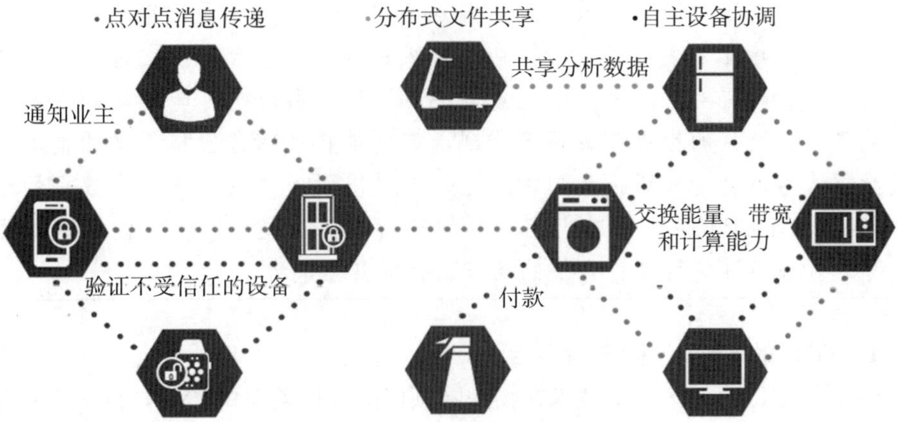

图 10－2　ADEPT 平台功能

资料来源：https://www.ibm.com/downloads/cas/2NZLY7XJ.

ADEPT 平台由三个要素组成，分别是区块链、Telehash 和 BitTorrent，具体如下。

（1）区块链。作为一种分布式的交易处理引擎，区块链可以将数据存放在不同位置，能够追踪比特币和其他加密货币，还能跟踪数据相关方之间的关系，可用于实现多种目的。在物联网的应用场景下，区块链能够使设备了解彼此的功能与作用，以及不同用户对各设备的指令和权限，即能够跟踪设备之间、用户和设备之间以及用户授权下设备之间的关系。以智能家居中的物联网设备为例，区块链技术的加入意味着智能手机可以与门锁进行安全的交互，也可以让他人和门锁进行交互，这些关系都会存储在手机和门锁中，并且在必要时会自动连接，从而确保已授权的人能打开门锁并且能开锁的人都已授权，无须再返回到云端。此外，区块链通过寻址和权限控制，还能对分布式物联网进行去中心化控制，例如，你可以控制手机和家里的电子锁进行通信，也可以在区块链上对别人进行授权，而这些权限关系均可以保存在区块链上，并可以远程操控。

（2）Telehash。除了通过应用区块链技术理解交易之外，物联网中的设备还需要交流沟通，ADEPT 在通信协议方面采用私人信息传递协议 Telehash，而 Telehash 利用 json 来共享分布式信息。Telehash 的创始人 Jeremie Miller 描述它是一种非常简单、安全的终端对终端的加密库（终端可以是一台设备、一个浏览器或一款移动应用），适合所有应用程序，可以认为是 SSL 与 PGP 的组合，是专门为设备和应用程序连接而设计并建立的安全的私有网络。

（3）BitTorrent。由于连接网络并不能一直保持稳定（例如，通过蓝牙和 ZigBee 相连接），所以 ADEPT 还引入了文件共享协议 BitTorrent 来传输数据，确保 ADEPT 的分散化。基于 ADEPT 平台，数据资料能够在不同的设备之间穿梭传递，并按照区块链的规则进行重组。

案例点评

作为基于区块链技术的物联网新架构，ADEPT 有两大优点。首先从经济角度来说，大规模的设备与云端交互的物联网没有多大好处，运营云平台的成本也很高，尤其对于那些预计将使用 10 年甚至更久的设备。如果没有足够多的设备愿意与某类设备交互，那么单独建立一个支持这类设备的云计算后端是不现实的，并且通过销售数据来盈利的前景也不乐观。所以建立一个将智能维持在设备级别水平的平台，使之可以在无须制造商维护的条件下运营会更实用。第二个优点是 ADEPT 体系结构可能会对物联网的商业模式产生影响。目前数据的销售前景不容乐观，特别是在传感器价格低廉的情况下，如果企业需要数据，可以将传感器投放到市场上，开发出供用户使用和共享数据的软件程序并不难。其实，ADEPT 可以帮助人们真正创造新的商业模式，不仅能共享数据，通过区块链的指令，设备还能共享计算机的功率、带宽甚至电力。

3. ASIC-8Tile 的 Tilepay 微支付平台[①]

随着科技巨头 IBM 对区块链技术在物联网领域的应用前景的看好，许多企业家、创业者纷纷开始涉足该领域。2014 年 8 月 29 日启动的 Tilepay 项目旨在通过与区块链技术相结合，使 Tilepay 能够连接大量的硬件设备和传感器，并使用传感器自动交易生成的实时数据构建一个庞大的数据交易市场。

Tilepay 是一个以区块链为基础的去中心化支付系统，它可以在个人电脑、笔记本电脑、平板电脑或手机端下载安装，系统中所有的物联网设备都有一个独一无二的令牌，用于通过区块链技术接收指令。Tilepay 还建立了一个物联网的数据交易中心，让每个人都能购买物联网上不同的设备和传感器的数据，并且通过 P2P 的方式来确保数据和支付

① www. tilepay. org.

的安全，为物联网行业提供了一种“人-机”或“机-机”的支付解决方案。

如何把数以亿计的物联网设备和智能硬件与比特币区块链相连？如何利用比特币区块链来了解周边的天气状况以及 PM2.5 的实时情况？如何用比特币区块链来查询航班的实时数据资料？诸如此类的问题，Tilepay 都能解决。以一个物联支付应用场景为例，假设长期居住在 A 地的用户在遥远的 B 地有一套房子，通过使用 Tilepay 推出的基于比特币协议的 SPV（simplified payment verification）钱包客户端，将房子的传感器加入区块链网络，房子在出租时就无须再找中介，房主和租客只需在去中心化的区块链上签订合同，租客只有每月支付租金才能有开门权限。Tilepay 客户端中的“IoT”（物联网）选项能够快速地将物联网设备注册到客户端中，并将其加入比特币的区块链网络。只要输入硬件设备传感器的 IP 地址，然后注册即可。注册成功后，Tilepay 网络将为这个硬件设备指定一个专用私钥，当其他用户获得了该硬件设备的数据并进行交易时，收益都将属于设备的拥有者。无论是企业还是个人，都可以用 Tilepay 的客户端来管理自己的硬件设备、查看收到的比特币或 TileCoin 的数额并快速支付。

Tilepay 不仅能够将越来越多的物联网硬件设备、智能硬件设备快速纳入 Tilepay 网络，还推出了硬件小微支付的智能卡，能够应用于监控物联网数据，实现以区块链为基础的小额支付，并且能够进行安全性及授权认证。除了开发电脑端的支持各种虚拟货币（包含比特币和其他 XCP 协议的币）的 Windows SPV 轻型钱包外，Tilepay 计划继续开发苹果和安卓系统的移动端的钱包，以便于在移动端收发各种虚拟货币，并对名下的物联网或其他智能设备进行管理。Tilepay 的工作流程如图 10-3 所示。

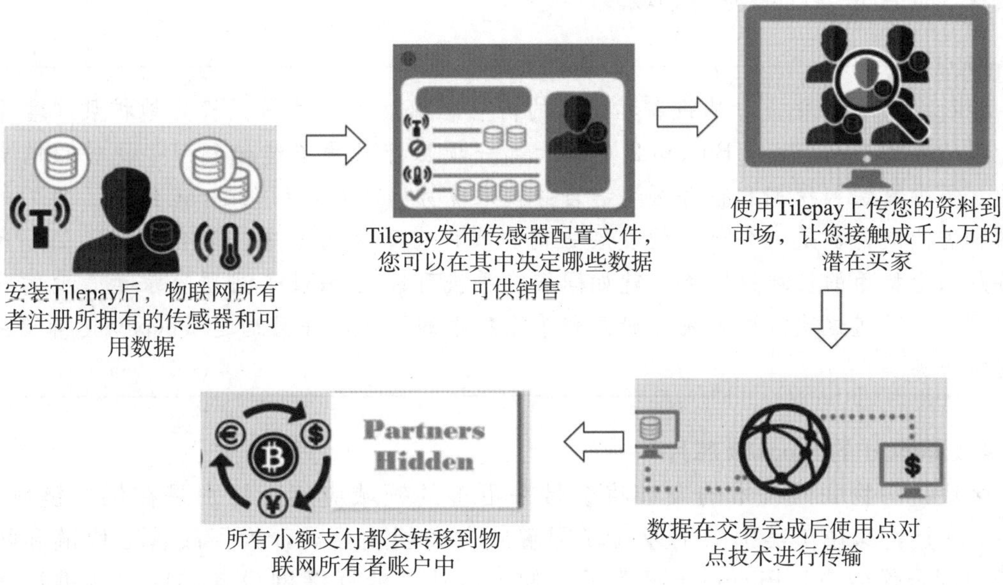

图 10-3　Tilepay 工作流程

由于物联网技术的复杂性，上下游产业链较长，Tilepay 整合了物联网与区块链技术的相关厂家，共同开发并着手制定相关产业标准，上下游产业链中的软硬件厂商如下。

软件产业链：

（1）爱沙尼亚 Ignite 软件开发公司，专注于比特币区块链技术和智能合约的开发。

（2）Thingful 网站，汇集了全球无数个物联网传感器的实时数据，包括能源、环境、风力、温度、湿度等传感器，堪称物联网领域的谷歌搜索引擎。Tilepay 将和 Thingful 网站进行深度合作，使传感器节点支持 Tilepay 的协议和功能，在 Tilepay 的去中心化交易市场自动卖出自己的数据，并收到比特币或 TileCoin 的小微付款。

硬件产业链：

（1）Cryptotronix，美国科罗拉多州柯林斯堡的一家开源硬件和软件制造商，将为 Tilepay 开发封装区块链技术的硬件模块，用于各种物联网设备，使物联网设备可以自动采集和通过 Tilepay 的去中心化交易市场销售自己的传感数据。

（2）Pinoccio，提供开源硬件的厂商，负责提供无线 mesh 网络的解决方案，其 mesh 网络的功耗只有 WiFi 网络的 1/14，IBM ADEPT 项目中采用的第二层通信协议 Telehash 的创始人就来自 Pinoccio。Tilepay 主要和 Pinoccio 合作开发区块链网络，使 Pinoccio 的所有开源硬件都可以加入 Tilepay 的网络。

（3）Atmel 公司，全球性的业界领先企业，致力于设计和制造各类微控制器、电容式触摸解决方案、混合信号、非易失性存储器和射频（RF）元件。Tilepay 将使用 Atmel 公司的 ATECC108 芯片，解决椭圆曲线非对称密钥算法的硬件电路方案，通过 ATECC108 芯片，Tilepay 将为连接到其网络的硬件设备和传感器设备分配一个椭圆曲线数字签名算法（ECDSA）的私钥，相当于比特币地址的私钥。

（4）Tilepay 还将和加拿大的智能穿戴设备开发商 Nymi 交流合作，计划拓展到智能穿戴、智能手环、智能家居等领域。

案例点评

Tilepay 将数以亿万计的设备和设备的持有者都加入区块链，极大地扩展了整个虚拟货币行业的应用范围。Bitcoin 2.0 的大部分项目都只是单纯地利用了比特币的支付功能，很少有深入挖掘和整合区块链自身技术优势的项目，而 Tilepay 结合了热门的物联网和智能硬件，是一个很好的发展方向。或许在不远的未来，将会有数以亿万计的设备加入比特币的区块链网络，就如同智能手机可以用 SIM 卡注册登录运营商的移动互联网，只不过这次是用私钥注册并登录比特币的网络，并且通过 Tilepay 支持硬件小微支付服务。

4. Filament 的 Blocklet 芯片

区块链与物联网技术的发展将会带来更多的领域应用，特别是在供应链领域。Filament 是一家位于美国的工业互联网解决方案创业公司，为了改善区块链和物联网的协同合作效应，Filament 研发了一款可以让工业互联网设备和区块链进行交互的 Blocklet 芯片，相当于让芯片在优化了信任执行环节的物联网中工作。Blocklet 芯片的体积小、能耗低，由于内部封装了加密的产销监管链协议，因此安全性也能得到保障。

Filament 技术栈的基础有五大核心原则，分别是安全（security）、隐私（privacy）、自治（autonomy）、去中心化（decentralization）和交易（exchange）。Blocklet 芯片能够

让任意一种工业设备都能和所有区块链技术进行交互，同时也应用了多链技术，允许多区块链使用。利用 Blocklet 芯片连接设备可以让交易独立进行，并且可以生成在区块链中抓取的合约，具体的行为规则由芯片的所有人自主定义。

案例点评

Filament 研发的 Blocklet 芯片展示并验证了区块链账本具有的固有信任，随着其应用的扩展，将很快证明区块链技术比比特币的应用场景更加广阔。Filament 公司将其视为“下一轮经济变革的基础”，并提供了应用示例。例如，创新的数字供应链与海运集装箱相连接，能够自动记录数据并向所有的利益相关方分享数据，更好地提高信息的透明性，而且能够自动地安排运送并通过共享的区块链付款。另一种应用是新一代的制造设备，能够对数据进行记录、分享并自动订货。

10.5　智能制造

10.5.1　场景简述

智能制造是指在生产制造过程中，通过智能机械的协作，扩展、延伸和部分替代人的脑力劳动。这进一步更新了制造自动化的概念，使柔性化、智能化和高度一体化得到了体现。随着世界工业互联网的迅猛发展，全球制造业与互联网不断融合，智能制造技术也迅速发展，产业由规模化朝个性化方向发展。

10.5.2　痛点与需求

信息不对称、资源不共享、互动不通畅、反应迟缓、交易成本高昂、自主核心技术薄弱等问题成为当前制造业发展的瓶颈，点对点、防篡改、安全透明、可追踪的区块链技术恰好能够解决上述问题。通过应用区块链技术，企业的传感器、控制模块、系统、通信网络、ERP 系统等能够整合在一起并有一个统一的账本基础设施，使得企业、设备厂商和安全监管部门能够长期、持续地监督生产过程中的各个环节，提升生产制造的安全性和可靠性。此外，区块链账本的可追溯性、不可篡改也为企业的审计工作提供了便利，有助于方便快捷地发现问题、追踪问题、解决问题和优化系统，大大提升了企业生产制造的智能化管理水平。

然而，目前的公有链还存在许多问题：第一，几乎没有考虑商业应用的情况，当遇到大量的突发请求时，会出现整个区块链网络的阻塞；第二，应用基本都是以主链为中心的，应用的共识机制必须与主链保持一致，业务逻辑要适应主链，造成了非常单一的应用场景；第三，彻底的去中心化导致监管难度很大，在越来越严格的市场环境下，几乎没有任何生存空间。

10.5.3 区块链解决方案：智造链

智造链（intelligent manufacturing chain，IM Chain）以区块链、物联网、大数据、人工智能等先进技术为基础，以制造业市场为中心，旨在构建一个面向全球的数字化、网络化、智能化制造业新生态。智造链利用区块链技术构建智能制造业的基础设施，使得全球的制造业资源可以互相连接，共享全球的资源，同时将各种功能集成到一起，例如需求发布、设计资源匹配、智能制造云计算以及智能物流运输等，并允许企业共同使用 IM 系统打造一个智能制造业应用场所（IMA Site），帮助企业、个人用户与研究机构建立开源化社区进行研究、开发设计和改善服务等，为全球化的智能制造产业生态做出贡献。

智造链以智能化联合生产管理、数据所有权保障与隐私保护、大规模个性化定制生产和实现全生命周期溯源为特点，构建了一个以区块链为底层技术、以信息为导向、以需求为制造终端的直接驱动的生态平台，一个集安全、便捷、科学、智能为一体的全球化开放式生态系统（见图 10－4），从而使得资源、能源、产品质量最优化，并将区块链和智能制造技术进行了深度融合。智造链在智能制造生态体系中搭建了安全、信任、高效的桥梁，让每个参与者都能以低成本、高收益且私密的方式进行交流，尽可能解放生产力，并引领世界制造业的变革，建立起一个健康、繁荣的智能制造生态系统。

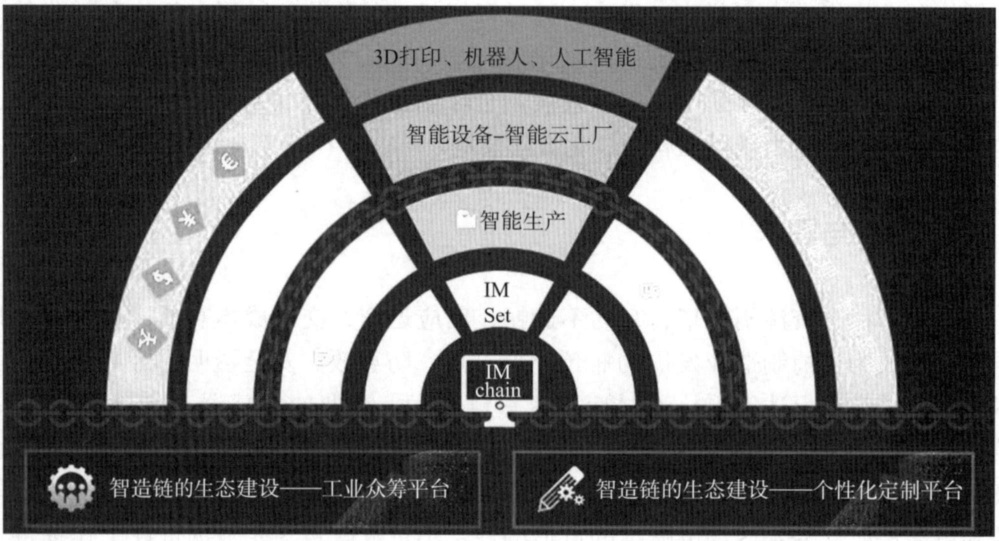

图 10－4 智造链生态系统

资料来源：https://www.528btc.com/jingzheng/37275.html.

智造链的技术架构如图 10－5 所示，一共分为三层，分别为底层技术、中间的组件服务、上层的分布式应用（生态系统），与贯穿于整个体系的运维安全和周边的三方应用一起构成了完整的智造链生态。为了使制造业和区块链深度融合，智造链在技术特性方面进行了大量的创新设计，以“主链＋多侧链＋共识机制插入”的方法，可以有效解决前述智能制造所面临的问题，并打破了目前主链以 Token（通证）为主而非以应用为主的僵硬局面。

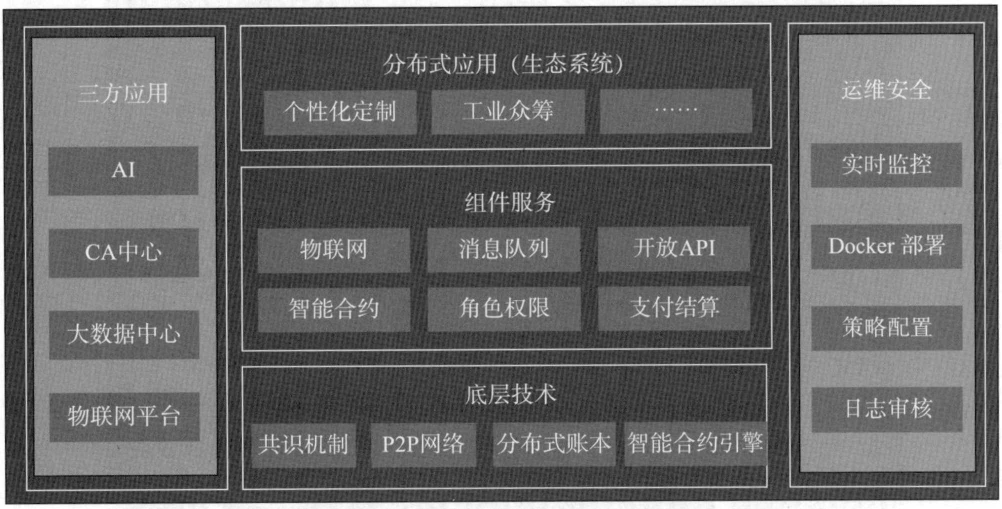

图 10－5　智造链的技术架构

资料来源：https://www.528btc.com/jingzheng/37275.html.

智造链在技术特性方面的创新设计具体包括：

（1）采用可插拔的共识机制，为不同企业的多种业务场景提供了可扩展的空间；

（2）提出带拜占庭容错机制的 CPoS 共识算法，实现“先共识、后出块”的导波模式，以协作式的出块方式克服了原有的竞争式的出块方式，极大地提高了单批交易的处理速度；

（3）提出将制造能力指数作为权益凭证，以使闭环生态系统中的智能设备的产能最大化，从而推动整体生产制造能力与节点权益的提升；

（4）在区块链评判指标 TPS 方面，采取“主链＋多侧链”的方式，让每个去中心化运用（DApp）都能在不同的侧链链路上运行，同时处理并发业务，从而带来百万级的 TPS。

智造链所提供的这一新的解决方案有以下主要功能：

（1）订单合约。当创建订单合约时，由需求方通过智造链录入订单的相关信息，经过审核后生成对应的智能合约，当供货商完成订单并满足智能合约条款的规定时，需求方的电子钱包会自动向供货商支付，并将所有订单与结算信息都记录在区块链中。

（2）标识溯源。通过智造链可以很容易地追溯到整个产业链，产品的所有信息都记录在区块链中，可以根据产品标识对产品进行全生命周期的溯源。

（3）智能支付。付款时与智能合同相结合，自动进行支付，采用加密数字货币 IMOS 在智造链中进行交易，所有交易都会被网络节点验证，并被永久记录在智造链的分布式账本中，并由智能合约完成自动付款。

（4）数据资产。智造链能够实现数据共享、数据安全、精准营销与有效监管。

智造链的运营模式包括成立基金会、共同建立 IM Chain 社区、通过私募获得资金、运营 IM System、建立全球智能制造生态联盟等，具体如图 10－6 所示。

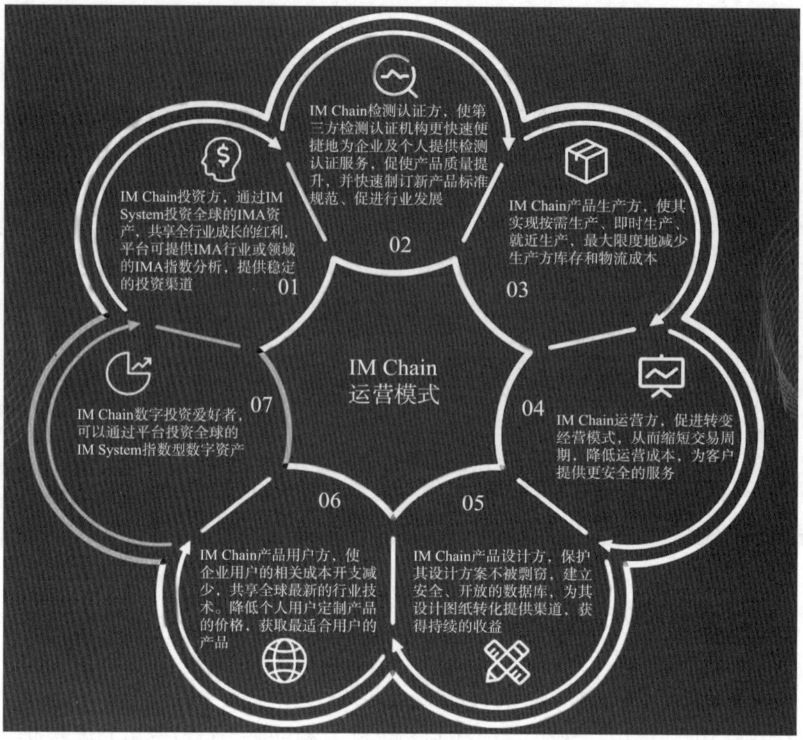

图 10-6　智造链的运营模式

资料来源：https://www.528btc.com/jingzheng/37275.html.

关键术语

制造业转型升级　　数据可信度　　业务运营效率

思考题

1. 制造业的发展现状具有什么特点？全球制造业亟待解决的痛点问题是什么？中国制造业有哪些特别的机遇与挑战？

2. 根据区块链的不同功能，其在制造业中的应用场景分为哪几类？

3. 3D 打印逐步成为制造工业零部件的流行方式，区块链技术主要解决了其在实际应用过程中的哪些问题？

4. 中国浪潮集团的 QBBSS 质量链主要利用了区块链技术的哪些特性？分别体现在哪里？

5. 案例分析题：除本章介绍的区块链技术在制造业领域的应用场景外，你还能想到哪些应用场景？区块链技术在该场景中可以解决什么痛点问题？

第 11 章

教育行业中的区块链应用

学习目标

1. 理解区块链如何重构教育领域的基本模式。

2. 掌握区块链在学位认证、教育资源共享等方面的基本应用案例。

3. 学会使用区块链技术进行学历认证，了解整个认证流程的具体步骤。

4. 理解智能合约如何实现教育资源的自动化上传、认证、流转和共享。

5. 了解区块链在教育领域推广过程中可能遇到的法律、管理等方面的难题，并思考如何解决。

11.1　行业概述

11.1.1　行业现状

教育兴则国家兴，教育强则国家强。习近平总书记在党的二十大报告中指出："教育、科技、人才是全面建设社会主义现代化国家的基础性、战略性支撑……我们要坚持教育优先发展、科技自立自强、人才引领驱动，加快建设教育强国、科技强国、人才强国……加快建设高质量教育体系，发展素质教育，促进教育公平。"当下，如何更快更好地建立起平等、优质、高效的教育体系是发展教育强国的关键问题。《国家中长期教育改革和发展规划纲要（2010—2020 年）》强调，要把改革创新作为教育发展的强大动力。随着新兴技术的快速发展，推动信息技术和教育的深度融合已成为教育发展过程中不可忽视的重要课题，用创新思维和先进技术打造高等教育新生态体系也是促进发展的关键举措。

近年来，区块链技术已经得到越来越多的国家和组织的关注和重视。作为一种新兴的颠覆性技术，区块链在多个领域已有了较为成熟的应用模式，在教育领域亦有着诸多应用的可能性。在互联网教育不断革新升级的当下，“区块链＋教育”的新兴模式必将构建起互联网教育新生态。在此趋势下，全球各个国家和地区均开始致力于探索区块链在教育中的应用，并出台多项政策，促进教育行业持续向好发展。2016 年 10 月，我国工信部颁布了《中国区块链技术和应用发展白皮书》，指出：“区块链系统的透明化、数据不可篡改等特征，完全适用于学生征信管理、升学就业、学术、资质证明、产学合作等方面，对教育就业的健康发展具有重要的价值。”2017 年 11 月，欧盟发布的《教育中的区块链》（Blockchain in Education）介绍了区块链在教育应用中的基本原则，并提出了区块链技术运用于教育的八种方案。2018 年 4 月，我国教育部发布的《教育信息化 2.0 行动计划》明确提出要积极探索基于区块链技术的“智能学习效果记录、转移、交换、认证等有效方式”，将技术深度融入教育教学。2019 年 4 月，美国高校教育信息化协会发布的《地平线报告（2019 高等教育版）》也提出了区块链技术促进高等教育发展的新趋势。同年 9 月，德国经济与能源部和财政部联合发布了《德国国家区块链战略》，提出资助基于区块链技术的高等教育文凭的验证应用，另外还提出将开发和测试端到端数字验证的技能证书和工作绩效证明（数字证书）。随后，澳大利亚、孟加拉国、尼日利亚、印度等多个国家陆续推出相应的区块链部署战略。2021 年 6 月，我国教育部等六部门发布《关于推进教育新型基础设施建设构建高质量教育支撑体系的指导意见》，指出要深入应用区块链等新一代信息技术，充分发挥数据作为新型生产要素的作用，推动教育数字转型。在此基础上，我国各省市也先后发布与“区块链＋教育”相关的政策，以促进区块链技术的具体应用。

在政策的大力推动下，各国学术界对“区块链＋教育”的研究力度日益加大，从多学科、多领域、多角度对区块链在教育中的应用问题进行了分析和研究。当前，学生信用体系不完整、未建立历史数据信息链、数据维度有限等都是教育行业的痛点问题，而区块链以其独有的特性，在很大程度上能够解决以上问题，这也为“区块链＋教育”的模式推进带来了现实支撑。例如，区块链技术记录和存储数据不受系统和平台限制。学习者可以把从不同教育机构获得的学分或学习结果绑定、组合在一起，申请认可此学习模式的教育机构的认证，并获得相应的毕业证书或学位证书。[①] 区块链还可以帮助用户强化自身数据的所有权及控制权，构建一个能够配合虚拟经济的教育智能合约系统，进行教育服务的购买、使用、结算及验收等，并作为衡量个人知识财富的依据，将其接入经济系统，促进开放教育的发展。[②] 综合现有的文献研究发现，“区块链＋教育”的发展模式已经成为教育改革的重要方向，区块链技术应用在改造传统教育生态、实现结构性变革上能够发挥重要作用。当前国内外区块链技术的教育应用正处于萌芽状态，研究及实

---

① 许涛．“区块链＋”教育的发展现状及其应用价值研究．远程教育杂志，2017，35（2）：19－28．

② 李青，张鑫．区块链：以技术推动教育的开放和公信．远程教育杂志，2017，35（1）：36－44．

践仍然较为缺乏，但也有少数教育部门及机构开展了积极的探索。

11.1.2　区块链应用场景

区块链技术对于互联网时代的教育发展创新具有重要意义。随着区块链技术的普及，“区块链＋教育”将成为创新互联网教育的主要方向。区块链技术以其独有的隐私保护、高透明度、高安全性、去中心化等特点，为教育领域的发展带来了较为独特的应用空间。

教育是一个国家的基础性产业，更是一块基石，只有教育产业稳定发展，其他产业才能拥有源源不断的人才资源。然而，教育资源分配不均问题长久以来一直困扰着整个教育行业的发展。教育资源分配不均使得发达与欠发达地区所能提供的教育资源差距较大，而当前教育资源多数未能共享，这也大大浪费了资源，降低了教育效率与质量。此外，学籍档案管理的落后、信息化普及的延缓导致管理流程并不完善，存在着信息混乱、档案易丢失等固有问题。近年来，学术造假、论文造假与简历造假等问题更是层出不穷，大大降低了学校与企业间、院校与院校间的信任。因此，相应信息的验证也成为教育行业需要解决的现实难题。发展教育中的区块链应用需要瞄准痛点问题，充分利用区块链的技术优势，最大限度地满足现实需求、解决顽固难题，从而提升教育质量，构建教育行业新体系、新生态。

通过对“区块链＋教育”发展历程及环境的分析并结合当前的发展现状，我们对当前的应用进行了简单的归纳与总结。当前，“区块链＋教育”的应用主要在以下几个方面着重发力。

一是加强知识产权保护，开发学位证书系统，建立个体学信大数据，搭建教育信任体系。通过构建个体终身学习数据库，实现产学深度融合，降低相关认证和转化成本，提高数据的安全性及真实性。利用区块链技术的可追溯性实现对教育资源的版权保护，同时可以将学生成绩、个人档案及简历等相关个人学信数据在链上进行存储，构建安全、可信、不可篡改的学生信用体系，利用分布式账本技术实现校企之间的高效对接，助力解决当前的信用缺失及全球学历造假等问题。

二是优化教育业务流程，实现高效、低廉的教育资源开放、共享及交易过程，构建开放教育资源新生态。利用智能合约的透明、自动执行等特性，可以实现资源上传、认证、流转、共享等工作的自动化执行，降低资源共享成本，提高资源共享效率。应用区块链技术搭建智能化交易平台，实现交易流程自动化，构建网络资源流转新形态，解决“资源孤岛”问题。

三是利用区块链技术构建去中心化教育体系，促进教育领域的多方参与，降低集权程度，促使互联网教育更加开放。通过区块链技术，学校、社区、教育机构、企业及各类历史博物馆等多元教育主体均可以通过统一的去中心化教育平台积极参与其中，打破传统教育被政府垄断的局面，具有相关资质的机构均可以在区块链平台上开展教育教学服务，实现多种教育模式相结合，打造全民参与的教育体系新局面。

11.2 个体学信大数据

11.2.1 场景简述

当下，一名学生从入学到毕业，会不断积累产生众多的个人学习信息，同时也伴随着各种权威机构提供的证书及证明。学生的教育相关信息除纸质证书外，还会在各种分离的信息系统中保存，但信息的安全性及贯通性具有很大的挑战。区块链技术在教育领域可以用作分布式学习记录与存储，允许任何教育机构和学习组织跨系统和跨平台记录学习行为和学习结果，并永久保存在云服务器中，形成个体学信大数据，通过“区块链＋数字证书”的方式存储、保护、分享个人的学习成果。区块链的应用可以将每个证书的发行方、接收方以及文档的加密签名一起保存在数据库中。通过分布式存储实现难以伪造、不易销毁的安全存储，同时，任何具有该链访问权的人都可以略过中间人进行直接验证，减少复杂性及交易成本的同时也使文档的隐私得到了保护。此外，区块链还可以不受平台及系统的限制，学生可以把从不同机构、教育体系获得的不同学习成果进行绑定组合，从而实现跨平台的验证。通过完整的个体学信数据的存储就可以建立起教育信任体系，用人单位在招聘时，可以通过合法渠道合理获取学生的任何学习证据数据，用于专业化的验证及人岗匹配的多维度考察。此外，学信大数据还是高校开展人才培养质量评估以及专业评估的重要依据，有助于实现学生技能与社会用人需求的无缝衔接，有效促进学校和企业在人才培养上的高效精准合作。

11.2.2 痛点与需求

当前，各学校的教育信息大多通过独立的信息系统进行存储，除了保障隐私外，其安全性也受到了很大的挑战。加利福尼亚大学伯克利分校、俄亥俄州立大学等高校近年来就遭受过黑客攻击，印第安纳大学则将教育信息存储在无保护的网络站点上。这样的存储方式及做法都使得学生相关的教育信息岌岌可危。区块链技术的出现则提供了当下较为完善的解决方案，通过公钥基础设施及非对称加密的方式，区块链技术可以搭建安全的传输及存储平台，保障数据安全，降低数据被盗取的可能性。同时，各个教育部门往往各自为政，拥有自己独有的数据体系，数据格式不一致也使得在存储及传输上浪费了大量的时间和精力。对此，引入区块链的智能合约和共识机制可以为每位相关人员建立许可链，将不同的业务共同上传到区块链上进行管理并转化为智能合约中预先设定的统一代码。构建区块链管理系统可以有效降低管理成本，提升工作效率。

同时，学历造假及留学经历难以验证等现实问题的存在使得当前教育领域存在较为严重的信任缺失。随着就业市场竞争的加剧以及留学率的增加，学历造假成为限制教育发展的重要因素之一。HireRight 的一项调查结果显示，约 86%的受访招聘者表示他们曾发现应聘者提供虚假的学历信息。为了解决学术欺诈尤其是学历造假这一国际性教育难题，开始尝试引入区块链技术，使用区块链和强加密的方式构建全新的学位证书系统，创建一个可以完整记录成绩和成就的认证基础平台，以实现学历信息的完整、可信记录。

此外，就业中存在的学生、学校与企业相脱离的问题也是当下需要解决的关键问题。北美最大的招聘网站 Career Builder 的报道称，59%的应聘者夸大了自身的工作技能，而企业及学校均对其毫不知情。伦敦风险管理公司 RiskAdvisory 对 5 500 份简历进行调查，其中 80%的应聘者的简历中有不实之处，包含事实性差异，12%的应聘者的简历中教育信息为虚假捏造。因此，为招聘者提供应聘者全面的权威学历认证及成绩记录可以保证信任体系的重新建立，也可以更快地帮助企业精准评估相关岗位技能，提升招聘精准性。区块链技术的出现可以使应聘者与用人单位之间以较低的成本达成信息共识，杜绝造假问题。区块链技术所提供的安全性与共享性对人才培养质量评估有着重要作用，更有助于实现学生技能与用人需求的无缝衔接，促进校企精准合作。

11.2.3　区块链解决方案

1. 区块链证书开放协议 Blockcerts

Blockcerts 是一个开放标准，构建了一个支持创建、发布、查看和验证基于区块链的数字证书的应用程序，可以帮助毕业生轻松访问并验证其获得的文凭。其提供了一个去中心化的认证系统，负责为学历证书的颁发提供防篡改及不可变的机制，比特币区块链在其中充当信任提供方，使其具备防篡改与可验证特性。Blockcerts 适用于学术、专业与劳动力等认证场景。Blockcerts 最初是在 2016 年由麻省理工学院媒体实验室（MIT Media Lab）和 Learning Machine 公司一起设计出原型，利用区块链技术为 111 位麻省理工学院的毕业生颁发了区块链学历证书。

最初的证书颁发的工作原理如下。① 首先，使用区块链和强加密的方式创建一个可以控制完整成就和成绩记录的认证基础设施，生成包含收件人姓名、发行方名称、发行日期等基本信息的数字证书文件，形成一份结构良好的数字证书；然后，使用私钥加密并对证书进行签名；接下来，创建一个哈希值，用来验证证书内容是否被篡改；最后，再次使用私钥在比特币区块链上创建一个记录，证明该证书在某个时间颁发给了谁。将证书以散列的形式存储在区块链交易中，在交易输出时会被分配给对应的收件人。后来 Blockcerts 逐渐转变为开放协议，可兼容多个区块链系统，也有更多的开发者加入进来，只有开放的标准才能够让个人完全控制自己的学历记录。选取比特币区块链是因为对于学历证书等文件来说，其对灵活性及数据点处理能力要求不高，更需要数据的安全性及不可变性，因此使用不可篡改的比特币公有链网络更为合适。通过将证书嵌入比特币交易（相关记录最终会被发送至比特币公有链），学生及企业将可以通过 Blockcerts 利用比特币区块链对此类资料进行验证。Blockcerts 的工作原理如图 11－1 所示。

具体而言，数字证书的基本架构包含 Cert-schema、Cert-issuer 以及 Cert-viewer 三

① J. Philipp Schmidt. Credentials，reputation，and the blockchain. https：//er. educause. edu/articles/2017/4/credentials-reputation-and-the-blockchain.

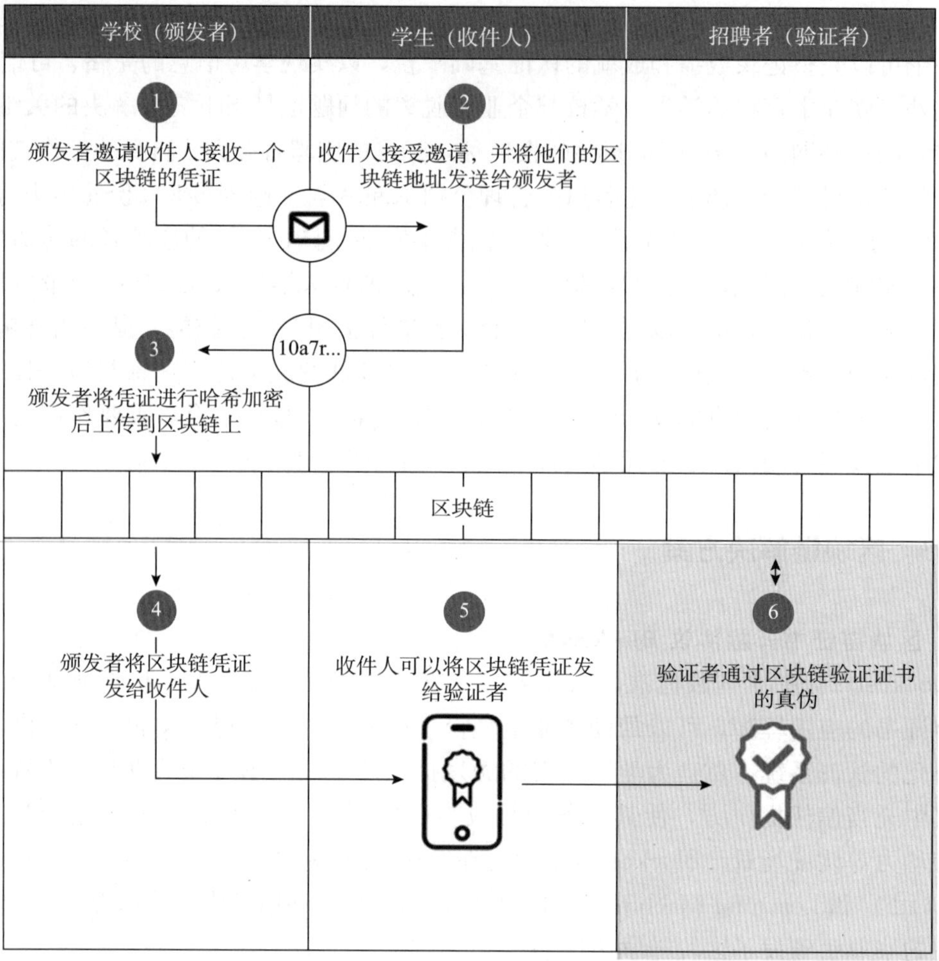

图 11－1　Blockcerts 的工作原理

资料来源：https://www.blockcerts.org/guide/.

个库。Cert-schema 用于描述数字证书数据标准。数字证书本质上是一个 json 文件，其中的代码包含证书颁发方将证书置于区块链当中所需的必要字段。Cert-issuer 用于获取 json 证书，为该证书创建一条哈希（即用于对大型数字文件进行唯一性标记的短字符串），并通过来自颁发方的地址向收件人地址广播比特币交易，从而将所颁发的证书以哈希形式嵌入 OP_RETURN 字段。Cert-viewer 用于在数字证书颁发完成后，显示并验证该数字证书。查看器代码还将为用户提供请求证书以及生成新比特币身份的能力。

Blockcerts 不仅提供学历认证，还提供公民记录证明、个人特征、成绩成就、专业执照、职业发展信息等，并通过区块链钱包进行存储，具有很强的自主性和隐私性。如此一来，保护私人数据就变得非常重要。一方面，学习者需要能够证明是其本人而非其他人获得了特定证书，即需要能够有效证明证书的所属权；另一方面，学习者还应具有该证书的部分公开权，即证书的拥有者可以选择向特定的招聘者披露相关信息，而不必将资料彻底公开。Blockcerts 的运行逻辑和自主主权身份的应用程序一样，会生成公私钥对，学生在需要进行信息认证时，可以把公钥发送给学校，学校认证后为学生的公钥签署链上数字证书，生成可验证的声明并返还给学生。之后学生可以将钱包中存储的认证声明展示给他人，接收者通过在区块链上验证确认学生的真实信息。

案例点评

Blockcerts 提供了一套基于区块链证书的开放标准，借此打造了去中心化的验证平台，为数字证书的共享性、安全性及有效性提供了良好的保障。它基于区块链的加密证书的应用方式对于辨别学历造假、解决学历认证难具有重大意义。除了学历之外，Blockcerts 还可以扩展到其他个人信息领域。有了区块链的帮助，个体学信等数据都将拥有安全永久的存储空间，并可以得到很好的验证与传递。

2. 区块链简历验证平台 APPII

APPII 成立于 2016 年 3 月，是由伦敦一家关于区块链咨询的初创公司基于以太坊建立的全球首个区块链简历验证平台。它通过把人们的简历上传到智能合约，来为招聘者提供由教育者或认证者以及前任招聘者验证过的具有一定权威性的个人简历证书，可以提高应聘者的信息可信度，减少招聘者寻找人才的时间，降低招聘成本，并提高招聘效率。该平台与相似的招聘平台 LinkedIn 相比，最大的不同就是希望通过区块链技术的引入，真正验证信息的真伪，建立全新的就业市场信任体系。在此过程中，区块链取代了传统的第三方背景调查公司的工作，为招聘者节约了资金，同时提供了更高的可信度。而对于应聘者来说，认证后的简历往往可以帮助他更快地获得面试机会以及获得录用，也让他更容易在所有候选人中脱颖而出。

在 APPII 平台上，教育学历信息、培训与证书信息、工作经验以及其他可通过生物扫描进行身份识别的信息都可以被验证。候选人可以在 APPII 平台上注册，并采用生物识别技术确认身份，保证身份的真实性。注册完成后，APPII 平台允许候选人创建属于自己的智能档案，将教育经历、工作经历、专业成就、认证信息、工作期望等信息在分布式账本上进行记录并上传，一经验证便可以永久保存。为了保证初始信息的真实性，APPII 通过区块链让企业和教育机构等相关组织对候选人提交的信息进行核实验证。核实成功后相关信息即可上链，同时可为个人信息生成可验证的二维码，使后续招聘者可以随时在链上进行核验，免去烦琐的多次验证过程。结合密码技术，候选人还可以设置隐私权限，所有信息都可以选择是否公开。同时，在身份认证方面，还可以利用面部识别技术进行核实。此外，该平台还配备多种简历模板，提供自动生成功能，减少了简历模板或格式样式对简历内容及招聘结果的影响。借助该平台，企业可以大大减轻背调这一环节的压力，从而降低时间和管理成本。

此外，APPII 还引入了代币奖励机制，进一步利用区块链的交易技术，提供更加丰富的激励及运营机制。对求职者而言，在 APPII 上进行注册及填写提交简历并进行验证后，平台都会给予代币奖励，这些代币在未来可以用来交换 APPII 所提供的教育资源。而对于企业来说，验证职员的工作经历等有助于平台的发展，因此也会获得相应的代币奖励，代币可以在 APPII 平台上进行兑换，以使用 APPII 平台的更多功能。

目前，APPII 已经有数个合作伙伴，包括学校、用人企业、招聘公司、咨询审计公司等。例如，英国开放大学知识媒体研究所在 2016 年与 APPII 平台就合作进行了一项实验，用区块链解决方案核实学业记录，在此基础上利用核实结果，把开放学习徽章和开放大学的资格认证放到该平台上，完成完整的区块链认证过程。

案例点评

作为全球首个区块链简历验证平台，APPII专注于建立全新的就业市场信任体系，希望通过引入区块链技术来提供具有权威性的个人简历证书，以提高就业市场上应聘者信息的可信度，减轻背调压力，降低招聘成本，提高招聘效率。通过独特的代币机制的引入，还可以维持良好的运营模式，吸纳更多用户，并通过商业合作，将上下游的产业链延长，实现完整的区块链认证过程。

3. 马来西亚教育部e-Scroll区块链学历认证系统

近年来，随着跨国留学的比例增大，学历的认证变得愈加困难。在这样的社会环境下，假学历问题越来越严重，学历造假通过互联网的传播变得更加容易，假学历交易在全球各地也都非常普遍。根据英国BBC发布的报告，假学历的国际交易在互联网上的数量非常巨大，有数以千计的英国人花费了数百万英镑从巴基斯坦的“文凭工厂”购买假学历。这样的行为不仅是对真实取得学历的学习者的不公，也是对全球教育体系的信任制度的挑战。进一步地，当持有假学历的“高级学者”进入医疗保健、航天军工等关键部门时，给社会带来的危险更是不言而喻。

而在马来西亚，学历造假案例数量也在不断上升，甚至有从“文凭工厂”在线采购的情况发生。为了维护马来西亚的大学的声誉和诚信，马来西亚教育部利用区块链采取了相应行动，防止这种不利于学生、学校及社会的欺诈行为发生。当面对学历造假的问题时，马来西亚的大学通过电话及电子邮件的形式进行学位及学历验证，每周可能需要接听数千个来自全球的电话，接收数千封邮件来回复关于学位认证的事宜，这种方式非常低效，同时也没有办法保证学历认证的万无一失。而区块链可追溯、不易篡改的技术特性能很好地解决数据可信问题和认证效率问题。高校可以基于区块链和非对称加密技术，将学生的成绩和毕业信息（如收件人姓名、发行方名字、发行日期等内容）形成数字凭证，并用自己的私钥加密形成数字签名，确定凭证的发行人为对应高校，最后将该凭证发送给学生（收件人），在区块链上创建记录（哈希值上链），证明该证书已经颁发。当学生自己、企业或其他机构需要验证时，一方面通过该高校的公钥对凭证的链上哈希值进行解密，证实确由相应高校发出；另一方面使用学生提供的学历认证创造新的哈希值，与链上进行对比，验证证书内容是否被篡改。

因此，马来西亚教育部推广了一个名为“e-Scroll”的区块链技术系统，帮助马来西亚的大学使用区块链技术来验证学历的真伪和进行学历认证。e-Scroll系统由LuxTag公司开发和部署，建立在NEM区块链平台上，通过扫描学位证书上印刷的二维码来识别，使用者可以在世界任何地方立即验证学历的真实性，而且验证时间一般只需要几秒。虽然也可以使用其他区块链来构建该系统，但最终使用NEM区块链的原因在于它在管理可追溯性和认证需求方面具有独有的特性。在使用这套区块链技术系统后，不仅马来西亚国内的企业可以对学历进行有效认证，还能跨越国界，让其他国家和地区的用户对马来西亚的学历进行认证。使用该区块链系统解放了传统的电话验证的人力，节省了时间，也提高了效率，解决了留学生学历造假验证难的问题，能有效打击国际上的假学历交易。

马来西亚国际伊斯兰大学（International Islamic University Malaysia，IIUM）是第一所受益于 e-Scroll 系统的大学。2018 年 11 月 10 日，IIUM 的 200 名毕业生获得了学位，通过 e-Scroll 系统，每个人都拥有了一份完整的证书链。马来西亚教育部正鼓励该国其他大学和高等院校使用此区块链学历认证系统。

案例点评

马来西亚教育部 e-Scroll 区块链学历认证系统作为官方的学历认证系统，能够很好地解决近年来留学学历造假严重、真实性难以验证等问题。通过扫描学位证上的二维码，便可以很好地识别建立在 NEM 区块链平台上的学历信息，让这些信息真实地跨越了时间与空间的限制，节省了各个高校的核验时间，提高了共享效率，也对打击国际上的假学历交易具有里程碑式的意义。

11.3　教育共享新生态

11.3.1　场景简述

在信息丰富的当今时代，教育资源的获取变得多元化，知识的分享带来教育资源的不断传播。尤其是在面对教育资源不均衡的问题时，教育资源的开放、共享与交易是教育体系的巨大变革，也是提升全民教育质量的关键。其中，开放教育资源（open educational resources，OER）及教育资源集市的发展很大程度地影响了这一变革的进程。当然，数字资源在方便学习者学习的同时，也带来了知识产权相关的一系列问题。而区块链技术的可追踪性、不变性等特性可以在其中运用，起到了保护知识产权的作用。

随着 OER 的蓬勃发展，全世界的教育者和受教育者提供了大量免费、开放的数字资源。OER 的主要特征是它的开放版权许可，以及从法律上允许公众使用、修改、共享资源。换句话说，没有明确指出属于公共领域或拥有版权开放许可的教育资源都不能算作 OER。因此，要合理规范 OER 并让其健康地发展就需要加强教育资源的版权规范并予以合理规范的保护。

对于 OER 来说，应用区块链技术可以很好地进行资源版权保护。利用非对称加密算法保护版权信息可以获得更高的安全性与可靠性，同时鉴于区块链公开透明的特点，任何资源创建信息都可以被使用者查询、追踪、获取，进而有助于从源头上解决版权归属问题，同时可以做到随时追踪和查询，实现有效追溯。资源上传者可将 OER 的版权信息和交易信息记录在区块链上，包括资源创建者、创建时间、资源类型等内容。利用区块链的分布式账本技术，将教育资源分布式存放在不同的区块中还可以提升资源的共享效率，通过点对点的传播方式，所有节点将通过特定的、达成共识的软件协议直接共享学习课件和工具软件等资源，这样既有助于提高共享效率，又可以解决“资源孤岛”问题。基于区块链的智能合约与共识机制构建的 OER 网络认证机制还能很好地提升资源质量。资源创建者将资源上传到云端平台；利用非对称加密算法，使用公钥和私钥分别对教育资源进行加密，并存放在区块中；将承载教育资源的区块广播至全网并等待认证；若超过51%的节点达成共识，则通过认证，承载资源的区块加盖时间戳并在网络中以点对点的模式流通。资源认证机制中的认证、流转、共享等环节均由区块链底层内置的智能合约自动完成，全过程公开透明、不可篡改，各个节点上的资源用户共同认证新上传资源的应用价值。基于区块链技术的OER网络认证机制可以杜绝重复、无效、低质量资源的产生，有效提升资源质量和资源流通效率。此外，引入了区块链的去中心化应用也能节省大量的中介成本，降低OER的运营成本。用户之间可直接通过点对点的传播方式进行资源共享，从而减少在大量中介平台上的研发与管理维护投入，改变OER运行机制，有效降低OER运营成本。

除了OER外，教育集市的发展也进一步促进了教育资源的流动与共享。为了构建一个良好的交易环境与平台，可以通过区块链技术完成教育契约和存证，构建智能化教育资源交易平台。通过嵌入智能合约，可以自动在该平台上完成各种服务的购买、使用、支付等工作，无须人工操作，同时购买记录无法被篡改，所有交易和合约数据都将被永久保存，确保其真实有效。消费者在该平台发出购买信息后，系统会根据智能合约的运行规则自动将对应的学习资料发送给消费者，该资料的物流信息也将被智能合约追踪，当消费者确认收到学习资料时，系统自动完成支付。同时，在交易平台上也可以嵌入相应的虚拟货币技术，形成独有的“知识货币”，并让这种“知识货币”逐渐成为流通资产，接入到知识社会的经济系统中，真正地将“学习即赚钱”的理念落地。

基于区块链的智能化教育资源交易平台有其独有的优势与特征，体现在如下几方面。①

（1）智能合约程序记录在区块链上，具有公开、透明、不可篡改等特性，可以保证交易信息的真实有效，杜绝欺诈行为的发生。

（2）智能合约程序可以控制区块链资产，能够存储并转移数字货币和学习资料，学习者购买资料和服务等交易信息可随时被追踪查询并被永久保存，从而为保障商家和消费者权益提供强大的技术支撑和过程性证据。

（3）智能合约程序由区块链自动执行，人工无法干预、篡改，这一方面能够提高平台交易的效率，满足消费者对知识获取实时性的需求，另一方面能够保证交易平台的可靠性与稳定性，防止交易平台出现系统崩溃现象。

（4）智能交易无须类似支付宝的第三方支付平台介入，可以实现学习者与培训机构、学习者与教师、机构与机构之间的点对点交易，既能节省中介平台的运营与维护费用，又能提供有质量保证的在线学习服务。

11.3.2 痛点与需求

教育知识资源是教育领域中一笔非常宝贵的资产，提供高效、便捷的知识服务可以很好地提升教育发展的质量，推动构建教育资源新生态。然而，开放共享的资源环境也面临着版权保护弱、运营成本高、资源共享难、资源质量低等诸多现实难题。如何构建

① 杨现民，李新，吴焕庆，等．区块链技术在教育领域的应用模式与现实挑战．现代远程教育研究，2017(2)：34-45.

安全、高效、可信的教育资源新生态成为当前教育领域发展的新方向。从知识的共享来看，加强知识版权保护、明晰版权归属、建立有效的追踪链，可以提升知识共享的效率，促进知识流动，提升教育质量。同时，从知识的交易过程来看，安全、高效、稳定的自动化教育资源交易平台的研发也应被提上发展日程。在此背景下，区块链技术有望成为解决上述难题的利器，推动共享教育向更高层次发展。

具体而言，区块链的分布式账本技术、智能合约以及共识机制为建立安全、高效、可信的教育资源共享环境提供了技术条件。通过将海量的高等教育资源存储在区块链的分布式结构中，并同时向全链进行广播和实时备份来完成资源共享。区块链的去中心化特性省去了中介的成本，提升效率的同时也保障了共享过程的安全性与可信性。任何人都可以查询、访问自己感兴趣的教育资源，打破当前不同地区、不同学校、不同班级的教育资源共享壁垒，搭建起一条便捷的信息互通渠道，为各地的学生提供更优质的教育资源，还可以在一定程度上缓解教育资源分布不充分、不平衡的问题，整合优质教育资源，提高教育质量。

11.3.3　区块链解决方案

1. ODEM 教育集市

瑞士的 ODEM（On-Demand Education Marketplace）是一个去中心化的教育产品和服务集市，在该平台上教育者可以创建和提供教育课程，学生则可以通过支付进行选择性的学习，根据喜好定制自己可以负担得起的学习课程，同时在完成相应的学习后，可以收到基于区块链的数字证书。

ODEM 利用区块链将教育者、学生和专业人士连接到相关的课程和资源，使教育和就业以一种更加便捷合理的方式融入学生的生活。利用智能合约，学生可以直接与学术专业人士进行点对点的交流，就选择哪些课程有助于积累专业背景达成一致，以期获得最佳的学习体验。为了激励用户参与，ODEM 使用区块链支付系统和智能合约来激励和奖励学生努力学习，也激励教师创建更好的课程。ODEM 为教育者和学生开发了技能勋章，以展示他们在特定领域的专业程度。ODEM 账本可以了解学生学习过的课程或教授教过的课程，这对于两者建立在 ODEM 平台上的学术声誉都是有帮助的。一个教育者的勋章增长越快，就会激励越多的学生选择他的课程，而学生对某一领域的技能越感兴趣，也就会有越多的教育者加入这一平台进行相应的教学。勋章制度可以实现安全高效的用户激励，形成良性循环，不断“造血”，供给平台运营。

同时，该平台还开发出了 ODEM 代币，鼓励学生完成整个学习过程，学生在课程学习中表现良好就可以获得代币化奖学金，这些代币也可以用于支付课程费用。加密货币技术可以使整个交易过程点对点地完成，同时交易过程被永久记录在链上，便于追溯及维权，这样的模式也极大节省了中介支付管理平台的相应支出成本，真正实现了“自己的资源由自己做主”。此外，该平台有一个游戏化的环境，每个学习者都会被分配一个角色，并通过完成过关来畅游虚拟世界。具体而言，ODEM 的代币技术基于专有的云技术和区块链技术，采用以太坊 ERC900 接口，整个过程的独特要素可以屏蔽来自外部市场的 ODEM 代币，以确保系统的完整性。在初始访问期间，参与者可以通过法定的支付网关 Stripe，使用信用卡或借记卡进行支付。此时，系统不会直接通过 ODEM 令牌（ODEM-T）进行汇款，而是通过该行为表示参与者私下交付 ODEM-T。通过 ODEM 智能合约处理承诺、计划和认证费用，ODEM 堆叠机制遵循预先定义来奖励平台参与者的课程承诺。当计划安排好并且条件已经被教育者和学生验证时，投入的代币将被解锁。ODEM-T 作为以太坊主网上 ODEM 智能合约的 gas，需要确保所有合同被正确执行，并始终维持安全且可处理的交易量，从而提供安全、高效的代币汇款流程。

在 ODEM 上完成的每项学习过程都将通过区块链技术被记录。如果学习者在学习和完成课程方面取得优异的成绩，就会得到同在该平台上注册的潜在招聘者的奖励和认可，并通过以太坊区块链和星际文件系统（IPFS）获取相应的证书。该平台提供基于区块链技术的证书管理服务，所有学生获得的证书都安全地存储在区块链中，并且可以直接被相应机构认证，提升简历可信性。在后续的升学或就业过程中，可以直接通过该证书管理链进行查询验证，提供更加优质的升学及求职体验。

ODEM 平台的运行机制如图 11-2 所示。

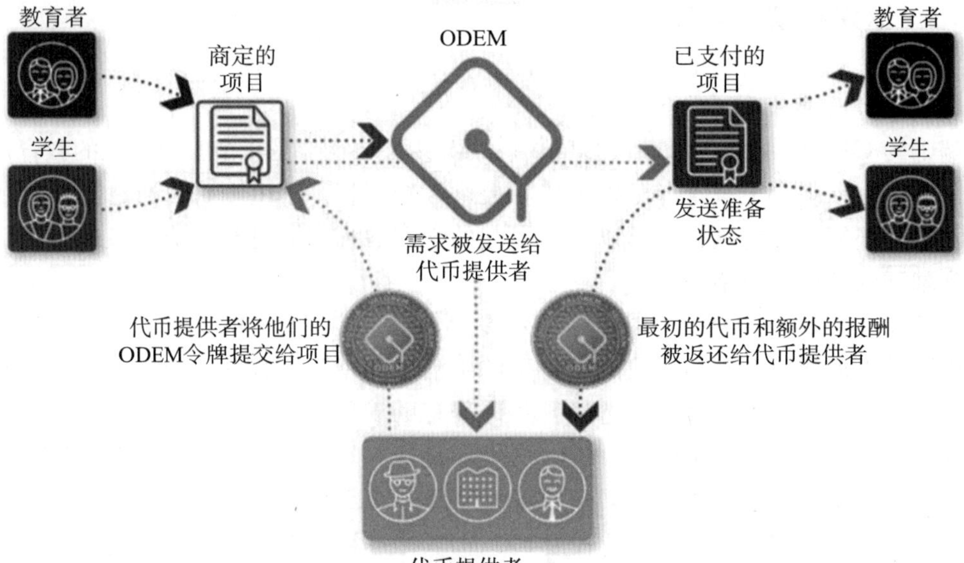

图 11-2　ODEM 平台的运行机制

资料来源：https://www.chainbits.com/reviews/odem-review/.

案例点评

ODEM 是瑞士的去中心化教育产品和服务集市。它利用区块链技术搭建了一个全球教育平台，学生、教育提供者和招聘者可以直接连接，实现个性化学习体验和全球交流。通过安全可验证的认证机制和透明公平的定价机制，ODEM 提供了高效、透明和经济实惠的教育服务。其打破了传统教育的地域限制，将教育市场扩展到了全球范围。然而，作为一个创新的教育平台，ODEM 也面临着一些挑战。用户的采用是其中一个关键因素，需要吸引足够数量和多样性的学生与教育提供者参与其中。此外，区块链技术本身的复杂性和普及程度也可能对 ODEM 的发展构成一定的障碍。

2. EduCoin 在线教育平台

随着"互联网+"模式的不断发展，在线教育行业发展迅猛，但信息不对称、资源匹配对接困难、营销及交易成本高等问题却始终困扰着这个行业，也成为行业发展的最大瓶颈。而区块链技术由于去中心化的数据难以被篡改，可以保证用户真实的评价和教育服务产品的信息都被展示在区块链上，整个教育体系将变得更加透明，信息不对称和资源匹配的问题将得到解决，劣币驱逐良币的现象也终将消失。

EduCoin 平台正是基于区块链技术的分布式全球在线教育平台，意在促进在线教育内容共享和服务交易，主要解决需求者、消费者、内容提供者、相关支持者四方之间的对接及利益分配，并帮助建立一个可信互信的共建机制。EduCoin 利用区块链的点对点网络技术、数字加密货币技术以及智能合约技术，来保障教育服务的消费和提供、教学产品和技术的共享以及教学质量的监测和评估。

具体而言，EduCoin 平台通过其本地数字加密货币——EDU 来促进教育内容的分发和教育服务交易的完成，该平台允许两方或更多方进行连接以提供与教育相关的服务或共享内容。其业务流程如图 11-3 所示，在 EduCoin 平台上，教育服务提供者确定其教育服务价格，并发布相关信息，以便消费者了解他们的服务。而消费者根据期望设定服务价格，系统以此匹配高质量内容或适当的教师。教学服务完成后，课程费用将通过智能合同进行结算，以 EDU 进行支付。通过以太坊智能合约维护分布式分类账本，消费者可以连接到以太坊网络，以获得教学内容和智能合约的及时状态更新。每项教学内容和服务在网络中都是独一无二的。消费者和服务提供商无须中央服务器的帮助，可以直接通过 P2P 连接进行通信。通过 EDU 的传入和传出，参与者可以获得透明和开放的分布式分类账本以供公众查询。

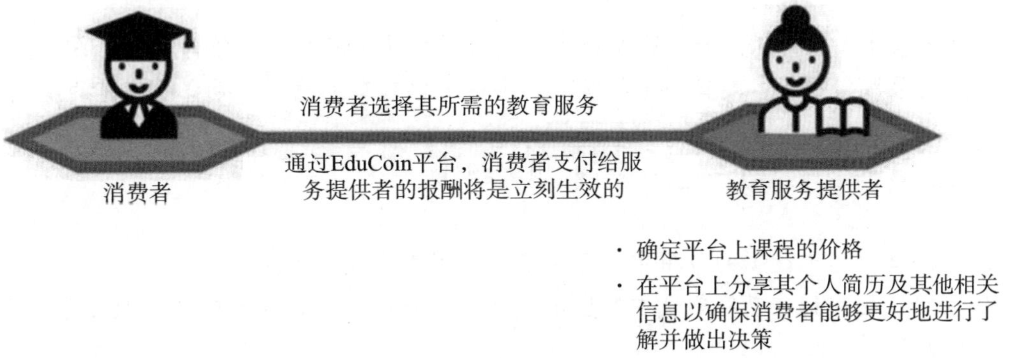

图 11-3　EduCoin 业务流程

资料来源：https://coinpaprika.com/storage/cdn/whitepapers/118931.pdf.

EduCoin 平台以市场上现有的大流量教育网站为目标进行在线教育，教育内容涵盖文本、音频、视频、真人服务等多种形式，提供直播、问答和家庭作业纠正等多种功能。为了使平台能够高效健康快速地发展，EduCoin 建立起了平台运行的四大机制：评估机制、匹配机制、定价机制以及分配机制。在这四种机制的联合作用下，整个平台可以保持良好的运行状态，形成优质闭环。具体而言，在评估机制方面，利用人工智能技术将消费者享受的教学服务和内容结构化、数字化，任何良好的服务和内容都会更有效地传播，评估机制将帮助内容提供者提高服务质量。在匹配机制方面，平台会根据各方的需要和特点进行全球教育资源的配套，根据服务和内容提供商的信息和评估结果，结合客户的需求，在全球范围内进行智能配对和推荐。在定价机制方面，系统将根据以往的评估数据，对服务和内容进行全面、科学的定价，并将用生态系统中的 EDU 进行消费支付。在分配机制方面，用户不仅要通过 EDU 消费，EduCoin 平台还将通过奖惩机制把 EDU 分配给平台参与者。这样一来，EDU 的用途就超出了传统意义上的购买教育内容、产品和服务功能，还可以用来激励良好行为和惩罚恶意行为，进而吸引用户的持续反馈，而高质量的反馈又将使高质量的内容在平台上获取更多流量，从而可以增加内容提供商的收入。在激励机制的作用下，内容提供商将不断提高教学内容的质量，形成高效的智慧流转体系，促进整个生态系统的良性发展。在这样的奖励机制下，更多的人将愿意为生态系统提供丰富的资源，公平的分配机制也将最终保证生态系统有序健康发展。

案例点评

EduCoin 是一家基于区块链技术的分布式全球在线教育平台，旨在促进教育内容共享和服务交易，并建立一个可信互信的共建机制。通过区块链和智能合约，用户和教育服务提供者可以直接连接和交互，实现全球范围内的学习合作。EduCoin 利用加密货币技术确保交易的安全和透明，同时通过区块链存储用户的学习记录和证书，提高教育质量的可信度。尽管面临加密货币普及和质量保证的挑战，但 EduCoin 为全球在线教育带来了创新机遇，推动了教育行业的发展。

关键术语

区块链技术	分布式账本技术	学位学历认证系统	教育信用体系
智力成果版权保护	教育资源共享	去中心化教育系统	教育区块链的规范化

思考题

1. 在个体学信大数据的应用中，区块链的应用模式是怎样的？

2. 目前，区块链在教育领域中的应用属于起步阶段，你认为有哪些发展困境以及可能的发展方向？

3. 区块链在学位学历认证中的应用案例是如何提高证书的真实性和可信度的？

4. 在教育资源共享方面，区块链是如何简化操作流程、提高效率以及确保资源安全共享的？

5. 智能合约在教育领域的应用案例是如何实现资源上传、认证、流转和共享的自动化执行的？

6. 在数据隐私（特别是师生个人信息）保护方面，区块链是如何应对隐私泄露问题的？

7. 案例分析题：除了本章介绍的教育行业的区块链应用外，请描述一个可以应用区块链技术的教育行业应用，包括应用场景、痛点与需求以及相应的区块链解决方案。

第12章

医疗行业中的区块链应用

学习目标

1. 了解医疗行业的发展现状与技术需求。
2. 掌握区块链技术与医疗行业的契合性。
3. 理解区块链医疗方案在实际应用中的技术路线。
4. 理解区块链在医疗行业中的实践困难与未来改进方向。

12.1 行业概述

12.1.1 行业现状

医疗行业主要涉及四大体系：医疗药品和器械的研发、生产、销售体系；包括预防、治疗、康复、保健等流程的医疗服务供应体系；医疗保险、费用支付体系；医疗生物的研究、商业化体系。[①] 近年来，随着现代医学的发展与医疗技术的进步，各类投资不断涌入，医疗行业处于持续扩大的发展期。与此同时，人们的健康意识也在不断增强，加上新冠疫情的冲击，全世界范围内医疗需求不断扩大，医疗健康总支出不断增长。而在这一过程中，医疗信息安全[②]、医用物品真伪、医疗“数据孤岛”等问题也愈发凸显。[③]

---

① 罗爱民．我国医疗卫生产业结构调整中存在的问题和期望．时代金融，2017，23：305+310．

② 郭子菁，罗玉川，蔡志平，等．医疗健康大数据隐私保护综述．计算机科学与探索，2021，15（3）：389-402．

③ 杨朝晖，王心，徐香兰．医疗健康大数据分类及问题探讨．卫生经济研究，2019，36（3）：29-31．

区块链技术凭借其去中心化、公开透明、数据不可篡改等特性，在医疗领域的应用得到了越来越多的关注。2020 年 10 月，国家卫生健康委与国家中医药局发布《关于加强全民健康信息标准化体系建设的意见》，区块链被列为加强全民健康信息标准化体系建设的具有探索性的支撑技术，“鼓励医疗卫生机构在确保安全的前提下，探索区块链技术在医疗联合体、个人健康档案、电子处方、药品管理、医疗保险、智慧医院管理、疫苗管理、基因测序等方面的应用”。2022 年 11 月，国家卫生健康委、国家中医药局、国家疾控局发布《“十四五”全民健康信息化规划》，强调要推动完善区块链等技术在医疗领域的应用以及在数据安全防护方面的功能，同时将展开“区块链＋卫生健康”应用试点，“鼓励应用区块链技术加强身份标识管理、卫生健康数据存证、居民电子健康档案共享查阅、药械流通信息追溯、公共卫生事件数据汇聚分析、专病科研数据共享等内容，丰富区块链的应用场景”，区块链的作用得到进一步的肯定，发展进程也进一步明确。

在我国，区块链在医疗领域的应用尚处于发展初期。一方面，落地方案仅在较小范围内展开，大多是以与医疗主体对点合作的形式进行，有待进一步推广。阿里健康与常州市展开的“医联体＋区块链”项目是我国医疗领域利用区块链技术的首次尝试，它将患者的诊疗与体检信息上链存储，促进数据在当地医疗机构进行安全、可控的分享。[①] 信医科技在江西省儿童医院进行“信医链”部署，以分布式电子病历等技术作为支撑，实现了首例基于区块链的远程会诊。苏州移动和昆山市卫健委联合推出了昆山市药事管理服务平台，利用区块链存储患者就诊记录与电子处方，增加了平台的安全保障。另一方面，主流的应用研究方向较少，大多致力于解决医药真伪以及“数据孤岛”问题。一批互联网企业在已有业务、技术的支持下，对区块链应用进行布局，如华为、贵州朗玛信息、云南天成科技等展开了基于区块链技术的信息保护、信息共享的相关研究，给出了相对完善的技术架构，能够为需求方提供定制服务。同时，阿里健康、顺丰、紫云股份、京东等公司宣布重点布局药品溯源体系，并采用区块链技术对其进行技术升级。整体来看，许多国内企业都加紧展开了区块链技术的部署和研究，也在一定情景下进行了积极有益的探索实践，但缺少更多元化的场景、更成熟完善的服务以及更强大的适应能力。

在国外，越来越多的专注生命科学的区块链初创企业开始涌现，不少科技巨头也展开了在医疗领域的区块链布局。美国区块链 API 提供商 Gem、健康管理平台 SimplyVital Health，斯洛文尼亚医疗健康 IT 公司 Iryo，加拿大医疗健康管理企业 Coral Health，爱莎尼亚区块链公司 Guardtime 等都展开了利用区块链技术管理医疗健康数据的研究，推出了不少落地项目。特别地，在基因测序领域，Nebula Genomics、EncrypGen 等企业在探索如何更好地利用区块链技术搭建数据市场、助力科学研究。著名科技公司 IBM 也加速了对区块链技术的部署，提供了关于健康凭证验证、供应商验证、药物跟踪、临床试验、疫苗配送等的诸多方案。总体来说，国外区块链医疗应用的尝试更为丰富，但同样也处于发展的初级阶段，缺乏高度成熟、广泛使用的项目。

---

① 郑序颖. 区块链首次落地医疗场景：常州医联体化解信息孤岛困境. 科技新时代，2017（4）：61.

12.1.2 区块链应用场景

区块链在医疗行业的应用场景十分丰富。上游领域的参与主体包括药品与器械企业等，可以利用区块链技术进行产品溯源；中游领域为提供医疗服务的相关机构，包括医院、诊所、药企等，区块链可与医疗数据管理、账单管理、医用物品定价、医疗审计等相结合；下游领域为患者，涉及个人健康数据存储、医疗保险管理等。大部分场景下的应用都有较高的落地难度，处于技术探索期，而其中医药溯源与医疗数据管理发展较为迅速，产生了不少成熟的方案或项目。

医药溯源场景中最关键的地方在于流转信息的上链。传统的医药生产、配送、分销数据大多由第三方数据库记录，对于恶意攻击、篡改、仿造的抵御能力较弱，存在的安全隐患降低了系统的可靠性，而区块链的技术框架保障了数据的稳定性，流转信息在链上环环相扣，每个步骤都有技术性的验证确保安全，让非法人员难以操纵普通攻击进行数据仿造与篡改，极大地增加了造假成本，保证了人们的用药安全。

医疗健康数据共享场景的优势之处在于能让数据所有权回归个人，并打破了不同主体之间的数据系统屏障。在平时的诊疗过程中，人们在不同的机构留下了许多医疗记录，这些记录由医护人员编辑并上传到各自的系统中，而人们通常只能以口述或纸质资料的形式进行接收，既不能提取存储，也无法了解这些数据的后续用途。不同机构受限于技术与法规的约束，也难以进行行业内的数据共享、收集。利用区块链设计的数据共享平台能够很好地协调不同数据库里数据的使用，人们能自主决定保留或共享任意范围的个人数据，加密技术也使隐私得到很好的保护。大部分医疗健康数据的生成依然由医护人员完成，但所有关于数据的操作都会被记录在链上，清晰可查。同时，有了平台的集成与匿名性的保护，医学研究机构收集大样本数据的难度也会降低，便于展开疾病检测、药学研究、精准医疗等。

在医疗行业的实际落地过程中，区块链技术依然面临许多问题与挑战。一方面，区块链是一种较为前沿的技术，医疗健康领域缺乏统一的行业标准与相应的政策法规，全产业都部署区块链存在难度；另一方面，与其他行业相比，医疗行业同时肩负着很多社会责任，因此“区块链+医疗”项目的进入门槛也更高，对于技术建设能力、医疗健康领域理解水平、资源整合能力以及持续运营能力都有较高的要求，需要更多深入理解两个领域的专业团队和人员去匹配设计和实践验证。

12.2 医药溯源

12.2.1 场景简述

医药溯源是指通过记录和标识，正向追踪和逆向溯源药品的生产、流通和使用情况，获取药品全生命周期追溯信息的活动。医药溯源保障了药品安全，使得出现问题时能够及时进行责任追溯。药品从生产车间流通到消费者手中是一个复杂的过程，涉及生产、运输、存储、销售等环节，参与方包括制药企业、物流公司、销售商家、诊疗机构、患者群体等，不少药品由于其自身的特殊属性，对加工环境、运输保存的光感、温度与时间都有着更为严格的要求。在庞大的体系下，为了确保药品在每个环节的安全，需要搭建一个权威、严格、精细、高效的系统对生产流通环节的各项信息进行记录，以备相关主体进行查询、管理、监督，增强医药体系可信度，避免有质量问题的药品流向市场。目前，常用的溯源技术为条码溯源、无线射频识别（RFID）技术，通过实施“一物一码”，在流通的各个环节部署设备进行扫描识别，完成后台数据库信息的上传、修改、确认。

12.2.2 痛点与需求

2016年，国家食品药品监管总局发布文件进行追溯体系调整，“鼓励信息技术企业作为第三方，为生产经营者提供产品追溯专业服务。各级食品药品监管部门不得强制要求食品药品生产经营者接受指定的专业信息技术企业的追溯服务”。近年来，药企自主选择与可靠的第三方企业进行合作，开展医药溯源的服务已经成为主流，亟待第三方企业提供一个系统完善、技术可靠的方案。

在实践过程中，人们不断追求更加安全的技术，追溯方案需要对数据的真实性有更高的保障，降低恶意篡改的可能性，提升追溯可信度。另外，由于医疗供应链涉及多个合作主体，多种流通渠道，点多、面广、错综交叉，现有的传统数据库模式在运作过程中不够流畅，需要有更加便捷的接口允许所有利益方进行网络接入、节点控制，同时也要保证数据流动不受限，在可控模式下进行高效的数据追溯与共享。

12.2.3 区块链解决方案

1. 紫云区块链药品追溯解决方案

药品安全涉及人民群众的生命安全和身体健康，切切实实地影响着每个人的利益，是国家高度重视的民生问题。据最高人民检察院网上公告，2019—2022年我国检察机关加大打击力度，贯彻落实“四个最严”要求，批准逮捕危害药品安全犯罪案件1 507件共2 485人、起诉3 687件共6 537人，体现了解决医药安全问题的态度与决心。为保障消费者用药安全，相关部门也在积极推动医药溯源的信息化建设，鼓励企业开展技术研究，为相关医药机构提供追溯服务。在此背景下，全国医药流通行业区块链联盟由华润医药商业集团、上药控股、九州通医药集团、紫云股份等16家单位发起成立，旨在优化医药供应链建设，增强医药追溯能力，为上下游之间的交流与共享搭建渠道。作为联盟中技术支持方的紫云股份提供了基于区块链的药品追溯解决方案。

在紫云股份的区块链药品追溯平台中，以联盟门户为基础进行上链主体的管理，拥有区块链节点管理与监控、智能合约管理与维护、身份认证与证书管理、数据存证、数据查询、区块链可视化展示、数据统计与报表生成等功能。采用紫云股份提供的医药追溯服务的流程如下：

第一步，医药企业在联盟网站上提出申请，审核通过后可获得上链的可信证书与相关权限。

第二步，进行记账节点的开设。区块链记账节点的开设提供了本地部署与云端部署两种模式，医药企业可以依据自身的数据隔离与安全需求进行选择。本地部署是指依据企业用户提出的个性化技术需求对节点设备进行选型，在节点上安装区块链基础服务，配置节点接入信息、节点访问权限、节点所在数据通道等，最后将节点加入区块链联盟网络，并同步相关的区块数据和账本数据，为企业用户返回节点的访问方法和接口参数。云端部署则是由区块链联盟管理员为用户在云计算资源池中分配计算节点和相应的网络资源，再进行后续部署。

第三步，实现联盟成员业务系统对接。紫云区块链药品追溯平台对底层技术进行了完善的封装，以提供服务接口的方式为医药相关企业完成数据上链，其中涉及的数据来源场景包括原始材料、生产信息、物流过程、销售渠道等，医药企业只需在自有运营系统的基础上增添对相关服务接口的调用程序，就可以完成生产、物流、经销、存储等环节业务数据在链上的存储。该过程搭建起了可信任的完整数据链条，从药品参数属性到药品销售过程，从温度、湿度到运输轨迹，乃至历史追溯时间、追溯次数，都有详细可靠的记录。

案例点评

紫云区块链药品追溯解决方案通过对区块链技术的应用，实现了全流程数据的链上管理，增强了机制的可信度：一方面可溯源信息范围扩大，不仅包含生产厂商、流转过程，还能精细化处理运输中的温度、湿度数据；另一方面，拥有统一的平台与服务标准，便于企业进行技术部署，促进不同企业之间的信息交流。

2. 京东疫苗追溯服务

突如其来的新冠疫情打乱了世界运行的节奏，影响着全球人民的生命健康状况，而接种新冠疫苗是有效的自我保护方式，能够增强个人免疫，利用身体的天然防御机制建立起对病毒的抵抗力，尤其能极大地降低被感染后引发重症而导致死亡的概率。目前，世界各国都在积极推行民众的疫苗接种工作，但其中也存在一些不能忽视的问题，例如疫苗对温度十分敏感，当储存环境过冷或过热时其功效会大打折扣，甚至失去活性，使接种人不能得到应有的保护，而一些地区管理工具较为落后，接种站无法进行疫苗数据的精细化管理；同时，面对这项涉及众多业务的医疗工作，医护人员需要应对较高的工作强度和处理容错率极低的工作内容，在进行登记、对账、接种、批次验证等操作时效率不高。

对此，京东凭借资源与技术优势，结合云平台与区块链推出了智臻链智能疫苗管理系统，并与银川市第一人民医院合作开展了“区块链＋智能疫苗”管理系统首批试点，提供疫苗追溯的全程配套服务。

京东疫苗追溯系统如图 12－1 所示。由下至上看，该疫苗追溯系统的底层为基于 BaaS 开发的资源层与区块层。资源层包括云平台与大数据平台，通过与云技术相结合，京东的区块链方案有了更高的可用性。一方面，企业可以不用受限于自身资源，发起人和参与者都能在任意环境下搭建起自己的区块链底层；另一方面，不同企业在网络互通的情况下能实现跨云组网，使发起者更容易找到参与伙伴。疫苗追溯涉及的主体众多，

“云＋区块链”的形式能相对降低不同企业的建造成本，以轻便的方式纳入原有的业务体系。区块层需要完成对生产、运输、检验、接种等各项业务数据的上链操作。当生产公司、物流公司、接种站等处理流通中的同一批疫苗数据时，能够实现高效的多链协同，无论是接收、发出还是使用，每个流转的细节都会经由承办方的工作系统输入链上。任何一方执行操作时均需进行身份认证，认证过程基于区块链系统并以去中心化的方式管理，增强了可靠性。而对于输入的数据也采用特殊的方式加密，保证不会泄露、不可篡改。BaaS支持企业自己提供的集群和存储环境，支持企业自由搭建联盟链网络，使得数据完全由企业及合作方持有，从根本上解决了数据安全问题。

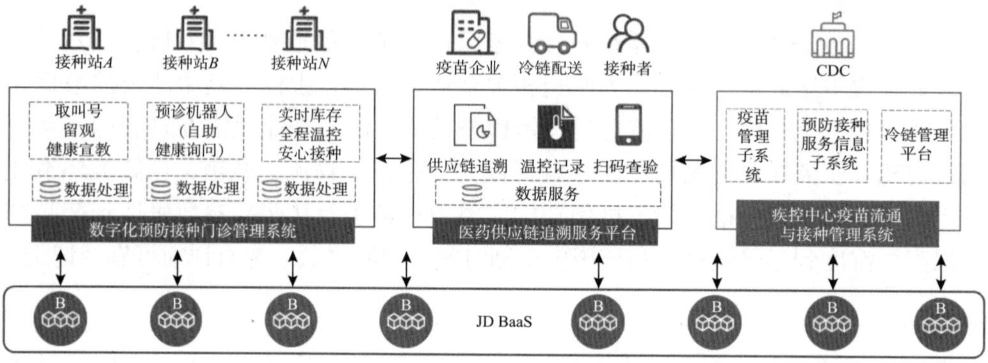

图 12-1 京东疫苗追溯系统

资料来源：https://blockchain.jd.com/cases/14/.

再向上便是接口层与业务层。疫苗管理过程直面生产厂家、物流企业、检验中心、接种中心等主体，同时接受药监局、卫健委和疾控中心等政府机构的监督，所以接口层提供多种SDK、API、Web工具，方便开发人员在底层区块链的基础上开发新应用以适应内部需求。业务层则具体部署不同的平台应用，完成数据的流转交互。对于接种中心，系统将接收预约、预诊等信息，同时进行库存数据、接种数据的管理，形成全链的检查机制，发现异常及时反馈并进行风险预警。对于生产厂家、物流企业、检验中心，系统会收集生产信息、冷链数据、运输单、批签发信息等，协调与合作伙伴之间的交流，进行高效的情况反馈，并为接种对象提供追溯查询服务。对于疾控中心等监管机构，系统将部署对生产、流通、仓储等过程的监控，形成相应的报表、日志，建立完善的疫苗追溯、召回、预警机制。

京东与银川市第一人民医院的区块链合作方案是终端疫苗“一物一码”的追溯管理的首次实现，该系统自上线以来，已经监控管理超过1 600支在库疫苗，服务了900名居民的1 300次安全接种，每次疫苗的出库、入库和接种都通过系统进行记录，每支疫苗的全程追溯信息都展示给接种居民，得到医生及居民的一致好评。

案例点评

京东疫苗追溯服务利用了区块链数据不可篡改的特性，增强了追溯过程的可信度，同时能串联起不同的疫苗流转主体，在保障数据安全与隐私的基础上进行信息交流，帮助前端、终端机构提高工作效率，形成了有效的疫苗全流程追溯管理解决方案。

3. MediLedger

美国于 2013 年颁布了《药品质量和安全法案》(DQSA)，其中第二篇为《药品供应链安全法案》(DSCSA)，旨在通过开发一个连通的信息系统在全美国范围内对处方药所有权的变更进行追踪，避免假冒、被盗或受污染的药品流入供应链从而对消费者的生命健康造成威胁。MediLedger 是为满足 DSCSA 的要求进行的一次探索，旨在研究使用区块链技术创建电子交互操作系统的可行性。该项目于 2017 年开始运行，由技术公司 Chronicled 领导，参与者为药品供应链中的关键主体，包括药品制造商、物流公司、批发分销商，如辉瑞（Pfizer)、联邦快递（FedEx）和麦克森（McKesson）等。该项目在 2022 年的试点报告中指出，区块链有能力成为药品供应链互操作系统的基础技术，后续会推出完善的系统以契合 DSCSA 的时限要求。

为了确保在药品所有权发生变更时（即药品交易过程)，交易双方能顺利传递交易信息（transaction information，TI)、交易声明（transaction statement，TS）以及交易历史（transaction history，TH）三类信息，美国设置了产品识别码来对药品进行序列化管理，产品识别码包括二维码、序列号、批号和有效期等，能精准对应现实中的产品与批次。对此，MediLedger 使用区块链系统对处方药序列化数据的交换环境进行建模，开发出允许不同行业利益相关者参与的商业和财务模型。总体来看，MediLedger 的网络架构由私有节点组成，这些私有节点能相互进行点对点通信，并通过其客户端与中心区块链进行通信，客户端将充当共识节点，形成一个负责维护区块链数据的区块链网络。此时，区块链作为一个共享的、不可变的账本，用于登记药品交易过程中确保真实性的证明并通过智能合约施行业务规则，例如在给定时间范围内只有一家公司可以拥有序列化数据单元的合法所有权。该网络能确保每个参与者的私人数据由参与者个人拥有，同时能自主控制数据分享的对象与方式，并且发布到区块链的所有交易信息都是完全模糊的，不会共享机密信息或商业情报。MediLedger 的网络架构如图 12－2 所示。

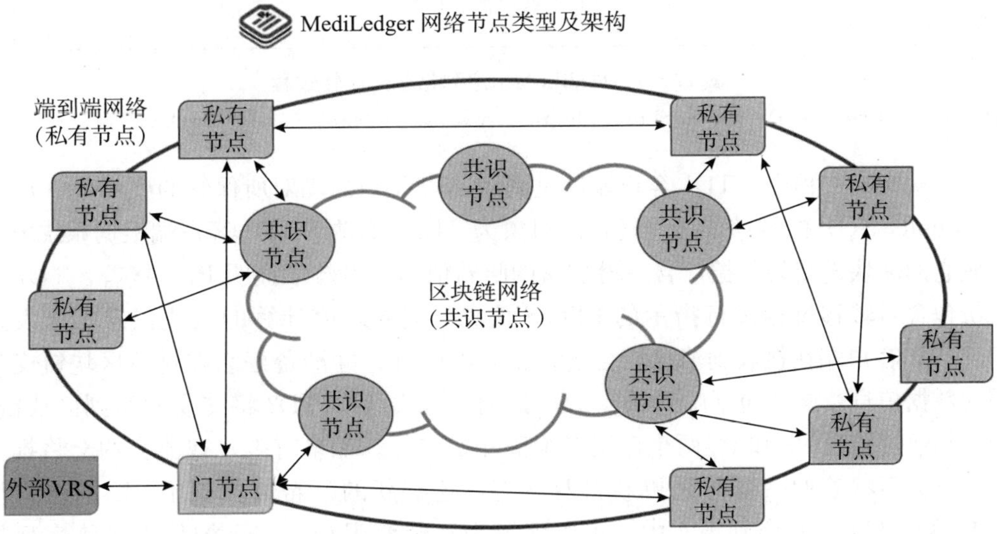

图 12－2　MediLedger 网络架构

资料来源：MediLedger DSCSA Pilot Project. https://www.fda.gov/media/168283/download.

MediLedger 模式设计中的关键在于处理包含序列化数据的单元，该网络将每个数据单元都作为不可伪造的 Token 进行管理，Token 的保管权将分配给一位贸易伙伴。该保管权可以转移，即药品序列号的所有权可以转移，贸易伙伴通过设置跨行业或跨贸易的业务规则，交由部署在区块链上的智能合约执行这一过程。当保管人发起序列化单元的转移时，接收方需要执行接收程序，从而完成这项交易。在传统加密数字货币的场景下，人们利用 Token 进行交易，区块中记录 Token 的交易时间、交易双方地址，Token 是统一且相同的，不附带特殊信息；而在 MediLedger 中，Token 代表药品所有权，承载了每批药物的序列化信息，人们进行现实药物的交易，对应网络中的 Token 就会在双方地址之间转移，区块便会记录转移对象、转移时间，即药品所有权的转移信息，具体过程如图 12－3 所示。

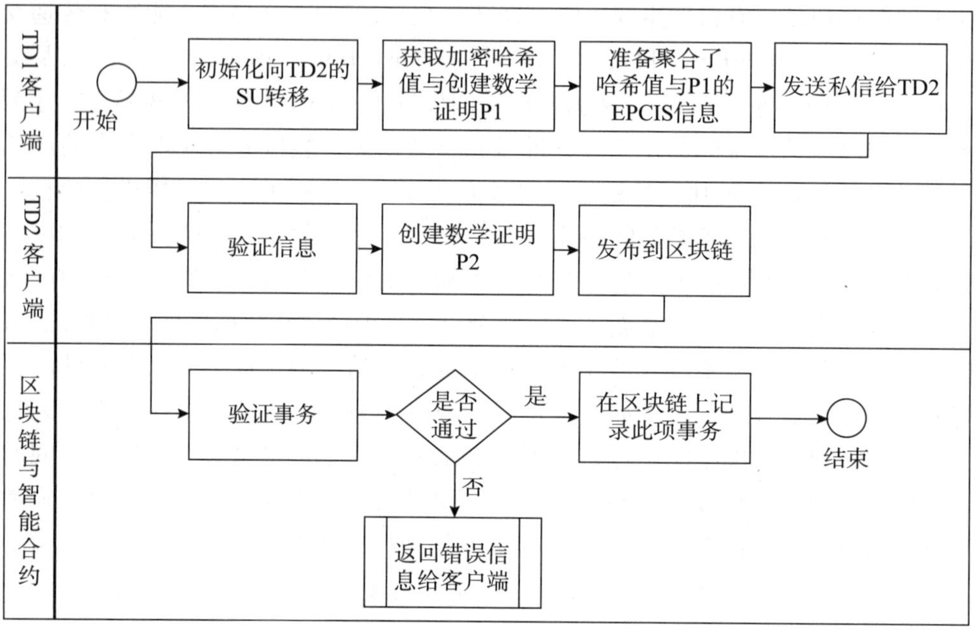

图 12－3　MediLedger 序列化单元流转过程

资料来源：MediLedger DSCSA Pilot Project. https://www.fda.gov/media/168283/download.

在一次交易过程中，TD1 客户端通过调用 API 接口启动对所保管的序列化单元（serialized unit，SU）的转移，接受转移的对象为 TD2。首先，TD1 客户端根据系统要求计算生成它的区块链交易数据，含一份加密的哈希值与一份数学证明 P1。接着，TD1 会准备一份包含对转移过程进行指示的 EPCIS 信息，连同之前计算的区块信息一起发送给 TD2。TD2 客户端在接收到消息后会进行正式的验证，并准备好它在这笔区块链交易中所需的数据信息，同样包括哈希值与数学证明 P2。随后，TD2 将交易发布到区块链上，智能合约通过验证 P1 和 P2 两个证明来验证此次交易。如果有效，智能合约会将提交的哈希值作为新状态的一部分来更新自身状态，这些新的哈希值代表了 SU 的保管权从 TD1 转移到 TD2。对应到现实中，可以理解为经销商用验证和可控的方式将序列号的所有权转移给配送商，完成了一次药品交易。这个过程允许接收者确保他们收到的药品所匹配的序列化条码有一个完全确认的监管链。

MediLedger 在设计过程中对四种主要的异常情况做了详细预案，包括收到产品但未收到 EPCIS 文件、收到产品与 EPCIS 文件但扫描的序列号不在 EPCIS 文件中、已取货但在经销商系统中未找到序列号、收到的信息多于产品。同时，对于其中可能出现的可疑、被盗、假冒等药品，MediLedger 也在链上构建了顺畅的信息交流通道，通过点对点消息与涉及的企业及时沟通，解决出现的问题。

在系统性能上，MediLedger 重视现实的应用情况。通过计算美国处方药的数量和每单位销售交易数量，得到业务要求为每秒 2 000 次交易。为达到此要求，MediLedger 选择在客户端上生成证明，将 CPU 与内存进行绑定，还在系统验证所需的计算过程中采取新的 Jubjub 椭圆曲线。试点报告指出，在该方案指导下设计的系统能满足每秒 2 000 次的交易需求，并且可以足够快地、近乎实时地执行这些交易，还能支持属于美国处方药的所有药物的流动，并将这些数据存储 7 年。为了提升工作效率，MediLedger 使用 Docker 与 Kubernetes 技术构建软件容器，形成联盟进行软件开发，有更低的成本、更高的质量。

案例点评

总体来看，MediLedger 是一个十分具有潜力的解决方案，既满足了 DSCSA 法案对于电子系统的基本要求，又能对药品所有权变更的真实性、安全性、追溯性进行创新处理，还注重应对现实中的异常情况，并结合实际需求设计性能提升的改进方法，最终推出的成熟落地产品值得期待。

12.3　医疗健康数据管理

12.3.1　场景简述

医疗健康数据十分庞大且复杂，既包括诊疗档案数据，即患者在医疗机构进行咨询、检查、诊断、治疗、用药等事项时所产生的各类文字或影像记录，也包括日常监测数据，可以是人们的三餐饮食、作息习惯，也可以是经由电子设备监测的每日睡眠情况、心率血压或运动时间；同时还包括生物标本、基因测序等定向生物医学类数据。而对医疗健康数据的管理主要是指对数据的收集、整理、结构化存储和可控的共享，进一步拓展后也涉及大数据样本下的统计分析、研究预测等工作，以合适的方式充分挖掘其中的价值。由于医疗健康数据具有很强的时间连续性，通过对相关数据的整合，医护人员能对患者疾病的生成、发展有更深入的认识，减少冗余检查，降低医疗成本，制定更科学准确的治疗方案。同时，在获得充足的临床数据后，药物研发、方案改进、风险预警等工作都能得到很大提升。

12.3.2　痛点与需求

在信息化病历生成的过程中，不同的医院一般采用不同厂商提供的系统产品，不同的系统之间数据的存储结构、接入端口、导出格式并不统一，造成了病历的创建通常是“一院一类”甚至“一科一类”，医疗数据的整合提取非常困难，而患者在不同机构就医时也难以提供详细的历史数据供治疗方参考。另外，个人的医疗健康数据非常敏感，人们出于对隐私的保护向外部机构提供个人数据的意愿较低，用于医学研究、疾病预测等任务的大规模医疗数据的收集难以展开。同样，对于拥有一定的医疗数据的不同医疗主体，由于技术、法规等因素的限制，也难以开展基于数据共享的合作项目。因此，为了进一步提升医疗服务水平，尤其需要一个安全可靠的数据管理系统，既能高质量地存储医疗健康数据，又能在保障个人隐私安全的情况下进行可控的共享，促进整个医疗服务环境的改善。

12.3.3 区块链解决方案

1. 华为云的区块链健康档案和电子病历解决方案

针对医疗健康数据分散与共享不受控等难点，华为云推出区块链健康档案和电子病历解决方案，连接多类医疗机构与电子设备，以联盟链的方式将数据转化为以人为中心的全时空维度视图，搭建互联互通的信息系统。该方案如图 12－4 所示。

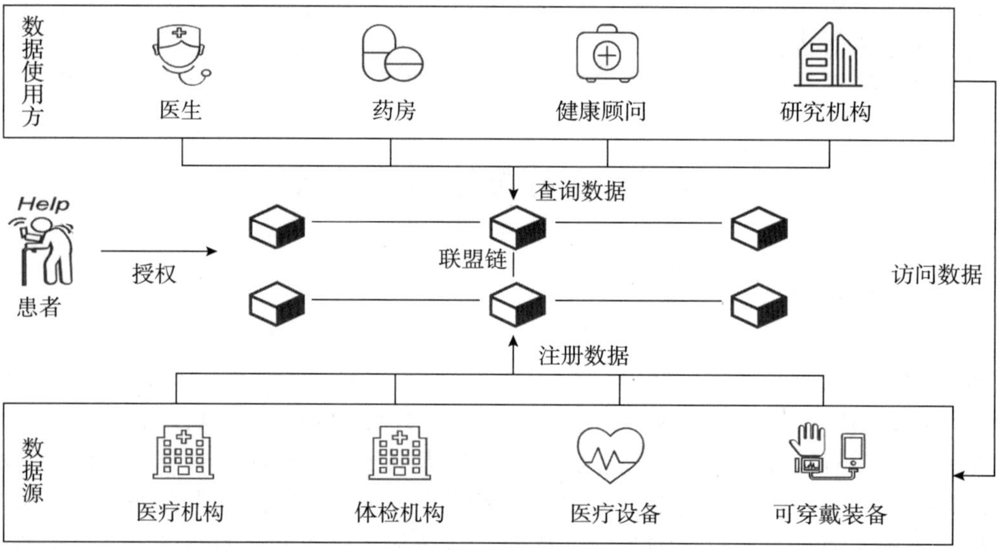

图 12－4　华为云区块链方案架构

资料来源：https://www.huaweicloud.com/solution/blockchain-ehr-and-emr.html.

其中，联盟链可以视为调度管控中心。数据提供方（如医疗机构、体检机构、医疗设备、可穿戴设备等）通过联盟链完成待传入数据的注册。出于对隐私安全的考虑，相关医疗健康数据并不直接公开存储于区块链，而是存储于另外的数据集成平台，系统利用区块链信息的不可篡改性，采取延展的功能服务来实现医疗机构业务系统数据存储的不可篡改及不同医疗机构间数据传递的不可篡改。当数据使用方（如医生、药房、健康顾问和研究机构）想要查询数据时，需要在系统中提出申请，获得患者的授权后才能进行访问，这一环节中的申请、授权以及访问控制等步骤均由区块链上部署的智能合约统一管理，操作日志也将一并记录在链上，既能排除内外部安全隐患导致的泄露，也能保证过程的完整性与不可抵赖性。区块链共享账本的设计使得健康档案和电子病历的获取更加准确、及时。

华为云的区块链健康档案和电子病历解决方案主要聚焦于精准医疗、电子病历取药和医疗研究支持三个问题。

（1）精准医疗长期受限于医疗数据的转移困难，不同医疗机构之间的信息渠道并不通畅，诊治医生无法得到患者完整的就诊记录。华为云的区块链系统利用共享账本使患者的医疗数据在获得授权后能进行可控的共享，既包含了以往的治疗过程，又展示了日常的健康监测数据，同时数据的可靠性也得到了保障，有助于提供更精确的施治与提前预防的建议。

（2）电子病历取药在未来远程医疗的发展中将会是极大的助力。目前，某一医疗机构开具的电子病历只能支持在本机构的药房使用，外部的药房由于难以验证真伪，很少提供相应服务，而通过区块链系统，病历的真伪可以得到快速认证，患者可以在联盟链中任意一家药房取药。

（3）医疗研究需要大量数据样本的支持，但单一医疗机构或研究部门能获得的数据资源有限，同时人们对于个人医疗健康数据的使用也十分担忧，因为交付过程是单次且完全的，无法得知后续的使用方式与利用程度，存在很大的安全隐患。华为云区块链系统既打通了数据收集渠道，又还原了患者对个人信息的控制过程，促进了医疗数据的价值挖掘。

案例点评

华为云的区块链健康档案和电子病历解决方案在解决医疗健康数据管理的问题上给出了能串联众多医疗主体的互联互通系统，整体框架十分清晰，致力于解决最关键的存储与共享的管理过程，虽然在准入标准、系统治理等方面有待进一步完善，但它依然是一次积极有益的探索。

2. MedRec

随着个性化治疗的发展与数据科学的应用，患者对个人记录的管理需求也逐渐增加，针对病历数据管理的创新得到了越来越多的关注。麻省理工学院的研究团队基于区块链技术推出了一个新颖的、分散的记录管理系统原型 MedRec 来处理电子病历数据，它拥有可靠的认证与保密程序，为患者提供了全面详细、不可篡改的诊疗数据并能够跨机构访问，还设计了独特的“挖矿”机制来开发数据经济，为医疗行业信息化的发展注入了新的活力。

MedRec 系统的设计核心为三类智能合约，如图 12－5 所示，包括注册合约（Registrar Contract，RC）、摘要合约（Summary Contract，SC）、医患关系合约（Patient-Provider Relationship Contract，PPR），通过三种合约的协调配合，搭建了病历记录管理的基本框架。

注册合约管理所有参与者的注册身份，将每位参与者的身份标识串映射到唯一的区块链地址上，同时对应一份摘要合约。注册合约中还部署了注册新身份、更改身份映射的规则。

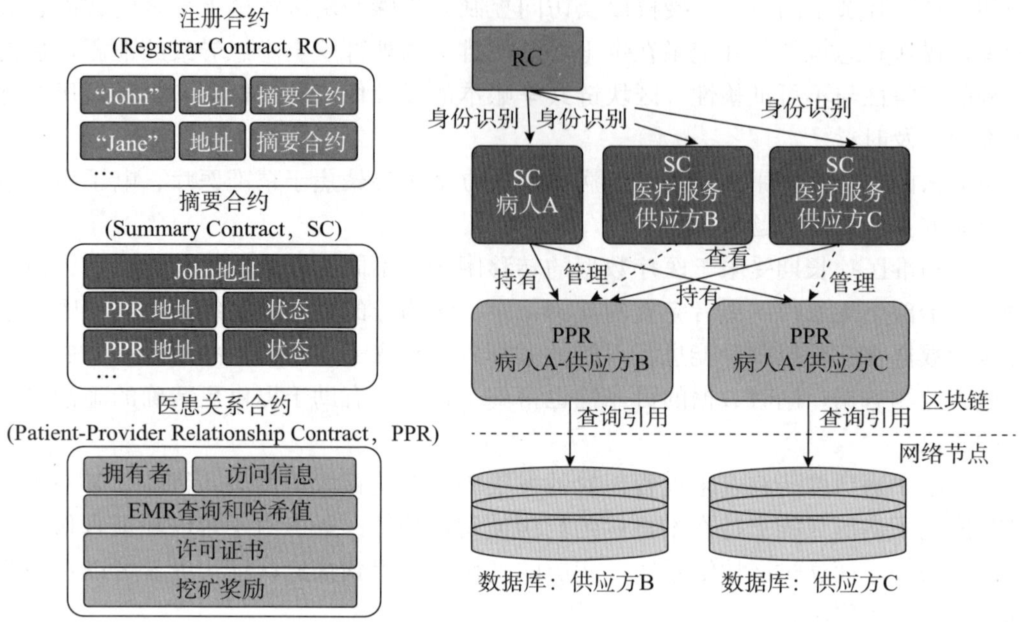

图 12-5 MedRec 智能合约框架

资料来源：Azaria A，Ekblaw A，Vieira T，et al. MedRec：using blockchain for medical data access and permission management. 2016 2nd International Conference on Open and Big Data（OBD），2016：25-30.

医患关系合约定义了一系列数据指针和关联的访问权限，用于识别由医护人员持有的记录。网络中的每个节点对应了一位参与者，包括患者、医护人员、经认证的第三方人员等，若某一节点需要对另一节点的数据进行管理，如医护人员与患者之间，则会生成一份医患关系合约。患者的各项医疗数据依然保存在不同医疗机构的本地数据库中，医患关系合约存储的是拥有患者原始电子病历数据的医疗机构数据库的访问信息（access info），如 IP 地址、数据库用户名，它将通过由查询字符串组成的数据指针，以受限、可控的方式进入机构数据库，获取一定范围内的数据子集并返回。查询字符串上附加了此数据子集的哈希值，以确保数据在源代码上没有被更改。考虑到有些记录或诊断不适宜直接对患者公开，查询的信息将由医护人员编辑并上传。患者如果想共享个人记录，可以根据需要调节数据的粒度，系统会通过将查看者的地址映射到对应查询字符串的列表中来完成这一请求。

摘要合约执行对诊疗记录统一规划的功能，帮助系统的每位参与者查找所有与其相关的医疗记录。摘要合约中包含了一份有若干医患关系合约地址的引用列表，用于映射节点之间的作用关系，对于患者来说，代表他们在不同机构产生的所有医疗记录；对于医护人员来说，代表他们所有服务对象的诊疗记录以及与第三方进行数据共享的记录。摘要合约为每份医患关系合约地址的引用设置了一个状态变量，用以表示该引用是新建、待更新或待接受的状态，医护人员对记录的每次操作将会使状态变量更改，并向患者发出通知。患者可以通过摘要合约查询所有个人记录的状态，接受或拒绝相应的操作，也可以依据个人意愿删除一些记录。

MedRec 整体系统为模块化设计，包括后端库（Backend Library）、以太坊客户端

(Ethereum Client)、数据门卫(Database Gatekeeper)和 EMR 管理端(Electronic Medical Record Manager,电子病历管理端)四个组件,能更好地与本地数据库集成,降低不同底层系统的接入成本。每个节点中都部署了这四个组件,其中,后端库是辅助功能的集合,系统设计人员将直接与区块链进行交互的功能封装成若干 API 接口,便于在前端直接调用;以太坊客户端实现了加入和参与以太坊区块链网络所需的全部功能,可以处理一系列广泛的任务,例如连接到点对点网络、事务编码与发送、维护一个经过验证的本地区块链副本以及对上述智能合约的监控与管理;数据门卫用于检测、验证其他节点提出的访问请求,管控数据返回的路径;EMR 管理端是直接面向用户的组件,拥有基于 Web 的界面,向用户展示来自本地 SQLite 数据库的数据,并提供记录更新的通知以及数据共享和检索选项。

MedRec 的功能实现如图 12-6 所示。

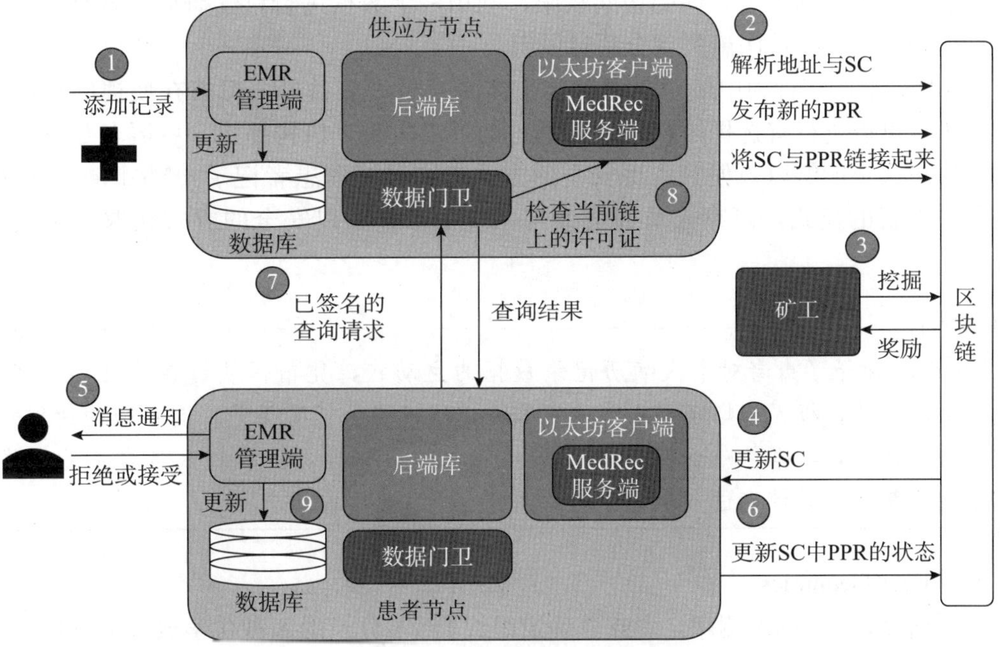

图 12-6 MedRec 功能实现

资料来源:Azaria A,Ekblaw T,Vieira T,et al. MedRec:using blockchain for medical data access and permission management. 2016 2nd International Conference on Open and Big Data (OBD),2016:25-30.

对于病历的建立与存储过程,当医护人员在前端 EMR 管理端的界面进行相关操作时,后端的以太坊客户端将会启用注册合约把患者的身份信息解析到区块链中的地址,并找到相应的摘要合约。数据输入后将存入其所在医疗机构的数据库,同时生成一份新的代表该医护人员与患者之间诊疗关系的医患关系合约并上传至区块链系统。随后,医护人员将在合约中标注病历数据入口和访问权限等信息,即进行医患关系合约更新,并在区块链上广播一个新事务,将操作完成的医患关系合约链接到患者的摘要合约中。在传统加密数字货币场景中,矿工需要对打包了货币交易记录的区块进行挖掘,而在这个系统中矿工则是对打包了病历更改记录的区块进行挖掘。患者的以太坊客户端将持续对摘要合约进行检测,当与其相关的包含新医患关系合约记录的区块被挖掘出来时,摘要合约中引用记录的状态将及时改变并发送通知，由患者决定接受还是拒绝此次记录更改。

对于病历的分享过程，患者任意程度的共享都需要向管理数据的医护人员节点发送带有签名的加密请求，只有当医护人员节点上的数据门卫验证通过时，共享才被允许。患者将自主设定数据分享的范围，并在医患关系合约上增添共享对象的信息与查询指针，此时，注册合约会解析共享对象的身份信息，得到对应的区块链地址与摘要合约。患者共享的医患关系合约会被链接到共享对象的摘要合约上，并发送状态改变通知，提醒共享对象进行数据查看。

对于挖矿过程，系统一方面沿袭了传统加密数字货币场景下的模式，对发布、更改、共享病历数据的过程收取费用，促使相关医护人员、第三方人员加入挖矿过程以获取业务费用，从而推动系统的发展；另一方面设计了额外奖励的模式，医学研究人员可以通过挖矿获得对汇总的匿名数据的访问权限，利用一手数据进行科学研究，该奖励由提供数据的医护人员在上传医患关系合约时设定。

MedRec 给医疗行为中最主要的参与主体带来了许多益处，患者在便捷的访问通道的支持下，可以进行有选择的存储、共享，也可以向研究机构提供一些匿名数据以换取收益，医护人员能够以更便利、更安全的方式查询与管理患者记录。MedRec 也给医学研究带来了新的模式，研究人员通过参与系统的维护，以安全的方式获取大量真实的样本。

案例点评

MedRec 赋予了患者对个人病历记录数据的主动权，凭借区块链在验证、加密、防篡改方面的优势，极大地增强了系统的可靠性，使患者信任度提升，有更强的使用意愿。但在系统设计中，数据依然保存在各个机构的本地数据库，由机构人员自主管理维护，这方面的安全保障设计有进一步优化的空间。

3. Nebula Genomics

基因测序，即 DNA 测序，意味着确定组成 DNA 分子的四种化学成分的顺序，这些化学成分称为碱基。碱基序列能反映特定 DNA 片段中携带的遗传信息类型，使技术人员锁定特殊或病变的基因，有助于人们提前预防或进行治疗。世界上不少国家加快了对基因测序的部署，旨在促进技术落地转化，特别是改善重大疾病的早期筛查与精准治疗，其中许多发达国家已经拥有了相对成熟的技术与商业化路径。从产业现状来看，一方面，尽管技术不断更新迭代，但基因测序的花费还是相对较高，加上人们对测出数据后续处理的安全问题的担忧，参与测序的意愿不强，机构所能获取的数据样本不多，质量也不高；另一方面，用于研究的数据包括基因组数据与表型数据，当医疗健康机构向不同组织采购数据时，缺乏自动化的采购流程，同时不同组织的数据编码格式往往有所差异，导致数据收集效率较低，加上基因数据非常庞大，处理过程也需要庞大算力的支持。

Nebula Genomics 旨在以去中心化的方式推动基因测序产业的发展，利用区块链技术搭建 Nebula 网络，以形成新型的基因数据市场，其架构如图 12－7 所示。Nebula 网络包含两大组件——Nebula 区块链与 Blockstack，部署了四类节点，分别为数据拥有者节点（data owner nodes）、数据购买者节点（data buyer nodes）、安全计算节点（secure compute nodes）和 Nebula 服务器节点（Nebula server nodes）。

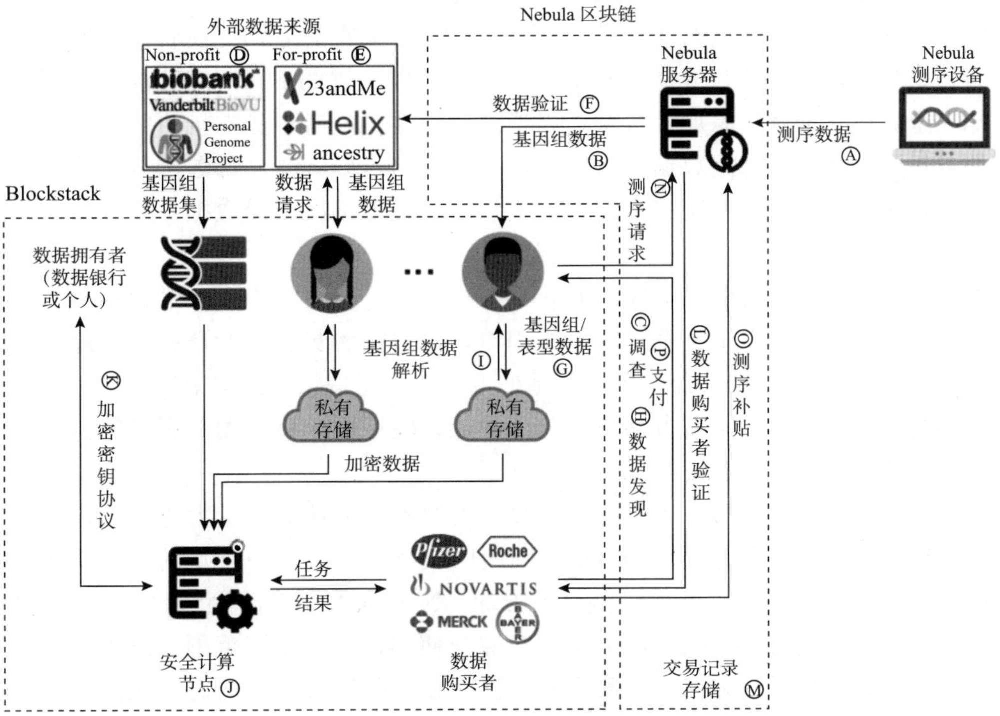

图 12-7 Nebula 网络架构

资料来源：Blockchain-enabled genomic data sharing and analysis platform. https://arep.med.harvard.edu/pdf/Grishin_Church_v4.52_2018.pdf.

数据拥有者节点为个人用户或拥有基因数据的组织用户，Blockstack 为他们提供数据存储服务。数据购买者节点通常为制药公司与生物技术公司，可以使用 Nebula 代币从数据拥有者节点购买基因组和表型数据，并在安全计算节点上分析数据。安全计算节点部署在 Blockstack 上，被购买的数据在加密后都会被传输到这里，利用 SGX 架构进行计算分析。Nebula 服务器部署在 Nebula 区块链上，用于处理在测序设施中生成的测序数据，验证第三方基因组数据，验证数据购买者的身份。

在数据的生成与存储过程中，输入 Nebula 网络的基因数据主要来自 Nebula 测序设备，并交由区块链上的 Nebula 服务器进行进一步处理。服务器首先将得到的基因数据与一份用于参考的标准数据进行对比、重建，识别目前的变异体，然后利用基因组拼接的编码方式将庞大复杂的原数据转化成小型的、引用形式的哈希数组，并转移到数据拥有者节点。非 Nebula 测序设备生成的数据，在以特定形式编码并提供验证证明给 Nebula 服务器审核后也可以上传到网络中。用户也可以提交不含验证证明的基因数据，但需要标示出来交由市场判断、选择。数据拥有者在 Blockstack 上存储哈希数据时，可以在平台上自由选择服务提供商并设定访问权限。为了获取更多的基因检测协助数据，数据购买者可以利用智能合约创建高度定制化的调查问卷，Nebula 代币将作为调查报酬支付给参与者。

在数据的应用过程中，基因测序数据所有的交易、共享过程都将通过智能合约完成，并被记录在 Nebula 区块链上，保证不可篡改。若有用户的基因哈希数据在未经授权时被存储环境释放出来，区块链可以及时地识别、定位操作方，进行问题处理。对于数据购买者购买的基因数据，在数据拥有者收到报酬后将以加密的方式统一转移至安全计算节点进行计算分析，并不公开传递。安全计算节点使用改进的 SGX-GPU 混合模型，将所有数据完全匿名化处理，添加随机噪声以增强安全性，同时也具有较快的处理速度。若个人用户想要对自己的基因数据进行解释，可利用 Blockstack 上部署的分布式应用进行数据解读，这类解释器将在用户本地数据上执行，无须再次传递数据，并且参与的数据越多，解释表现会越好。

在对参与者的身份管理上，Nebula 网络将向数据拥有者提供匿名性保护，形成的入网地址是与任何个人信息不关联的密码标识符；对数据购买者进行严格的管理，数据购买者在加入时需要向 Nebula 服务器提供他们的真实身份信息和公司隶属关系，并在法律上同意不与任何未披露的第三方共享获取的数据，验证准入后数据购买者的身份将在网络上完全公开，其地址也会被纳入白名单。

传统的基因测序由于参与者积极性不高、大规模数据获取难度大等原因，难以建立起基因数据的市场，而 Nebula Genomics 利用区块链建立起去中心化的运作模式，为基因测序的产业化发展提供了新的可能。一方面，Nebula Genomics 将基因数据的所有权归还给个体，他们能自行控制基因数据的存储与使用，对于使用范围、使用方式、使用对象都能知情，不再像过去那样，所有权与使用权均归测序机构所有，从而更放心、更愿意参与；另一方面，Nebula Genomics 充分利用了区块链技术与代币体系，数据拥有者与数据购买者能直接进行交易，不再经由第三方机构，从而降低了交易成本，而任何操作记录都会被记录且不可篡改，增强了系统的可追溯性与可靠性。

案例点评

Nebula Genomics 旨在利用区块链技术改善基因测序项目推进过程中所面临的困境，大型数据平台的构建增强了对数据的质量保障，无须第三方的直接交易与补贴机制的设计能在一定程度上降低测序成本，数据的加密传输与使用也能缓解人们对于隐私泄露的担忧。但从现实角度出发，基因测序的价格依然较高，区块链技术的推广应用还存在一定难度，Nebula Genomics 给出了创新的方案，未来还有很多工作需要完成。

关键术语

药品追溯	数据上链	疫苗管理	电子病历	去中心化
智能合约	基因测序	数据共享	加密验证	不可篡改

思考题

1. 医疗行业在发展过程遇到了哪些问题？区块链为什么能够提供解决方案？

2. 相比传统的医药溯源方法，基于区块链技术的方案有什么优势？还有哪些需要关注的问题？

3. 区块链能够帮助医疗机构、人员、患者进行数据管理，在这一过程中还会面临哪些安全风险？

4. 在本章案例中区块链生态系统的不同组件得到了创新应用，例如 MediLedger 使用 Token 来表征药品所有权，MedRec 使用智能合约记录医疗信息，你还能想到哪些组件创新来补充改进案例所提出的方案？

5. 医疗行业敏感且重要，你能否提出一些准则或规范来指导区块链在其中的应用？

6. 案例分析题：除本章介绍的医疗行业的区块链应用外，请描述一个可以应用区块链技术的医疗行业应用，包括应用场景、痛点与需求以及相应的区块链解决方案。

第 13 章

版权行业中的区块链应用

学习目标

1. 学习区块链的基本原理、技术特点以及在版权行业中的具体应用。

2. 了解案例的设计原理、实施过程和取得的效果，熟悉区块链在版权管理中的应用流程。

3. 了解版权法和数字知识产权法规，学习如何在法规框架内合规地设计和实施区块链解决方案。

4. 分析区块链在版权行业中的适用性和局限性。

13.1 行业概述

13.1.1 行业现状

2022 年 10 月，中央网信办与中央宣传部、国务院办公厅等 18 个部门和单位共同发布了《关于组织申报区块链创新应用试点的通知》，明确指出："鼓励相关行业主管部门共同制定版权信息接入标准，并以公信力节点接入等形式深度参与版权区块链建设，探索运用技术手段固定权属信息，完成版权认证、登记、转让等流程操作，加快溯源取证流程。降低版权质押融资认证难度。"当前我国数字版权确认、交易、权利保护等环节透明化、高效化的发展趋势强劲，传统版权制度多年来维护的动态平衡逐渐被打破，技术壁垒带来的现实困境接踵而来。随着数字网络技术的发展，区块链技术的融合助力催生版权管理新业态，为版权管理服务模式的创新开阔了视野与思路。

在“区块链＋版权”的实践中，目前的应用主要是基于区块链技术建立平台，用户可以为图片、电子图书、数字音乐、视听作品等数字作品登记版权，也可以通过智能合约进行版权交易，还可以通过区块链技术的时间戳功能对侵权纠纷进行责任追究。①

13.1.2　区块链应用场景

随着国内区块链技术的不断进步，各领域的专家学者积极推动区块链技术在实际中的应用。当前社会处于一个信息数量多且繁杂的时期，社会大众对于信息的需求已经远远超出了传统纸质资料所能提供的，大量的数字作品、音频等文件也随着计算机网络的发展孕育而生。先进的科技为人们带来了更容易获取的信息与知识，也对数字版权的保护制度提出了更高的要求。区块链技术去中心化、信息不可篡改、开放性强以及匿名性等技术特点给突破数字版权领域存在的困境提供了新的机遇，在数字版权确权、维权取证、交易等多个方面都具有重要的应用价值。②

（1）可定权与版权登记确权。通过采用区块链技术来管理版权，希望打造一个基于区块链的版权管理平台。目前版权注册流程时间长、成本高、效率低，区块链技术的时间戳功能可以改善这一系列传统缺陷。无论是电子文学作品、图像作品还是数字音乐作品，都可以通过区块链的时间戳准确记录作品的确权信息，极大程度地保证了版权登记的准确性，而且可以提高效率和安全性。新型网络社会的发展趋势是分散扁平化的新媒体渐渐取代中心化牢固地位的旧媒体，人们越来越青睐于点对点构建的信赖协议模式。区块链技术是点对点数据传输技术，对去中心化的数字版权保护平台的研发工作具有保障作用。

（2）信息可追溯性与版权维权。版权侵权在数字网络时代越来越普遍，这主要是因为侵权行为的无形性、独特性、分散性以及隐蔽性。版权作品在数字时代面临各种侵权问题，而网络取证和司法制度缺失使得保护版权的成本和维护权益的专业化要求变得更加严格。技术手段和侦查措施必须协同作用，单靠个人力量难以阻止版权侵权的发生，也难以有效地进行版权维权。实现维权通常需要依靠第三方机构，这些机构通常具有较高的成本和收益，并且在取证方面也比较困难。区块链技术不仅可以为创作者提供有效的版权证明，还能够用于电子证据存储，在版权维护中发挥重要作用。而区块链的时间戳功能可以应用于证据的可追溯，区块链上的作者及其作品信息被时间戳标记，每个节点都可以查询传播和交易信息，分布式存储可以准确、快速地跟踪侵权信息。

（3）智能合约与版权交易。区块链技术在版权交易领域发挥着重要作用，它通过智能合约、分散数据和信用交易等方式为版权交易提供了安全可靠的保障，并且可以解决协同作品和小型作品的版权纠纷，促进创新发展。区块链技术的应用可以帮助企业和个人更好地管理版权，提高交易效率和透明度。传统版权交易中通常存在数据分散的问题，

---

① Saxena，R，Arora，D，Nagar，V，et al. Bitcoin：a digital cryptocurrency. Intelligent Systems Reference Library，2021，203：13－28.

② 库文妍，姚海龙．浅谈区块链技术在我国数字版权管理领域的应用——价值、现状与问题．传播与版权，2020（5）：112－114.

这是由于缺乏统一的交易平台。这种情况阻碍了版权交易的顺利进行，并且可能会对版权所有者造成不利影响。版权作品的所有权分散在各地，这给著作权人和版权交易方带来了许多挑战，甚至导致了版权市场的混乱。区块链技术为版权交易平台提供了一种集合管理方式，可以让版权交易双方更方便地查看作品的权利状态，并且有助于精准交易。这样，作者、著作权人和版权服务商就能实现互利共赢，并为版权交易提供一个更有序、高效的环境。

13.2 版权登记确权

13.2.1 场景简述

我国著作权登记不施行强制登记管理办法，而是作者自愿登记所属作品，作品不论是否登记，作者或其他著作权人依法取得的著作权不受影响。传统的版权登记流程需要经过提交著作权申请、缴纳登记费用、形式审核、领取版权登记证这四个基本步骤，成功完成版权登记需要约一个月的时间。

由于版权登记流程的烦琐和非必要性，传统场景下作品所有者只会选择经济价值较高或有特殊意义的作品进行登记，以备在发生版权争议时可以提供有效的作品归属法律证据。数字时代，各种形式的作品产量多，并且基于网络媒介的传播速度也很快，完成传统的版权登记流程所需的时间远长于作品在公共平台流通的时间，因此很多小微作品的作者往往都选择忽略版权登记。

13.2.2 痛点与需求

现行的版权登记制度仍然存在着许多难点亟待解决。例如，传统版权登记服务费用的高昂以及办理流程的烦琐导致确权成本偏高；登记规范未完全统一，确权标准存在地域差异，确权信息难以共享；在确权登记时，权利人向版权中介平台提供的隐私信息对平台的信息安全保护机制提出了较高要求，一旦发生泄露，将会引发非法侵权行为。下面进行详细介绍。

（1）登记成本相对较高。传统版权登记的成本是复杂的，它不仅涉及显性成本，还包括隐性成本。显性成本指的是权利人在接受服务时需要支付的登记费用，这些服务包括注册登录、提交作品材料和其他服务等。隐性成本包括沟通和效率方面的损失。版权所有人在提交作品时，通常只能通过邮寄或亲自前往登记大厅办理手续。这种方式耗时且烦琐，给他们带来了不便。因此，许多人更愿意通过版权服务平台或其他中介机构来完成版权登记，以避免这些麻烦。当版权保护中心收到申请时，会进行人工审核，以确保申请材料符合要求。如果需要，中心会与相关方进行沟通，以确定是否需要对材料进行补充或删减。双方都需要承担材料审核过程中的沟通费用，因为这可能会影响整个登记流程并增加成本。为了提高效率，应该尽快完成审核。

（2）登记标准不尽相同。在版权登记领域，我国采取集中管理和分散登记的模式，由国家版权局负责监督实施。版权登记在不同地区存在差异，各地版权保护机构根据当地的法律法规和政策制定了不同的登记标准。这种差异可能会给那些不知情的人带来麻烦，因为他们可能没有渠道获得统一标准的信息。然而，由于机构之间缺乏信息共享，信息分割成了一个个独立的部分，这可能会导致出现重复登记的情况，与当前大数据时代的发展趋势背道而驰。

（3）隐私登记信息可能泄露。在享受版权保护中心的服务之前，权利人通常需要注册成为用户，并提供个人隐私材料。如果用户不同意协议条款，他们将无法继续进行后续操作。在提交作品时，版权保护中心会认真记录所有相关信息，以便日后查阅和核实。为了保护用户隐私，版权保护中心应该严格遵守法律规定，并采取有效措施来保护用户信息。但当用户的隐私信息被泄露时，一些数字版权平台可能会利用这些信息进行非法活动，例如人身攻击或经济诈骗；许多平台联合起来，通过共享用户信息来获取更大的经济利益。当作品信息被泄露后，一些不法分子可能会利用这些信息进行非法加工，以达到非法目的。这种行为是不道德的，应该受到严厉打击。当面对这些非法侵害行为时，许多权利人可能会感到困惑，无法有效地维护自己的合法权益。

当前互联网上海量的文字、视频等作品对于版权登记提出了更高的需求。首先就是要为数字环境下产生的大量的各种各样的作品提供注册的可能性；其次则是保障版权登记信息的唯一性和共通性，即任何登记机构都能够识别和认可作品的版权登记，且一经登记就永久保存，无法修改，向社会公众展现更清晰的作品权利归属状态；最后则是降低版权确权的成本，传统登记流程会消耗大量的人力、物力及系统运营成本①，版权登记效率远远不能够与数字时代新生作品的速度相匹配。

13.2.3　区块链解决方案

版权登记是确定作品所有权的重要手段，在我国快速发展的网络版权市场中，它为作者提供了著作权、所有权证明，降低了交易成本，并解决了“孤儿作品”保护问题。近年来，我国版权登记工作取得了长足的进步，在规范化、标准化和信息化方面都取得了显著的成就。2019 年，全国版权登记总量达到了 418.65 万件，比 2018 年增长了 21.09%。② 随着区块链技术的发展，越来越多的互联网企业开始在版权登记信息化方面进行布局。例如，“百度图腾”“版权家”平台都采用了区块链技术来确保版权注册的有效性。区块链版权登记技术具有众多优势，包括快速登记、高效率和低成本，为数字时代的著作权登记带来了新的发展机遇和增长潜力。区块链技术在数字版权领域的应用已经引起了国内学术界的广泛关注，许多研究都在探索如何将它与版权保护、授权、使用和维权相结合。

1. 百度图腾

百度图腾于 2018 年 4 月正式推出，是一个区块链图片服务平台，它利用区块链技术来管理图片版权。百度图腾通过使用公司自主研发的区块链技术和时间戳为每张图片加

---

① 马治国，刘慧．区块链技术视角下的数字版权治理体系构建．科技与法律，2018（2）：1－9．

② 孟磊．区块链技术在版权登记中的应用难题与对策．中国出版，2020（17）：58－61．

注著作权 DNA，实现了对原创图片的追溯、转载和监控。这一技术为用户提供了一种方便快捷的方式来管理和保护他们的作品。百度图腾是百度区块链技术的一个先驱，为用户提供了一种全新的登记方式。百度图腾致力于为创作者提供一站式版权服务，包括版权认证、传播流通、交易、权利保护以及 IP 全链管理。其目标是打造一个完整的版权产业链，为创作者提供全方位的支持和保护。百度图腾的核心技术架构如图 13－1 所示。

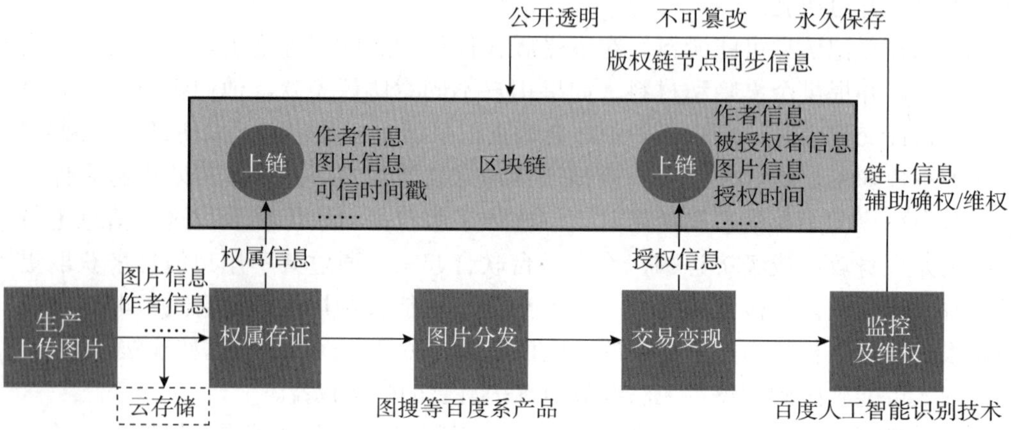

图 13－1 百度图腾核心技术架构

资料来源：百度·图腾上线发布会（2018.7）. https://mp.weixin.qq.com/s/lWhSV-xiKrsoDTbD4xTceA.

百度图腾的核心技术依赖于区块链、人工智能和大数据，这些技术为其提供了强大的支持。百度图腾的区块链技术由三个部分组成：基础层、服务层和平台层。这些部分协同工作，为用户提供安全可靠的区块链服务。基础层使用百度研发的“超级链”搭建版权链，版权链具有版权申请、版权交易、版权保护等功能。百度图腾保留了很多著作权具体内容的数据，凭借数据积累，服务层搭建于基础层之上，提供原创搜索、盗版版权检测两种服务。原创搜索是依据版权链上的版权登记内容信息，通过百度平台内存储的资源类型整合，建立基于文本、图片和视频等作品形式的版权登记信息搜索平台，为有原创内容需求的消费者（即版权的购买者）提供搜索入口，使得版权的所有者也能够通过合规渠道推广自己的作品。盗版版权检测服务则是通过百度先进的技术条件和广泛的互联网资源，利用分布式爬虫系统收集整个互联网资源，来提供版权原创性的检测和校对服务。平台层主要提供著作权确权登记、交易与后期维护。内置“超级链”的百度图腾结合人工智能、分布式存储、分布式爬虫系统、图像检索、大数据、云计算等核心关键技术，建立起了完善的版权申请系统。

案例点评

百度图腾依托国内顶尖搜索引擎公司——百度的实力，为众多原创图片作品提供了更多曝光机会和版权交易平台，其提供的版权检测服务准确率高达 99%，数万张图片最快能够在 2 小时内生成版权检测报告。这个平台不仅可以帮助图片原创者快速确认版权，还为他们提供了更多的推广途径，将图片版权所蕴含的价值转化为实际收益。

2. 版权家

中国版权保护中心和版权家之间建立了一种战略合作关系，这种合作使得版权所有人的作品都可以通过中国版权保护中心的数字版权唯一标识符（DCI）来认定其著作权，DCI 可以作为著作权人权利的法律依据。其版权确权示意图如图 13－2 所示。

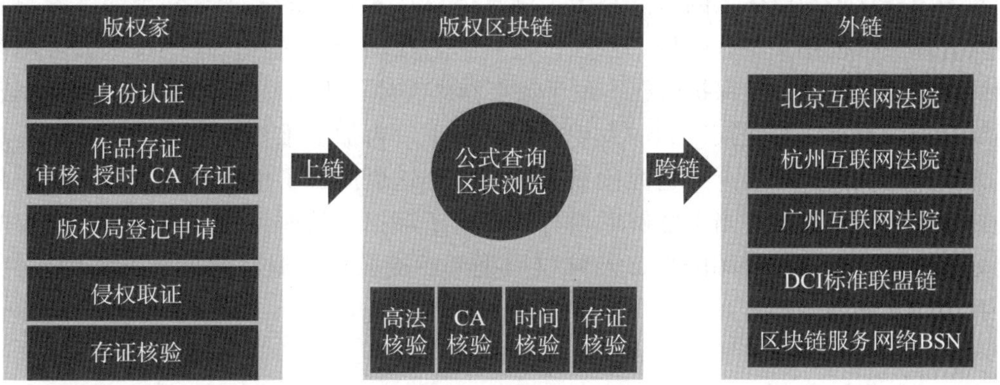

图 13－2　版权确权示意图

资料来源：https://www.bqj.cn/.

数字版权登记的对象涵盖设计、商标、报告、微视频，种类繁多，打开了数字版权服务的新大门。传统版权登记必须去专门地点办理，有时间和空间的限制，版权登记进度无法查看，难以应对数字环境下版权服务的高效率要求。而通过“版权家”App，创作者可以实现随时随地、全天候的数字版权申请服务。区块链技术的存证加固可以大大提高版权登记的效率和准确性，由于区块链存证数据的不可篡改性，它有助于建立一个诚信的版权行业。此外，区块链技术的去中心化设计也有助于缩小创作者和消费者之间的差距，保证版权作品的完整性和真实性。区块链技术为存证节点提供了一种高效的网络架构，可以确保数据的完整性和一致性。

案例点评

北京版全家科技发展有限公司是一家提供区块链技术版权服务的公司，推出了“版权家”这一 App 产品。版权家是一款领先的版权服务应用，用户可以在 3 分钟内完成版权登记，整个流程均通过线上方式完成，并且提供 24 小时的业务咨询服务。[①]

13.3　数字版权维权

13.3.1　场景简述

2022 年 1 月 28 日，国家互联网信息办公室发布了《互联网信息服务深度合成管理规

① 舒梓恩. 版全家：三分钟申请数字版权. 中国外资，2017（7）：64－65.

定（征求意见稿）》，该规定进一步明确了深度合成服务提供者的主体责任。该规定要求对于生成或显著改变信息内容的深度信息合成内容，必须使用显著方式进行标识，以确保信息的准确性和可靠性。通过有效的信息提示，向社会公众展示信息内容的合成情况，并且为其他深度合成信息提供显著的识别功能，提醒使用者可以自行识别。

数字版权保护智能体系的建立是为了满足信息技术发展的需求，利用深度学习和虚拟现实等算法来创建文本、图像、音频、视频和虚拟场景等内容。这些技术的应用可以帮助网络媒体平台更好地保护版权。由于数字作品客体的无形性以及侵权行为的隐蔽性，在网络社会中数字版权侵权行为的发生率居高不下，再加上维权成本与所得收益不成正比，大量作品被侵权以后无人追究侵权者的责任，这更助长了侵权者的嚣张气焰。将区块链技术运用到版权保护当中能够取得有效的电子证据，从而使版权者在受到侵权时能够更好地维权，维权门槛的降低以及维权回报率的提升可以激发原创作者的创作热情，提升我国的文化竞争力。

13.3.2 痛点与需求

在网络社会中，有时只需要动动鼠标进行复制粘贴就可以窃取别人的劳动成果，但是维权却相当困难，很大一部分原因在于取证困难、维权成本过高，而区块链技术的可追踪性则为解决这一难题提供了新的契机。

区块链的时间戳功能正好可以应用于证据溯源，区块链上的作者和作品信息都被时间戳进行了标记，传播与交易信息也都可以通过各节点查询，分布式的存储方式可以准确且快速地追踪到侵权信息。电子证据往往源于现代最新科技，尤其区块链技术下的电子证据更是与区块链技术密不可分，由于其技术的新颖性、革新性以及社会大众对其认可度的有限，在近些年的司法实践当中，“互联网＋证据保全”的电子数据的证据能力频频遭受质疑，质疑事由主要包括以下两方面：一是对利用区块链进行存证的技术本身持怀疑态度；二是认为法院在认定区块链技术下的电子证据时，不能一成不变地采用传统的裁判方式对电子证据予以认定。

基于区块链技术的版权保护机理是在每个上传到区块上的原创作品中都嵌入一种专属的密码，每个区块制作数字签名时都有不可篡改的时间戳来进行标注，再加上区块链的管理模式是点对点，分布式存储的特点使得各节点对区块的数据共同进行监督，因此其数据几乎不可能被篡改，具有很强的安全性。由于区块链上登记的每个作品都有其专属的“电子原始身份证”，作品创作的整个过程都有记录，作品的分享、交易信息也可以通过各节点查询，因此权利人可以随时进行存证、取证来维护其合法权益。

13.3.3 区块链解决方案

1. “人民版权”区块链技术平台

“人民版权”是一个全新的版权管理平台，它利用先进的区块链技术来保护原创作品的完整性，并实时监测以确保侵权行为得到有效控制。该平台不仅能够有效保护作者的权益，还能够提高版权保护的效率和可信度。“人民版权”提供了多种内容生态服务，包括司法梯度化维权和授权线上交易，帮助用户更好地保护自己的权益。随着融合媒体的发展，版权已成为媒体的核心资产，“人民版权”已经实现了全面的版权管理，包括存证、侵权监控、交易和司法维权等。通过版权授权交易，数字作品可以获得独特的价值，提升媒体的内容运营能力。通过使用“人民版权”保护系统，原创媒体可以快速发现侵权行为并采取必要的措施维护自己的权益。对于侵权平台来说，随着大数据和区块链技术的发展，复制粘贴的“拿来主义”的行为将变得无所遁形。“人民版权”的核心技术架构如图 13-3 所示。

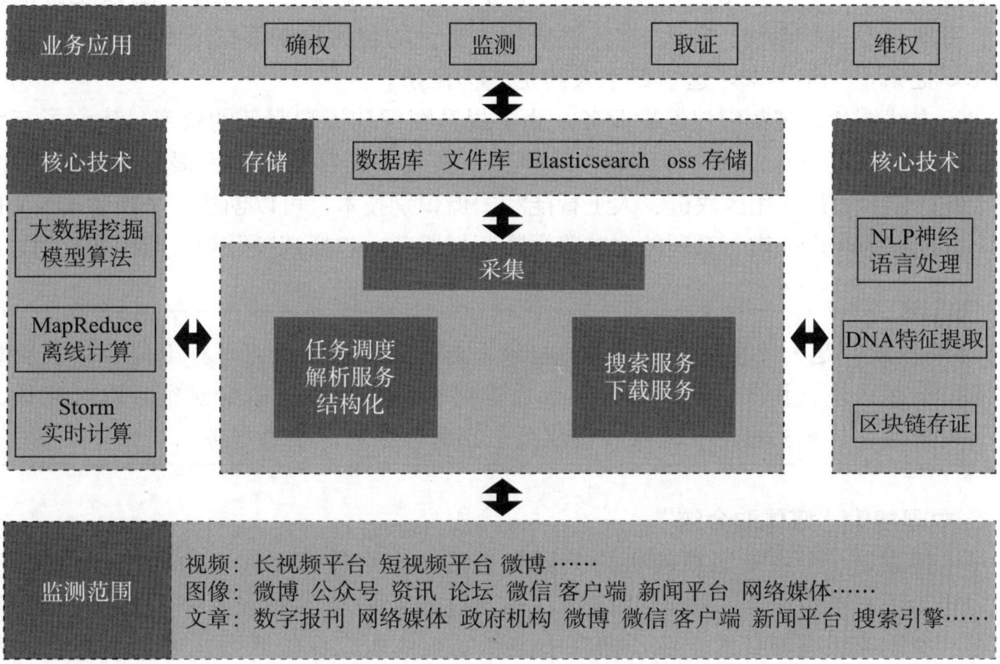

图 13-3　“人民版权”核心技术架构

资料来源：人民网研究院，http://yjy.people.com.cn/.

通过使用指纹基因提取技术，“人民版权”平台可以从原创作品中提取出唯一的 DNA，并将其存储哈希上链，以确保数据的安全性和隐私性。这样，版权登记和上链存证就可以完成，同时还可以建立独立的原创作品 DNA 库。通过对整个网络信息的比对监测，能够自动生成两条用于确权的链路：一是通过使用自然语言处理（NLP）技术，可以实时监控文章的传播链路，追踪可靠的原创信息，并发现内容的变化；二是通过数字 DNA 溯源和链上的引用关系，可以在定点站点进行检索，提取出疑似转载的唯一特征指纹 DNA。通过与版权存证基因库的全量比对，可以发现侵权转载的路径和主体。

“人民版权”平台的主要成就如下①：

（1）AI 的确权数量已经超过了 500 万。“人民版权”平台通过先进的 AI 算法，成功地克服了传统版权保护方式中手工确权的困难，并能够自动识别多种媒体形式的版权，

① 2020 内容科技应用典型案例：人民版权平台．http://yjy.people.com.cn/n1/2021/0610/c244560-32127840.html.

包括文字、图片和视频。这一技术的应用大大提高了版权保护的效率和准确性，已经为超过 500 万篇原创新闻报道提供了版权保护。这个平台的新闻识别能力已经达到了惊人的一亿条，这是 2019—2021 年的最高记录。

（2）媒体单位仅需绑定自己的媒体矩阵便可实现全部原创稿件的自动抓取和版权存证。通过自动提交，媒体单位可以避免手动认证带来的遗漏或重复。平台已经成功地与“天平链”电子证据系统对接，实现了版权的跨链存储，为快速确认版权提供了便利。这是一个重大的进步，将为我们的社会带来更多价值。

（3）覆盖站点超千万，满足文字、图片、视频的全网监测需求。目前，平台已经收集了超过 1 200 万个媒体站点，涵盖了电子报刊、网络媒体、主流客户端以及微信、头条号、百家号等多种渠道。每天，“人民版权”平台的监测数据都在不断增长，达到了惊人的 1.5 亿条，一年下来，这一数字大约是 547 亿条。

（4）上线图片、视频版权保护业务。为了提升图像和视频服务的效率，建立了三大核心功能区——视频注册、原创评估和内容审查，实现了图片特征基因提取与版权库比对，即时上链存储。通过使用区块链、人工智能和图像识别技术，可以创建一个视频 DNA 指纹系统，它能够为用户提供一系列的全链路视频版权服务，包括视频登录、监控和比对。

案例点评

“人民版权”是人民在线运用区块链技术，依托自身大数据能力打造的一站式版权管理平台，依托区块链技术的不可篡改和加密等技术特性，实现了原创作品即时存证、侵权行为实时监测、司法梯度化维权和授权线上交易等全内容生态服务。

2. 中国搜索“媒体融合链”

中国搜索是一个由七家新闻机构共同打造的国家级搜索平台，由新华社主管主办。它致力于为用户提供全面、准确的信息，并通过专业的技术和服务来满足他们的需求。它还是一家国家级高新技术企业，拥有中国新闻媒体版权保护联盟、中央电视台官网和国家级高科技企业的认证。中国搜索致力于研发区块链技术，以解决互联网发展过程中引发的著作权侵权问题。该公司将搜索大数据、人工智能和云计算的优势结合起来，基于海量存量和每日数百万的新闻大数据，推出了首家媒体融合区块链平台“媒体融合链”。这一举措旨在解决行业中的著作权侵权问题。

“媒体融合链”区块链版权平台于 2021 年 1 月 28 日正式推出，由中国搜索研发团队打造。这个系统提供了一站式的版权保护服务，包括存证、监控、取证、司法和纠纷解决。它使得当事人和调解员能够在家中完成整个调解流程，包括申请、举证、质证、调解和送达等环节。中国搜索“媒体融合链”平台的运营流程如图 13 - 4 所示。

“媒体融合链”的优势特色如下：

（1）安全可控的自主性。“媒体融合链”是一种基于开源 Fabric 平台的技术，它采用了国家机密算法，具有高度的安全性、防篡改性和可扩展性。通过使用区块链技术和分级分片搜索方法，该链能够快速上传目标数据，并能够有效地固化侵权证据，从而提高数据检索的效率。

（2）稿件流转溯源。区块链技术可以实时捕捉全网新闻数据，并将其上传到区块链上，这样就可以清晰地查看新闻发布和转发的情况。所有数据都包含哈希值和记录。通

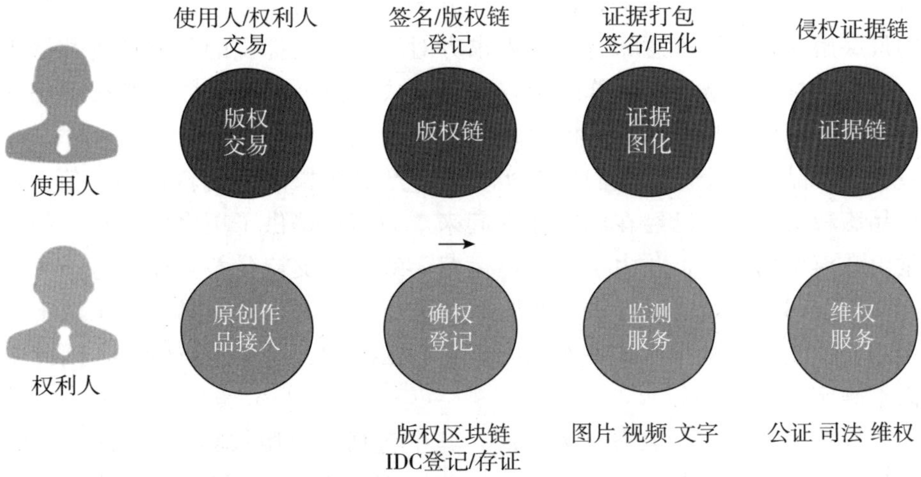

图 13-4 中国搜索“媒体融合链”平台运营流程

资料来源：赵丹文. 新华社利用区块链技术在版权保护方面的探索. 中国传媒科技，2021（10）：138-141.

过对新闻内容的分析，可以找出与原文相似的信息。

（3）全网数据监测比对。中国搜索拥有强大的数据挖掘、清洗和分析能力，能够高效处理复杂的互联网数据，包括动态和静态数据。数以亿计的存量数据和每日数百万的新闻信息为全网监测提供了强大的支持。通过文字语义智能分析，可以准确地找出侵权作品的来源和作者。

（4）联盟链权威认证。中国新闻媒体版权保护联盟致力于确保上链作品和证据的权威性和可信度。通过重点媒体和行业协会的参与，可以加强节点共识，提高信任度和不可篡改性。

（5）维权高效经济。引入数字版权登记机构，整合多种电子证据，包括法院认可的电子公证书和可靠的时间戳，这样不仅能提高取证的效率，还能降低成本。

案例点评

“媒体融合链”为中央主流媒体及其他原创作品权利人提供区块链作品存证、版权保护服务，为困扰主流媒体多年的版权保护问题提供了解决方案，大大降低了维权成本。

13.4 标准化版权交易

13.4.1 场景简述

网络技术的不断革新使得网络文学、图片以及微视频的交易需求不断增大，但是版权交易仍然停留于原始的双方要约、谈判、签约方式，不但成本高、周期长、程序烦琐，而且网络服务提供商的收益往往比原创作者还高，因此，创作者的实际收益十分有限。诸如专利法上的专利开放许可的模式，对于数字版权交易具有十分重要的启发意义。过去并没有一个专门的版权交易平台，绝大部分平台机构对于数字版权的自身数据都享有法律上的最终解释权，这就意味着内容需求方对平台机构提供的版权使用数据需要持怀疑态度，这种无标准、透明度极低的版权交易方式不仅无法满足数字版权市场的交易需求，而且不能保障原创作者的合法权利。

通过数字产品版权交易，我们可以实现数字产品版权的价值转化和增值。现在，许多数字产品版权交易平台已经在国内建立起来，为用户提供了更多的选择和便利。一类平台通常由政府机构建立，并由事业单位运营，致力于支持公益事业；另一类平台则由独立的互联网公司运营，通过提供商业服务来进行版权评估和交易。由于数字产品版权交易平台的业务领域和运营模式各不相同，它们之间的关系也各有特色，因此未来的发展前景尚不确定。

我国版权标准化工作已取得重大进展，其中包括数字版权唯一标识符（DCI）的出现。DCI 是一种数字版权唯一识别标识，它依靠 DCI 标识、验证、特征提取和监测取证技术来建立，通过一个集成应用平台来提供数字版权公共服务。为了保护数字作品的版权，我们采用 DCI 来确保它们的合法性和完整性。在完成对作品的版权登记和合同备案之后，将会颁发相应的许可证，包括许可码、许可标识以及作品版权登记证书。通过实名认证和电子签名等技术，建立一个可靠的、易于查验的权责利认证体系，以确保信息的真实性和完整性。这个体系致力于三项重要任务：登记数字作品的版权信息、确认版权费用的支付并迅速处理侵权行为。

DCI 是一种通过互联网技术来保护数字作品版权的方法。它允许用户在线创建和维护自己的作品，并对其进行版权登记，旨在收集和展示作者的权利信息，包括作品的名称、类别、著作权人的姓名、创作时间、发表情况、首次公布时间、登录日期以及版权所有人。这种技术可以帮助作者更好地管理自己的作品，并确保其权益得到保护。DCI 中的版权结算认证服务通过严格的审查和监管，为作品的版权所有人提供了可靠的保障，同时也确保了资金流动的公平性。采取这些措施可以保障交易安全，并有效防范网络版权交易的风险。

13.4.2 痛点与需求

版权交易面临以下问题：

（1）版权作品价值评估难，交易双方信息不对称。大多数版权作品投入的主要是创作者的时间和精力，这就导致目前行业内对版权价值的评估基本处于空白状态，也难以通过传统的知识产权评估方法实现对版权的价值评估。此外，由于版权作品自带的文化属性，不同的交易主体对版权作品的认知水平不同，因此交易双方存在巨大的信息不对称问题，供求双方的资源匹配度不高。

（2）线下交易流程复杂，交易效率不高。应监管部门的要求，目前在知识产权交易场所进场交易普遍通过线下完成，且整个交易流程手续繁杂，交易周期较长，与版权行业的短、频、快的交易习惯不匹配，不利于版权交易业务的高效实现和广泛推广。

（3）版权业务单一，缺少相关综合服务。目前，知识产权交易场所的版权业务范围较为狭窄，仅限于少数版权交易项目。缺乏多元化的服务，如版权认证、登记、评估和维权等，无法满足客户的多样化需求，导致客户的黏性不足。

（4）交易所规则监管严，缺乏数字版权运营能力。据调研，超过 90%的版权交易作品未进行行政确权，然而应监管部门要求，进场交易的知识产权必须权属清晰，这就导致大量未确权的版权作品无法进场交易，极大制约了交易场所版权交易业务的发展。数字藏品正在成为行业的热门话题，基于区块链技术的数字藏品交易正在迅速发展。然而，由于交易场所的地域性限制、交易制度限制、缺乏专业版权运营能力等原因，交易场所难以开展对数字版权的运营，亟须通过新的方式解决上述问题，实现对数字版权的运营，增加业务收入来源。

我国传统的版权交易没有统一的交易平台，因此交易数据难以汇总且不易查找。传统的版权交易难免存在"一权多授"的情况，一方面，版权所有者通常有多个作品的版权，对于每个作品也可能进行多次授权方式和授权范围不同的授权，有可能版权所有者在对某个作品进行授权时已经忘记了自己已经进行过授权；另一方面，版权所有者对版权信息了解不完全，对作品的版权状态进行虚假说明，导致版权交易市场出现混乱的局面。而一个去中心化的版权交易平台可以将分散的作品信息以及交易数据集中整合、分类管理，这不仅有利于权利人查看自己作品的各种交易信息，也有助于作品需求者了解作品交易信息，提高交易的准确性，达到权利人、需求者以及版权服务商的互利共赢。

在版权交易方面，区块链技术的可追踪性、透明性以及开放性等特点在解决我国目前的版权交易问题、营造方便快捷的交易环境中有以下几个方面的优势：在区块链技术下进行版权交易依靠的计算机系统称为智能合约，与传统合约相比，其最大的特点是自动性，合约的运行效率高、成本低且在全球范围内适用，不受限于各国不同的人文习俗以及法律法规，进行跨境交易的成本更低、效率更高，解决了知识产权的区域限制，同时也有助于增强国际交流与合作。另外，区块链技术可以对作品创作的全部过程进行记录和保存，作品需求方可以在作品创作的任何一个阶段参与进来，极大地提高了交易效率。整体来看，可以把区块链看作一个状态机，随着每次交易的进行都会生成新的区块，从而改变现有的区块状态，形成新的区块链。由于区块链技术追踪性极强，作品交易的全部信息都可以记录在区块链中，通过全网中的任意节点进行查询，这种透明度极高的版权交易模式使得作品的权利能得到更充分的保障。

13.4.3　区块链解决方案

基于区块链技术的版权交易功能的实现主要基于以下五个模块：

（1）分销渠道模块。作者在区块链上上传了作品以后，可以按照自己的意愿对作品的授权方式以及条件进行设置，可以选择一键免费分享到微博、知乎、豆瓣、贴吧等受众较多的社交媒体上，也可以设置付费查看，这种方便快捷的分销渠道增加了作品变现的机会。

（2）付费欣赏模块。进行版权交易的大部分作品都是需要付费的，作品的需求方既可以直接浏览平台页面或者在平台上搜索所需的作品进行交易，也可以通过他人在平台外分享的网址进入平台交易页面，然后作品的需求者只需在线支付即可欣赏所需内容，整个过程方便快捷，不需要无处不在的中间商来赚取差价，版权者的利益可以最大限度地得到维护。

（3）智能合约模块。作品的上传、分享和交易都会按照预先设定的条件自动执行。此外，智能合约程序还负责监控作品收益的流向、平台运营管理费用以及国家税费的执行情况。

（4）数据统计模块。顾名思义，这个模块主要是对平台与平台之间、平台与作者之间以及作者与作品需求者之间的各项数据进行清算、对账和管理。

（5）监控报警模块。这个模块可以实时对平台的违法以及侵权行为进行监察、监控，其检测到的侵权或者违法证据也会被系统自动保全，而且会立即通知平台和权利主体，以便迅速制止不当行为并追究法律责任。

1. Ujo Music

国内“区块链＋数字版权”的实践主要侧重于保护文字作品、图片等数字版权，鲜有基于区块链技术保护数字音乐作品的应用案例，而国外的 Ujo Music 平台就是区块链技术在音乐产业的成功应用，这个应用是从格莱美奖得主伊莫金·希普在 Ujo Music 平台发布新曲《渺小的人类》开始的，此后越来越多的人关注到了区块链技术在数字音乐领域的巨大优势，其他音乐平台也纷纷效仿 Ujo Music 平台基于区块链技术的运作方式。Ujo Music 平台堆栈如图 13－5 所示。

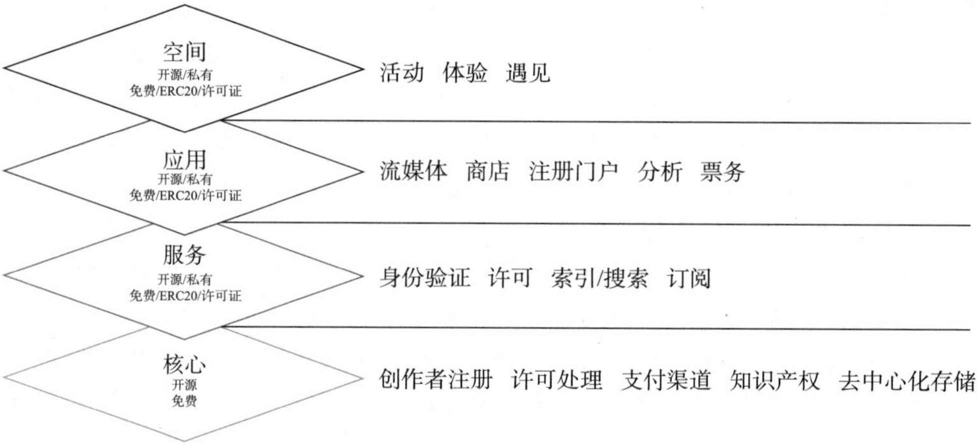

图 13－5 Ujo Music 平台堆栈

资料来源：https://blog.ujomusic.com/the-ujo-platform-a-decentralized-music-ecosystem-e530c31b62bc.

Ujo Music 平台以以太坊区块链为基础链，以智能合约为基础运行技术。在该音乐平台上，每首上传的数字音乐都经过复杂计算生成一个专属代码作为权属证明，这个代码将用来追踪其作品的传播途径，做到实时溯源。该平台允许音乐作品上传者设置作品传播的途径以及条件，比如伊莫金·希普在平台上发布新曲《渺小的人类》以后，她可以根据自己的意愿设置该歌曲在下载、在线播放、演绎作品、进行作品再创作等不同授权方式下的不同价格，消费者根据需要确定授权方式以后，可以根据设置好的智能合约直接进行线上支付，大大提高了数字音乐授权许可的效率。

与现实中不同的是，基于该平台的交易不可使用美元、欧元、人民币等通用货币，必须在经过加密的货币交换平台按照实时的转换率来兑换该平台的货币，也就是以太坊区块链下的货币，简称以太币。这样创作者与消费者可以直接通过智能合约进行授权交易，减少了中间商赚取的巨额差价，提高了创作者的知识产权收益。同时，该平台还设有自动化分配机制，每次授权交易得到的收益都可以按照预先制定的智能合约进行报酬分配，比如乐队团体创作的作品，可以分别设置主唱、作词以及作曲的报酬占比，这样能有效避免团队之间因报酬分配问题而产生纠纷。此外，创作者还可以根据以太坊区块链中的分布式账本随时查看数字音乐版权的交易情况，继而对不同授权方式的价格进行及时调整，以便取得最大化的产品收益。

案例点评

Ujo Music 以以太坊区块链为基础链，以智能合约作为基础运行技术，使得创作者和消费者可以直接授权交易，避免了中介机构赚取差价。预先制定的收益自动化分配也减少了版权收益分配产生的纠纷。

2. DECENT

DECENT 是一个基于区块链技术的内容生产平台，它允许用户和机构创作、发布作品，这与国内主流的自媒体开放平台非常相似。DECENT 与传统的自媒体开放平台不同，它完全去中心化，因此不需要任何中心机构的审核，这样可以节省用户的时间。该平台的运行机制设想如图 13－6 所示。

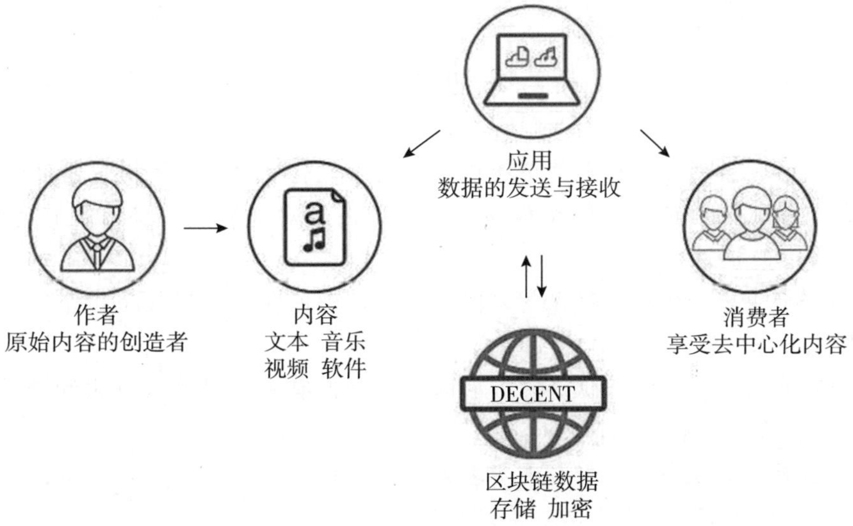

图 13－6　DECENT 平台运行机制设想

资料来源：碳链价值：DECENT——全新的内容发布平台. https://mp.weixin.qq.com/s/ls6HBSBxAUbpc9G4wVEJzg.

基于区块链技术不易篡改、可追踪以及高度透明的特点，任何人都可以通过任意节点来验证作品信息、作者信息，但是所有作品的具体内容也被私密、安全地保护着，对于平台的不同用户来说都十分适用。平台主要面对的用户有三种：第一种是原创作者，原创作者的任务就是进行作品的创作，然后将作品的内容以及相关信息上传到 DECENT 平台上，同时可以设定授权交易的条件；第二种是出版人，其主要职责就是将作品信息进行分类汇总，完整地保存在平台上以及根据需要分发到各网络平台上；第三种是有版权需求的购买者，他们可以在平台上检索所需的作品信息，然后根据自己的需要进行购买。

DECENT 网络平台在结构上有数据分发层、区块链层以及推荐层等三个功能层。数据分发层的功能是对海量的作品信息数据进行分类汇总，然后根据版权者的需要分发到各大热门网站进行推广和分享；区块链层的功能是根据智能合约进行版权交易，并且基于区块链技术的时间戳功能和可追溯性强的特点，创作者和消费者的交易数据以及消费者对于交易的反馈都会完整地记录在区块链层；推荐层的功能就是平台基于大数据技术来分析用户的浏览、搜索以及购买记录，从而为用户精准地提供作品推荐以及对应服务。

案例点评

DECENT 平台以去中心化的区块链技术为基础，由全体参与人共同维护数据的安全，也允许任何机构或者个人建立分布式的信息网络，旨在改善传统的数字内容分发市场，建立一个去中心化的、安全性高的、提供多种多样的数字作品创作和传播的平台。

关键术语

区块链数字版权	侵权纠纷	去中心化存储	时间戳
电子原始身份证	溯源技术	不可篡改	智能合约

思考题

1. 区块链如何改变版权行业的传统模式，提供更有效的数字版权管理解决方案？

2. 区块链技术在数字资产管理和溯源方面的应用对于解决侵权问题有何积极影响？如何保障创作者的权益？

3. 如何平衡去中心化和隐私保护之间的关系，确保在区块链应用中个人和机构的版权信息得到充分保护？

4. 区块链在数字水印和防伪溯源方面的应用如何有效应对技术攻击和伪造，确保版权信息的可信度和安全性？

5. 区块链是否会改变创作者与消费者之间的直接互动以及数字内容的交易模式？这种变革可能带来哪些机遇和挑战？

6. 区块链在版权行业的应用是否会引发新的法律和法规问题？如何解决这些潜在的法律挑战？

7. 案例分析题：除本章介绍的版权行业的区块链应用外，请描述一个可以应用区块链技术的版权行业应用，包括应用场景、痛点与需求以及相应的区块链解决方案。

第 14 章

司法领域中的区块链应用

学习目标

1. 理解司法领域存在的痛点问题。
2. 了解区块链技术如何解决司法痛点问题。
3. 理解如何通过去中心化技术提高司法公平性。

14.1 行业概述

14.1.1 行业现状

司法机关作为司法领域的重要组成部分，依法行使国家司法权，主要职责包括案件审理、司法鉴定、公证、调解社会纠纷以及维护社会秩序并保障公民合法权益。然而随着社会不断发展，数字经济时代的迅速到来使得司法机关难以充分应对案件量骤增、电子证据难以辨别和司法执行困难等问题。

区块链技术作为过去十年发展最为迅速的技术之一，将分布式数据库、智能合约、加密算法等多项技术集成在一起，有效提升了数据的可追溯性、安全性以及共享能力，减少了数据被篡改的风险。2022 年 5 月，最高人民法院发布的《最高人民法院关于加强区块链司法应用的意见》充分发挥了区块链技术在司法、社会服务等方面的作用，为人民群众提供了更智能、便捷、优质的公共服务。意见中强调要充分运用区块链数据防篡改技术，进一步提高司法公信力，利用区块链优化业务流程，提高司法效率，充分挖掘区块链互通联动的巨大潜力，增强司法协同能力。区块链技术作为一项技术革新，其特点正好弥补了司法领域数据安全性差和司法效率低的不足。

区块链在司法领域中的应用主要集中于电子存证。区块链技术能够将证据可靠地持久化、电子化存储，同时可以将电子证据应用于区块链业务流程。杭州互联网法院在一起信息网络传播权益案件中采用了区块链存证方案，该方案已被《最高人民法院关于互联网法院审理案件若干问题的规定》认可，并对区块链在法律层面的价值予以肯定。[1]

现阶段我国各地的互联网法院都在推进区块链技术与司法领域的结合，并在司法领域取得了一定的认可，然而区块链技术在社会中的认可度仍需要提高，未来还需加强区块链技术与司法结合的整体性，以提高人们对区块链司法的信任度。

14.1.2 区块链应用场景

区块链技术的去中心化、安全、可追溯、不可篡改等特点完美符合司法领域对于数据安全性的要求。随着区块链技术的不断发展和完善，其在司法领域的应用场景也逐渐丰富。如今，全国超过半数的互联网法院都将区块链技术视作数字化业务发展的重要底层技术。杭州互联网法院推出了“司法区块链”“区块链智能合约司法应用”，北京互联网法院打造了“天平链”，广州互联网法院推出了“一链两平台”（包括司法区块链、可信证据平台、司法信用共治平台）的“网通法链”智慧信用生态系统。[2]

区块链电子数据存证系统大体分为应用层、区块链服务层以及节点管理层。虽然区块链技术在司法领域中的应用场景较为集中，但是随着区块链技术的不断完善，区块链在司法领域的应用场景必定会有所增加。下面是区块链技术在司法领域中的主要应用场景。

（1）电子存证[3]及取证。将物理证据数字化保存至区块链网络中，确保证据的真实性和完整性，并防止证据被篡改。区块链电子数据存证系统的参考架构如图 14－1 所示。

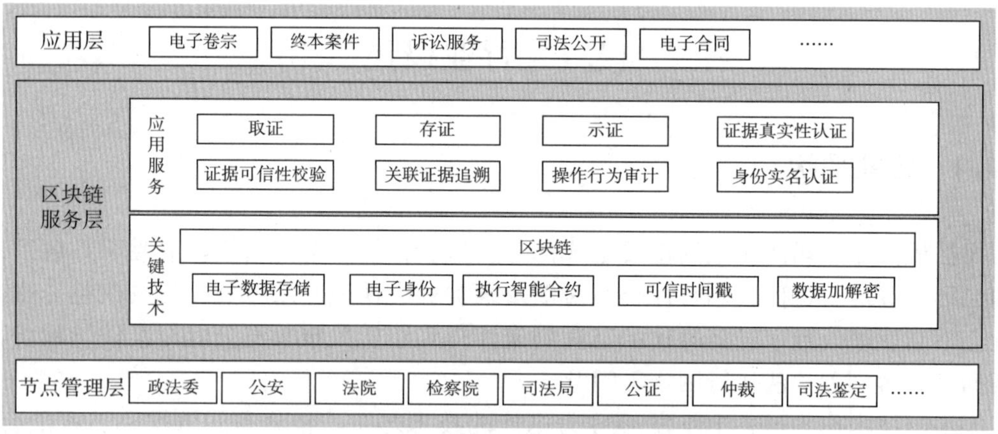

图 14－1 区块链电子数据存证系统参考架构

资料来源：区块链司法存证应用白皮书（1.0 版）. http://www.caict.ac.cn/kxyj/qwfb/bps/201906/P020190614499397999292.pdf.

① 张玉洁. 区块链技术的司法适用、体系难题与证据法革新. 东方法学，2019（3）：99－109.

② 杨东，徐信予. 区块链与法院工作创新——构建数据共享的司法信用体系. 法律适用，2020（1）：12－22.

③ 区块链司法存证应用白皮书（1.0 版）. http://www.caict.ac.cn/kxyj/qwfb/bps/201906/P020190614499397999292.pdf.

（2）链上司法。使用区块链技术来记录司法过程，保证司法过程真实和可追溯。通过智能合约对当事人进行约束，或利用智能合约完成司法执行，以解决司法执行困难的问题。

不同国家和地区的法院均在利用区块链技术进行电子存证或链上司法，表明了区块链技术在未来全球司法领域发展中的重要地位，为司法领域改革创新带来了新的可能性。

14.2　电子存证及取证

14.2.1　场景简述

数字时代的发展大幅降低了电子证据的使用成本，其使用范围也在不断扩大，电子证据在司法场景中愈发重要。与传统物证相比，电子证据具有更高的易保存性和便捷性，其科技含量显著提高，能够有效满足现代司法需求。2015 年《最高人民法院关于适用〈中华人民共和国民事诉讼法〉的解释》明确了电子证据的合法地位，电子证据逐渐在各类案件中被广泛应用，并在司法判决中发挥着巨大的作用。

电子证据拥有公正性、多样性、难伪造等特点，这些特点也使得电子证据在司法实践中得到了普遍应用。电子证据通过数字化手段记录案件相关事实，如文本、图像、音频和视频等形式，从而为司法机关提供具有高度可信性的客观证明，也为案件审理提供了更多维度的信息支持。然而，非实物的电子证据也为司法带来了一些挑战，其复杂的技术原理使得非专业人士难以辨别真伪，这使得司法实践无法离开数字化专业技术的支持。因此，在提升电子证据应用效率的同时，加强对电子证据的技术性鉴定显得尤为重要。

随着移动互联网场景的不断发展，电子证据的适用范围也在不断拓展，涵盖了资产纠纷、互联网金融、电子病历等多个领域，电子证据的普及正深刻影响着社会各行业。根据中国裁判文书网 2019 年的数据，过去三年约 5 000 份知识产权民事判决书中，约 89%的案件涉及电子证据。[①] 此外，《2018 年中国电子证据应用白皮书》也显示，近年来，电子证据被广泛认定为法律事实，案件中的电子存证使用逐步增多，成为司法实践中的重要依据。[②]

区块链技术可以通过加密算法保护电子证据的安全性，并将数据存储在分布式节点中。区块链技术与电子证据的结合广泛应用于司法流程的取证、存证、示证等多个环节，并在使用过程中对证据进行安全保护，防止被篡改，从而为司法机关提供更为可靠的电子证据。当电子证据以交易的形式存储在区块链账本中时，区块链底层的共识机制会将账本信息广播至所有用户，因此网络中的所有可信用户都能够查看证据信息。与此同时，区块链系统还会记录用户对证据的所有操作，确保电子证据可追溯。

---

① 李自柱. 知识产权诉讼中有关电子证据的两个问题. 电子知识产权，2016（12）：79－86.

② 区块链司法存证应用白皮书（1.0 版）. http://www.caict.ac.cn/kxyj/qwfb/bps/201906/P020190614499397999292.pdf.

14.2.2 痛点与需求

电子证据具备高科技性，当前阶段电子证据已经被普遍运用于互联网案件，但在司法过程中的存证、取证、示证等环节仍存在一些痛点问题。

传统的存证方式都是基于数据中心的中心式存证，数据安全性需要通过稳定的存储中心来保障。然而，一旦数据中心发生安全问题，其存储的电子证据便可能面临一定的安全隐患。随着数据中心内数据量不断增加，其运维和存储成本也会提升。

传统的电子证据在司法实践中的采信度较低，关键问题在于原始数据只能留存在初始设备中，一旦证据离开初始设备，就会被认定为复制品，进而无法被认定为定案依据，这种"证据与设备不可分离"的特性给司法带来了诸多困境。① 由于在移动互联网中产生的电子数据受限于用户隐私保护等问题，司法机构在取证时还要面对法律及技术上的多重阻碍。即使司法机关取证完成，数据的真实性也难以确保，即无法确定数据是否经过删改以及作为证据的可信度。

电子证据的示证是其在司法流程中最为困难的环节。由于电子证据存储于电子介质中，需要通过特殊手段才能在司法阶段进行展示。当事人将证据从电子介质中取出后，司法机关难以判断展示证据和原始文件的差异，因此可能存在篡改、捏造证据等问题。而线下递交电子数据会花费大量的人力与时间成本，且办事效率低下，证据留存困难，无法满足现代社会对证据高效、安全存储与流转的需求。

综上所述，当前司法机关急需一种去中心化的电子证据存储方式来提高电子证据存储的安全性，防止单一数据中心出现安全问题后影响电子证据的保存。此外，司法机关急需可信任的手段来确保各司法环节电子证据的可信度，保证人民在司法案件中得到公平公正的司法结果。

14.2.3 区块链解决方案

1. 杭州互联网法院

互联网法院与保全网为司法存证与区块链的结合提供了一套完整的解决方案。保全网协助各级互联网法院搭建专用的电子证据平台，并实现了电子证据的多链路介入、保存与调用，将复杂的司法流程扁平化，并改善了传统司法效率低下的问题。对于电子证据、电子材料等多种证据信息，采取前置链上存储，使得证据在司法流程中全过程可追溯。通过区块链技术链接法院、公证处等机构，打通不同司法部门间的"信息孤岛"。2021 年 5 月发布的《人民法院在线诉讼规则》赋予了链上证据法律效力，为区块链技术在司法领域的应用提供了重要法律依据。通过区块链技术存储并确权的证据在法律诉讼中被视为真实可信的，提升了链上证据在司法实践中的效力。司法业务流程的上链存证

① 区块链司法存证应用白皮书（1.0 版）. http://www.caict.ac.cn/kxyj/qwfb/bps/201906/P020190614499397999292.pdf.

示意图如图 14－2 所示。

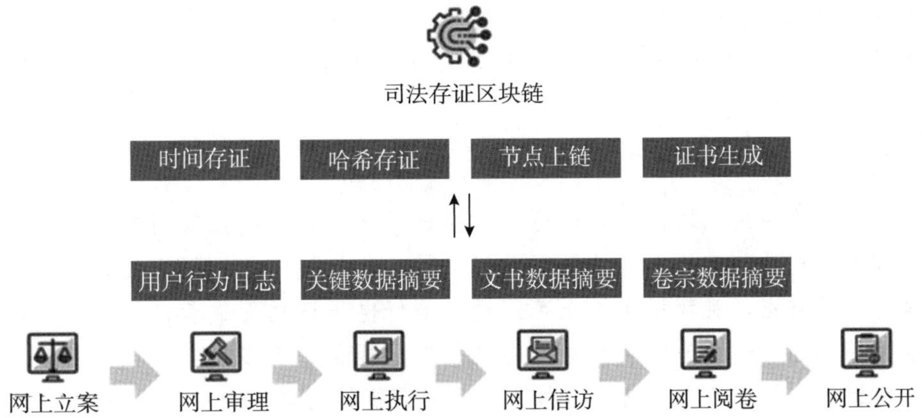

图 14－2 司法业务流程上链存证示意图

资料来源：区块链司法存证应用白皮书（1.0 版）. http://www.caict.ac.cn/kxyj/qwfb/bps/201906/P020190614499397999292.pdf.

2018 年 6 月 28 日，杭州互联网法院针对深圳市道同科技发展有限公司侵害华泰一媒公司作品信息的网络传播权纠纷案件进行了公开宣判。在此次判决中，法院首次确认了通过区块链技术获取并保存的电子证据的法律效力。[①] 原告通过保全网进行了侵权网页截图自动抓取及侵权页面的源码识别，并且对这两项内容以及操作日志等的压缩包计算哈希值并上传至区块链网络。

在本案中，原告通过保全网对侵权网页进行了取证。通过谷歌开源程序 Puppeteer 对侵权网页进行自动截图，利用 curl 工具抓取了侵权页面的源代码，证据内容包括网页截图、网页源码以及相关操作日志，保全网将证据内容打包并基于 SHA-256 计算了文件哈希值。随后，保全网将哈希值写入 Factom 联盟链和比特币区块链，Factom 联盟链可以提供更高效便捷的存储环境，而比特币作为公有链则提供了更强的时间锚定和安全性，二者的结合确保了数据的完整性和不可篡改性。

法院从第三方平台存证资质、存取证技术可信度以及电子证据保存完整性三个方面，对案件中获取的电子证据的可靠性进行了严格审查。首先，互联网法院对存证平台——保全网进行资质审查，经查该平台具备作为第三方电子存证平台的资质，具有中立性，且通过国家网络与信息系统安全产品质量检验检测中心进行完整性鉴别检测，以确保电子存证平台的公平性。其次，法院对存取证技术可信度进行审查，该平台调用开源程序 Puppeteer 以及 curl 工具对目标网页截图和内容进行侵权采证。由于这些工具为开源程序，其开源透明性使得任何人均可验证取证过程，从而有效提升了证据的可信度，降低了证据被篡改的风险。最后，法院对电子证据保存的完整性进行审查，以确保证据成功上传至区块链网络，并确定是否系本次案件的电子证据。为验证电子证据是否成功上传，法院根据哈希值从比特币区块链中查询对应区块节点中存储的内容，并与 Factom 联盟链中存放的哈希值进行比对，如果二者一致，则可以确认保全网已将电子证据成功上传至

① 童丰. 公证介入区块链技术司法运用体系初探——从杭州互联网法院区块链存证第一案谈起. 中国公证，2018 (9)：60－64＋1.

Factom 联盟链和比特币区块链。随后，从保全网下载网页截图、源代码等相关信息，将其打包压缩并计算哈希值，再将计算得到的哈希值与区块链网络中存储的哈希值进行比对。如果两者一致，则证明电子证据在司法过程中未被篡改，确保了其完整性和真实性。[①]

案例点评

作为国内首次使用区块链技术进行电子存证的案件，杭州互联网法院充分肯定了区块链电子存证证据的完整性、合法性以及可靠性。区块链上的数据天然具备安全性、可靠性、难篡改等特点，且数据在链上可溯源，恰好电子证据面临着证据不安全、示证难以及易篡改等问题，这也为区块链电子存证的发展提供了更多机会。杭州互联网法院在面对侵权案件时选择使用基于区块链技术的电子证据辅助案件判决，在原告取证过程中，充分使用开源程序以及区块链技术，并留存取证全流程日志信息，利用多种高可信度技术工具收集证据，将证据以及日志信息共同组织为电子证据。在该案件中，通过采集多种不同类型的证据并以区块链技术作为辅助，且区块链电子证据无须通过介质转移，减少了电子证据在示证环节对证据真实性的检验，有效提高了区块链电子证据在司法判决中被采纳的可能。

在未来的司法场景中，司法区块链、互联网法院、电子存证平台等多平台共同参与电子证据存储，并从证据捕获开始将证据存证、取证全过程上链。诉讼时互联网法院可以快速审查区块链网络中的电子证据，省去司法流程中复杂的审核机制以及手续，简化了司法流程，并从根源上有效地加快了司法机关审理案件的速度。

2. 遗嘱存证

遗嘱是指个人在生前根据法律规定或自己的意愿，对自己的财产在死后的处置进行书面声明的行为。当前阶段《中华人民共和国继承法》规定，可以在公证机关办理公证遗嘱、自书遗嘱、代书遗嘱、录音遗嘱、口头遗嘱等以上五种形式的遗嘱。一份合法有效且不会被篡改的遗嘱大多是公证遗嘱。2018 年 3 月，中华遗嘱库的数据分析表明，有 33.41%的老年人会隐瞒办理遗嘱的行为以防止子女篡改遗嘱。而遗嘱区块链作为一种新兴的技术，可以为遗嘱的制定和管理带来更加可靠、高效和安全的方案。

2018 年 9 月 27 日，中华遗嘱库上线“遗嘱司法证据备案查询系统”，该系统将遗嘱登记系统与第三方司法电子存证机构进行深度融合，借助第三方存证平台为遗嘱存储提供更为安全和可靠的证据存储环境。[②] 系统通过区块链技术确保遗嘱内容的不可篡改，极大增强了遗嘱存储的可信度与司法效力。在用户设立遗嘱时，中华遗嘱库系统采取一系列严格的身份验证机制，包括人脸、指纹等生物识别机制和多重身份验证手段，并对遗嘱设立进行全流程取证，以确保遗嘱订立的合法性和安全性[③]，为用户提供更为全面的法

---

① 张玉洁. 区块链技术的司法适用、体系难题与证据法革新. 东方法学，2019（3）：99-109.

② 绳祎凡. 区块链视角下我国遗嘱领域发展路径探究. 上海商业，2022（5）：181-184.

③ 区块链司法存证应用白皮书（1.0 版）. http://www.caict.ac.cn/kxyj/qwfb/bps/201906/P020190614499397999292.pdf.

律保障。

中华遗嘱库系统首先运用先进的人脸识别技术与指纹扫描手段对立遗嘱人的个人身份信息进行严格验证，确保立遗嘱人的身份准确无误。然后，需在指定环境中完成遗嘱的确立，整个过程由司法工作人员同步录音录像，全部内容自动上传至区块链系统。遗嘱订立完成后，至少有两名工作人员对遗嘱内容进行现场见证，并签署保密协议，以保证遗嘱的私密性和权威性。最后，系统将遗嘱的全部内容，包括设立时间、关键信息和见证记录等数据打包，通过计算生成唯一的哈希值，上传至区块链网络进行分布式存储，确保遗嘱内容的真实性和不可篡改性。上传至区块链网络的遗嘱可以在法院的官方证据核验平台追踪和溯源，确保遗嘱不会被子女或其他人员篡改。

遗嘱存证系统将遗嘱以电子化形式存储于区块链网络，利用区块链的去中心化和不可篡改性，为遗嘱的安全性和可信度提供了强有力的技术保障。当遗嘱内容产生纠纷时，相关方只需验证遗嘱内容的哈希值是否一致，减少了无谓的争论，确保了遗嘱在法律上的有效性和执行力。

“区块链＋遗嘱”的形式提高了遗嘱内容的可信度，缓解了公证机构调节遗嘱纠纷的压力。此外，还可以利用智能合约实现遗嘱的自动化执行和智能化管理。通过预先设定执行的触发条件，在符合条件时自动分配遗产，确保遗嘱的执行过程更加透明和规范。此举不仅减少了传统遗嘱执行过程中可能存在的人为干预和操作失误，还大幅提升了遗嘱执行的效率与公正性，进一步增强了遗嘱订立的实际价值。

案例点评

遗嘱存证系统将遗嘱与区块链技术相结合，充分利用区块链技术不易篡改、可追溯的特性，保证遗嘱内容的真实可信。中华遗嘱库通过可信的第三方存储机构，对遗嘱进行存储，并记录遗嘱创建全流程。对遗嘱内容的修改也会被同步记录到区块链系统中，实现了遗嘱全过程追踪。当出现遗产纠纷时，遗嘱库中的遗嘱可以作为法律证据，充分发挥其司法作用，减少出现法律纠纷的可能性，保护人们的基本权益。

3. 保全网电子合同

随着社会数字化水平不断提升，企业可以通过使用电子合同来达到提升办事效率、节约人力的目的。事实上，数字经济的不断发展也催生出较多电子签名仿造、拒不履约、合同内容篡改等形式的案件。当签约方违约时，传统的电子签约平台难以给予有力的证据以保护用户的合法权益。缺乏强力的第三方监督机构对于签约方隐私的保护、普通民众对电子合同不了解和对纸质合同的使用习惯等因素都导致了民众对电子合同有较强的不信任感。

而基于区块链的电子合同（见图 14－3）能够在确保用户身份的真实性的同时，确保电子合同不可篡改，向签约用户提供了一种高可信、高易用、高智能的数字化合同服务。“区块链＋电子签名”的模式共同为电子合同的真实性提供保障，为电子签约平台增加了电子签约服务信任度，提高了签约的履约概率，并且当签约双方出现商业纠纷时，可以为签约方提供可信证据。

区块链电子合同流程的标准化包括用户身份登记、签约身份认证、签约双方电子签

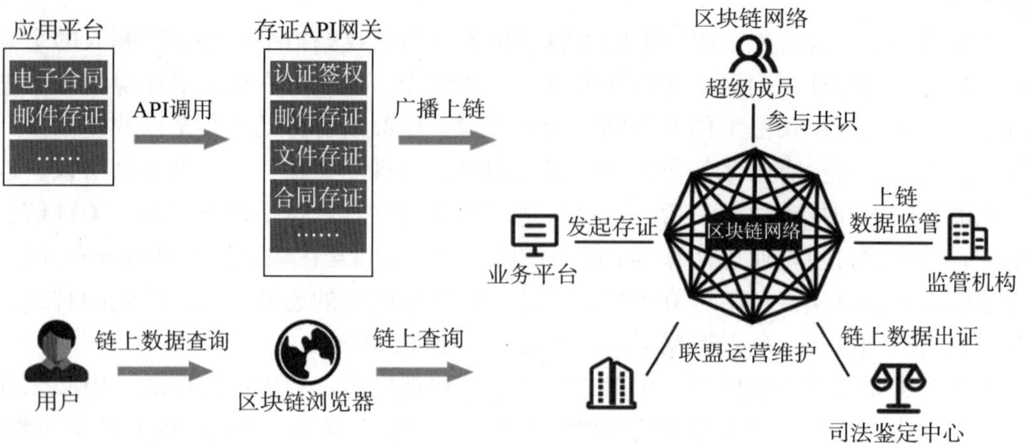

图 14-3 区块链电子合同平台示意图

资料来源：区块链司法存证应用白皮书（1.0版）. http://www.caict.ac.cn/kxyj/qwfb/bps/201906/P020190614499397999292.pdf.

名以及合同内容验证等多方面要求。区块链电子合同全流程应基于区块链存证，保障全流程记录、全链路可信及全节点见证。

保全网将用户操作日志及操作记录存储上链，实现从电子合同创建到合约执行的全流程记录。这些操作记录不仅完整反映了签约双方的操作轨迹，还能够为合同纠纷的解决提供有力支撑。

系统在生成电子合同后，会通过调用存证平台相应接口，将电子合同的关键信息存储至区块链网络。区块链中的节点成员以及其他第三方机构能够及时获取合同的存证状态，并确保合同的真实性和可验证性。同时，为保护合同中涉及的隐私问题，区块链电子合同使用加密算法对合同内容进行处理，防止未经授权的人员访问合同内容。

在去中心化的架构中，电子合同存证平台作为由多方共同维护的分布式数据库，通过密码学以及共识机制来保证链上数据的安全性和可靠性。不仅如此，区块链电子合同存证平台能够快速生成具有法律效力的电子合同签署证据链，无缝对接和处理合同中涉及的纠纷解决、仲裁机构裁决以及电子证据递送等问题。除此之外，司法鉴定机构可以依托此存证链，对电子证据进行鉴定并出具鉴定报告。为满足不同商业环境和用户的个性化需求，区块链电子合同平台还可以引入不同的数据安全隔离机制①，例如采取多链架构对竞争公司或不同个体数据进行分隔，确保各方的隐私与权益受到平等保护。在保障数据隐私性的同时，区块链电子合同还为多方参与的复杂合作场景提供了更加安全、可信的技术基础。②

案例点评

保全网为用户提供了区块链电子合同平台，用户可以在平台中创建电子合同，电子合同存储于保全网的区块链系统，利用区块链系统的不可篡改性为用户提供一种高可用

① 李霞. 区块链在司法存证中的应用研究. 华中科技大学，2019.

② 区块链司法存证应用白皮书（1.0版）. http://www.caict.ac.cn/kxyj/qwfb/bps/201906/P020190614499397999292.pdf.

的数字化电子合同服务。电子合同存证由多个可信司法机构共同维护，一旦出现合约纠纷，电子合同可以在区块链系统中快速流转，生成对应证据链，为司法鉴定机构提供可信的证据，防止电子合同内容在司法流程中被篡改，保护合约用户的基本权利并显著提高司法效率。

14.3　链上司法

14.3.1　场景简述

司法程序通常是以法院或其他司法机构为中心展开的一系列司法行为。链上司法是以区块链为底层技术的去中心化司法模式，其优势是可以在不依赖特定中央司法机构的情况下进行司法活动，这意味着司法活动的参与者可以在区块链上解决纠纷，从而尽量减少法院等传统司法机构中无关人员的参与，减少烦琐的环节，有效提高司法效率。

在区块链技术发展的初期，区块链更多作为电子存证的解决方案。随着人们对区块链技术的不断研究，其去中心化、可编程、可维护等特点被逐渐挖掘，并迎来了智能合约类司法区块链应用的诞生。

智能合约是部署在区块链节点虚拟环境中自动执行的程序，具有透明、可信等特点。智能合约作为第二代区块链的核心技术之一①，不再受限于分布式数据库的特性，其允许开发者利用特定的编程语言编写自动执行的程序。智能合约不依赖任何第三方环境就可实现价值交换，将法律与计算机技术结合。同时智能合约法律的提出确保了智能合约的法律地位，其规定了在现行法律体系下智能合约的执行以及代码规范。

在链上司法中，司法人员可以将审判规则或者程序写入智能合约。当发生纠纷时，纠纷双方向区块链中提交证据，智能合约根据证据自动执行审判，发布执行结果。智能合约具备封闭的属性，其执行结果不会被人的意志改变，应用在司法领域的智能合约在合约双方达成一定条件时，在区块链系统中自动执行司法判决。只有当出现智能合约无法处理的情况时，司法机构才会介入并解决纠纷。②

总的来说，链上司法将区块链不可篡改、可追溯的特性和智能合约自动执行等特点结合，实现了去中心化的司法流程，具有快速、高效、公平的特点。

14.3.2　痛点与需求

传统司法体系面临较多挑战，尤其是在案件办理效率以及司法执行等方面。在传统

① 区块链司法存证应用白皮书（1.0 版）. http://www.caict.ac.cn/kxyj/qwfb/bps/201906/P020190614499397999292.pdf.

② 陈洋宇. 区块链智能合约的立法考察途径. 法制博览，2022（6）：13－15.

司法流程中，证据的多方流转以及审核检验成本较高，案件多方协同工作困难。司法机关判决后的司法执行过程也面临较多阻碍，经常出现“老赖”拒不执行等司法执行问题。区块链技术的引用为司法行业提供了新思路。其分布式存储特性允许各机构快速核对电子证据，减少证据流转的时间和存储成本；链上智能合约能在满足特定条件时自动执行，有效提高判决执行效率。

传统司法执行会耗费大量成本，包括人力、物力以及时间等，并且需要多方机构协同执行，这为被执行人逃避判决带来了可乘之机。尤其是法院在完成判决与执行机构执行期间往往存在一定的时间差，这为被执行人提供了违法操作的机会，被执行人能趁此间隙实现资产转移或躲避执行。当前阶段，引入区块链技术有助于减少司法过程中的人为干扰因素，提高证据可信度，借助区块链的全节点见证实现证据内容的透明化与实时共享，依靠链上智能合约有效缩短判决与执行之间的时间差，提高司法执行效率。

14.3.3 区块链解决方案

1. 国际商事仲裁

近年来，跨境贸易纠纷事件不断增加，通过区块链技术解决贸易纠纷成为新的热点，区块链技术在提高国际商事仲裁效率的同时，也保证了国际仲裁进程的安全性。在区块链技术问世之前，仲裁信息的存储方式依赖于仲裁庭指定的仲裁员来处理。然而，传统文件传输在实际操作中由于第三方人员的介入会导致文件丢失或篡改等问题。区块链技术的去中心化特性及其数据公开透明性能够显著减少传统仲裁面临的合规问题。区块链仲裁系统会记录进入该系统的人员的相关信息，并留存其操作记录，确保系统内所有操作可溯源，从而提高仲裁过程的公平性。此外，通过智能合约的自动执行机制，系统能够预设合约条款并自动执行，减少人为干预，进一步提升仲裁效率，为国际跨境贸易纠纷提供新的解决方案。①

2017 年 7 月，德国 Datarella 公司推出了首个基于区块链的智能合约仲裁库 CodeLegit，旨在将区块链技术与法律程序融合。该仲裁库通过提供符合法律规定的智能合约，并内置争议解决功能，在纠纷发生时，自动触发相应的智能合约进行裁决。CodeLegit 依靠区块链开展国际商事仲裁，对跨境贸易双方明确相应的权利及义务，并根据贸易内容设计相应的智能合约。当一方存在违约情况时，另一方可以向区块链仲裁节点申请对事件进行仲裁。仲裁节点负责协调区块链与仲裁机构，节点将仲裁申请转发至贸易双方提前约定好的仲裁机构，触发仲裁流程并组建线上法庭。线上法庭根据约定条款解决双方纠纷，并且允许法庭在争议事件发生时借助可升级合约更新智能合约，或终止智能合约的执行。②

以智能合约技术为中心的自动化合约执行机制减少了人为参与贸易的程度，提高了跨地域解决贸易纠纷的效率。该机制允许贸易双方在贸易开始前进行充分的沟通，因此

---

① 康宁. 国际商事仲裁中的区块链应用与监管路径. 北京航空航天大学学报（社会科学版），2021，34（5）：45-46.

② 张林熙. 区块链技术在仲裁中的运用困境及克服. 网络安全技术与应用，2022（12）：102-104.

智能合约的执行是在充分尊重双方意愿的情况下进行的。国际贸易仲裁的智能合约具备可控性，贸易双方在一定条件下可终止智能合约的执行，也可以根据仲裁机构的判定更新智能合约的内容，以适应不同的贸易环境。

传统国际仲裁高度重视仲裁程序的保密性，仲裁程序中涉及的仲裁证据、仲裁裁决等信息仅对当事人披露。① 但随着《联合国国际贸易法委员会仲裁规则》的出台，国际仲裁庭审过程以及非涉密仲裁文件逐渐向社会开放。仲裁过程的公开将国家行为置于公众、媒体以及相关利益方的视野中，国家的行为不再局限于仅供仲裁庭和当事人了解②，而是开放给更广泛的群体，并且国际仲裁中任何不合理的行为或负面影响均会被公开留存。仲裁程序透明化为贸易双方带来了监督压力，在增加贸易强国在国际事务中的行为压力的同时，为弱国提供了更为公平的贸易环境。

案例点评

CodeLegit 作为首个基于区块链技术的智能合约仲裁平台，为用户提供了智能合约设计和仲裁服务。将贸易双方交易内容以智能合约的形式存储于区块链平台，当达到条件时，智能合约会自动执行，发生纠纷时则会立刻向约定好的仲裁机构发出申请。整个申请过程减少了人为参与以及跨地域交流等问题，减少了不必要的司法沟通成本，并且提高了司法效率，加快了仲裁速度。

2. 互联网仲裁

2017 年 10 月，微众银行联合广州仲裁委（作为仲裁机构）、杭州亦笔科技（作为存证机构）基于区块链技术打造了“仲裁链”平台。“仲裁链”运用加密算法对数据进行签名并存储于区块链中，借助智能合约生成证据记录账本，以满足证据存储可信要求。

该平台主要由三部分组成，分别是存证环节、取证环节、核证环节。在区块链节点发起存证请求前，节点会根据合约生效条件部署对应智能合约。业务数据经微众银行存证系统签名后存储至区块链系统，上链成功节点会通知存证机构及仲裁机构对数据进行签名确认。存证机构及仲裁机构收到通知后，取出链上数据进行核实并签名，完成整个存证流程。仲裁链的业务架构示意图如图 14 - 4 所示。

基于区块链系统防篡改、仅追加的特性，存证过程中的任何参与者都无法私自更改上链的数据。当系统用户需要从区块链系统中取证时，微众银行从仲裁链中搜集证据地址并提交给仲裁机构。仲裁机构对微众银行提供的数据进行解析，获取地址信息，并通过地址调取链上数据。仲裁机构在取证后，调用相关接口，判断证据内容是否满足证据生效条件。当发生仲裁业务时，仲裁链会核实用户的身份以及操作信息，在用户权限确认后，仲裁链根据相应仲裁规则出具仲裁裁决书。

仲裁链将不同的仲裁机构视作链内成员，允许仲裁机构与各节点共同参与存证过程。通过分布式共识机制，仲裁链能够实时同步证据信息，确保存证内容真实、透明且可追溯。相比于传统电子证据，链上证据具有可靠性和稳定性，能够减轻司法机构的证据核

---

① 张林熙. 区块链技术在仲裁中的运用困境及克服. 网络安全技术与应用，2022（12）：102 - 104.

② 顾华宁. 区块链推动仲裁革新. 中国对外贸易，2019（4）：34 - 35.

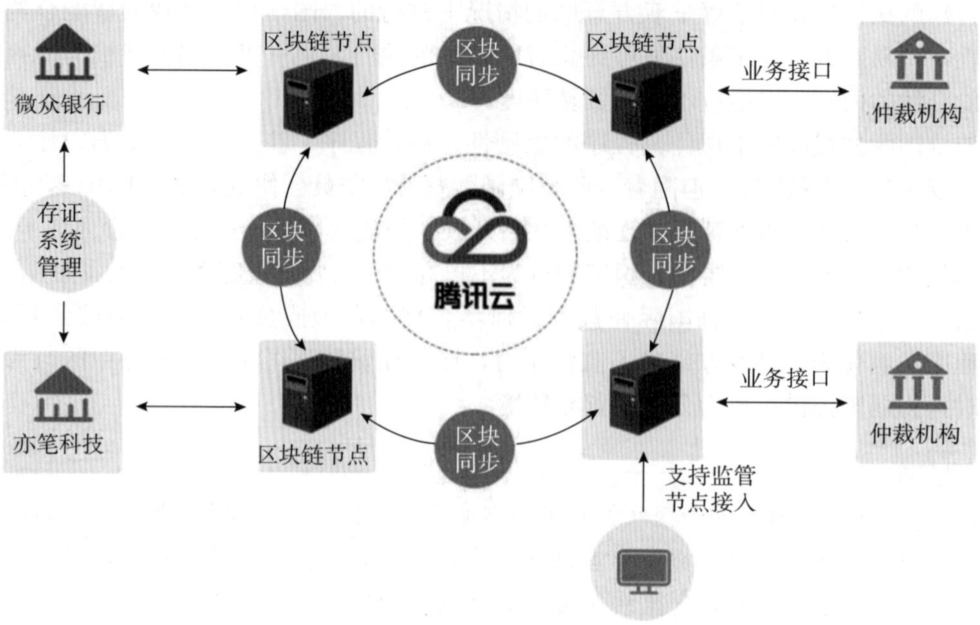

图 14-4 仲裁链业务架构示意图

资料来源：FISCO BCOS Doc. https://fisco-bcos-documentation.readthedocs.io/zh-cn/release-1.3/index.html.

对工作，提高司法纠纷的解决效率。而对于参与仲裁的当事人而言，仲裁链为用户提供了更高的安全性和隐私保护。用户提交的证据和信息都可以通过区块链进行加密存储和分布式管理，防止未经授权的篡改或泄露。同时，仲裁链还能有效减少纠纷处理中的烦琐流程和冗长等待，降低因诉讼或仲裁带来的经济成本和时间损失，维护其合法权益。

2019 年 8 月，广州互联网法院"网通法链"推出"互联网+区块链"，其中包括类案批量智审系统和"E 链智执"。① 当事人可以通过类案批量智审系统在线提交证据并立案。法院可以在线进行审查立案、类案排期、在线审判等程序，而"E 链智执"则可以借助"网通法链"的智慧信用生态系统自动化地执行裁判文书。

2019 年 10 月，杭州互联网法院推出"区块链智能合约司法应用"系统。该系统允许合同双方在线完成签约和履约，并利用区块链技术确保过程透明和可信，为合同签约与履行提供了保障。签约双方可以在系统中输入包括合约条款、条款执行规则、合约触发条件等事先协商好的内容，利用智能合约将合同的执行过程高度自动化，减少了传统合同管理中人为干预的可能性。在出现违约情况时，当事人无须经过传统司法程序中复杂的立案和诉讼流程，在链上就可以完成包括立案、审判和执行在内的全流程操作，提高司法效率。

案例点评

全国互联网法院通过仲裁链实现链上司法全过程。仲裁链存储了案件存证、取证、核证的全流程，并充分利用区块链不可篡改、可追溯的特性确保链上参与者无法私自更

① 杨锦帆. 基于区块链的纠纷解决机制研究. 陕西师范大学学报（哲学社会科学版），2021，50（4）：163-176.

改链上数据。仲裁链采取证据异步上链，防止给正常业务带来影响。仲裁链上有多个仲裁机构共同见证存证业务全流程，提高了仲裁可靠性，并且通过链上信息传递，链上仲裁降低了仲裁机构的时间成本，提高了司法效率，同时保护了个人合法权益并为民众快速解决了司法纠纷。

关键术语

司法公平性　　司法痛点　　电子存证　　去中心化　　不可篡改
链上存储　　智能合约

思考题

1. 司法场景下的痛点问题有哪些？分别是由什么原因造成的？

2. 基于区块链的存证系统依靠了区块链的哪种技术特点来实现？能否使用分布式数据库来提升证据存储的可信度？

3. 存储在链上的电子证据都是可信的吗？如何提高上链数据的可信度？

4. 除了区块链技术，还有什么手段可以解决司法痛点问题？

5. 如何设计一个区块链系统实现司法协同？该系统需要借助哪些技术手段？

6. 存储在区块链系统上的证据可以被所有人看到吗？是否需要设置一个访问控制机制管理证据？

7. 案例分析题：除本章介绍的司法领域的区块链应用外，请描述一个可以通过区块链技术解决的司法难题，包括应用场景、痛点与需求以及相应的区块链解决方案。

第 15 章

社会治理中的区块链应用

学习目标

1. 理解区块链赋能社会治理的核心价值。

2. 了解区块链技术在社会治理中的主要应用场景。

3. 掌握区块链技术如何解决电子政务、数字身份、市场监管场景中的痛点问题。

15.1　行业概述

15.1.1　行业现状

社会治理是指政府、社会组织、企事业单位、社区以及个人等多种主体通过平等的合作、对话、协商、沟通等方式，依法对社会事务、社会组织和社会生活进行引导和规范，最终实现公共利益最大化的过程。当前，我国已迈入社会主义现代化建设的新阶段，利用新技术实现社会治理的智能化，推动社会治理的精细化、法制化，对于我国取得新征程的胜利具有重要意义。

区块链技术的共识机制、信任机制、协调共享机制等特点，与我国基层社会治理视域下凝聚社会共识需求具有天然的互补性，对于推动社会治理体系的进一步发展具有建设性的作用，也得到了政府部门的广泛关注。习近平总书记在中央政治局第十八次集体学习时强调，要抓住区块链技术融合、功能拓展、产业细分的契机，发挥区块链在促进数据共享、优化业务流程、降低运营成本、提升协同效率、建设可信体系等方面的作用。

当前，不少国家已经将区块链技术应用于社会治理的多个领域。爱沙尼亚从 2008 年就开始探索区块链技术的应用，目前已将其用于司法、医疗卫生、网络安全、身份认证等 1 000 多种电子政务。迪拜则计划将所有政府服务都移到“链上”，建设由区块链技术驱动的政府。欧盟将区块链技术用于知识产权保护，进一步打击假冒伪劣产品。澳大利亚、俄罗斯、丹麦、泰国等应用区块链技术进行投票选举，改善投票流程，保证投票信息安全可靠。美国将区块链技术用于食品药品安全监管、患者数据共享、国土安全保护、政府信息加密、航空零部件跟踪等。墨西哥用区块链技术跟踪公共服务的招投标。格鲁吉亚将区块链用于土地注册。

中国也是较早展开区块链探索的国家之一，2019 年 10 月，习近平总书记在中央政治局第十八次集体学习时特别强调，要积极推动区块链技术在教育、就业、养老、精准脱贫、医疗健康、商品防伪、食品安全、公益、社会救助等领域的应用，给人民带来更好的政务服务体验。目前，杭州、贵阳、广州、河南、山西、上海和雄安新区等地都开展了政府区块链项目。2016 年，贵阳市人民政府新闻办公室发布了《贵阳区块链发展和应用》白皮书，制定了区块链发展规划。2017 年，雄安新区引入区块链技术构建全方位的监管体系，提高了政府透明度和办事效率，此后，又分别于 2018 年和 2019 年将区块链应用于居民租房管理和建设资金管理，确保了交易信息安全可信。未来，中国政府将主动探索更多的治理应用，利用区块链更好地推动国家治理、政府治理，用先进技术为人民服务。

15.1.2　区块链应用场景

区块链在社会治理中的主要应用场景包括电子政务、数字身份、市场监管等。

区块链应用于电子政务，有助于消解信息不对称困境，助力凝聚社会共识。基于区块链构建的电子政务平台可以加强各级党委和政府与社会各界的交流互动，进一步实现问政于民、问需于民、问计于民，快速发现社会治理中存在的突出问题，并发挥人民群众的监督作用，避免部门间出现推诿和拖延现象。比如，在近几年的新冠疫情防控中，一些地区的电子政务平台就通过网络留言、电子邮箱等方式收集整理舆情信息，并及时转交相关地区和部门处理，进一步提高了政府管理社会事务的效率和对社会风险的管控能力。

区块链应用于数字身份，可以有效解决传统数字身份中的数据分散和隐私安全问题，提高用户对自己数字身份的控制权和对自己数字资产的支配权，用户隐私得到了更进一步的保护。

区块链应用于市场监管，可以解决传统监管体系中各部门间数据缺乏流通、信息共享不足、监管效率低下、监管流程不透明的问题，利用电子签名、智能合约技术实现流转过程中的信息流与单据流一致且可追溯，降低监管难度，打造区块链各节点之间公正、公开、透明的营商环境。

15.2 电子政务

15.2.1 场景简述

不同组织对电子政务的定义不尽相同，联合国经济及社会理事会将其定义为政府通过信息通信技术手段的密集性和战略性应用组织公共管理的方式，以提高效率、增强政府的透明度、改善财政约束、改进公共政策的质量和决策的科学性，建立良好的政府之间、政府与社会、社区以及政府与公民之间的关系，提高公共服务的质量，赢得广泛的社会参与度。传统的政务形式受限于制度和技术因素，往往存在各部门间信息共享不足、政民互动不足、数据安全性低、社会信用体系不够完善的问题。相比传统政务，基于区块链的电子政务可以轻易实现数据跨部门共享和数据防篡改，有助于解决上述问题，打造一种全新的信用体系，促使社会的不同个体之间形成良好的合作与互动秩序，促进政府治理等各项活动的有序进行。

区块链技术在电子政务中的应用也得到了我国政府的广泛关注，2019 年 10 月中央政治局第十八次集体学习中，习近平总书记指出，要探索“区块链＋”在民生领域的运用，为人民群众提供更加智能、更加便捷、更加优质的公共服务，探索利用区块链数据共享模式，实现政务数据跨部门、跨区域共同维护和利用，促进业务协同办理，深化“最多跑一次”改革，为人民群众带来更好的政务服务体验。各级政府也积极贯彻落实习近平总书记的重要指示，加快推进区块链技术在政务服务中的应用，推动“互联网＋政务服务”由“信息服务”转型升级为“价值服务”和“信任服务”，有效赋能国家治理体系和治理能力现代化建设。

15.2.2 痛点与需求

在数据共享方面，传统的“互联网＋政务服务”虽然在一定程度上缓解了群众办事难、办事累的问题，但仍存在一些短板，如不同部门间存在信息壁垒、信息流通不畅、数据利用不充分等现象，导致政务服务的“最后一公里”问题仍未解决，人民群众“最多跑一次”及“一网通办”有待实现。

在政民互动方面，传统的电子政务平台受制于技术因素，在保密性、安全性、可靠性、言论自由等方面存在短板，一定程度上阻隔了政府与公众的沟通。因此，传统的电子政务平台迫切需要向高保密性、高安全性转型，确保政民互动在一个更安全、更便捷、更有效的环境中进行，解决上述信任危机，重塑政民的交流方式。

在数据安全性方面，确保政务数据完整、可信、确权、安全、隐私保护以及共享共治是构建数字政府体系架构的基础支撑。数据作为一种战略性基础资源，不仅是政府科学决策的前提，而且是其有效开展政务服务的基础。在社保和医疗等领域，相关部门可以使用区块链技术来确保公民数据的及时更新和安全保护，确保所有参与者都能访问单一的、不可更改的数据源。

在社会信用方面，目前各种失信行为，如商业欺诈、制假售假、偷逃骗税、虚报冒领、学术不端等现象仍屡禁不止，而这些问题也受制于现有社会信用体系的技术水平，因此需要一种全新的信用体系，该体系可以完整记录公众信用，并具有高度的安全性和不可篡改性，维持不同个体间的互动秩序。

15.2.3　区块链解决方案

1. 济南高新区“区块链＋政务服务”平台

为贯彻落实党中央、国务院深化“放管服”改革的重要指示，山东省推进了政务服务“一次办好”改革，旨在提升办事效率，增强企业和群众的办事满意度和获得感。此前，山东省传统政务服务主要存在三大难点：不同政务部门间网络交互难、数据共享难和业务协同难。这导致业务办理效率低、成本高、办理过程不透明，人民群众也因此面临多次跑腿、重复提交材料等问题。为解决上述问题，济南高新区建立了“区块链＋政务服务”平台，很好地支撑了政务服务“一次办好”改革，群众和企业的办事效率明显提高。

该平台由济南高新区管委会、山大地纬软件股份有限公司和山东大学联合打造，提出了“还数于民（企）”的新理念，并创新性提出了“政务数据上链＋个人链上授权＋链上可信流转＋全程追溯监管”的政务数据共享和业务协同模式。平台最终实现了数据跨部门、跨系统、跨业务的可信共享和各部门业务协同办理，支撑中国（山东）自由贸易试验区济南片区、济南高新区政务服务中心 500 多个事项全面实施“一窗受理一次办好”、107 个事项“不见面审批”和“秒批秒办”、50 个面向企业的“一件事”“一链办理”，在省内外 10 多个地市、高新区推广应用。

平台的具体建造流程大致如下：

第一步，建立区块链基本架构，围绕“数字政府”，打造“区块链＋政府服务”的联盟链；

第二步，群众和企业的基本信息上链，包括数字证照、数字凭据等；

第三步，为企业和群众开设加密数据资产账户，并实现数据（包括使用记录、授权记录等）的全程上链存证；

第四步，打通用户接口，用户可以通过“数字保险箱”应用查看自己的数字账户和资产信息，并授权使用，监管部门也可在其中实现全程监督。

平台架构如图 15－1 所示，自顶向下分别为业务应用层、业务支撑层、数据资源层和基础设施层，以群众眼中的“一件事”为主线，基本实现了全流程线上办理，并基于区块链的不可篡改性保证了数据的安全性，有效解决了人民群众和企业办事慢、办事难、办事累的问题，提升了企业和群众的满意度和获得感。

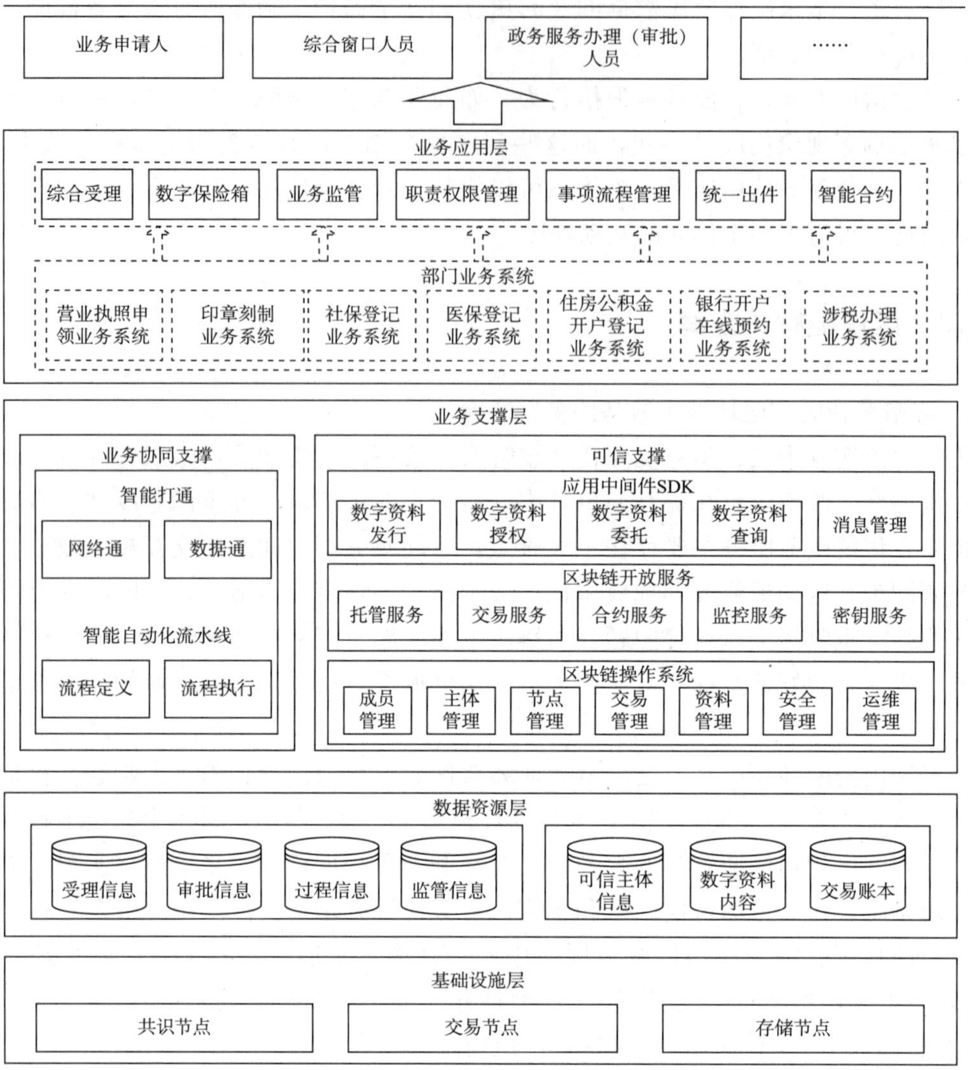

图 15-1 “区块链＋政务服务”平台架构

资料来源：www.chain1024.com/app/79.

案例点评

济南高新区“区块链＋政务服务”平台实现了500多个政务服务事项“一窗受理一次办好”，上线两年内人民群众的平均办理时间缩短31%，材料减少23%。平台解决了传统政务服务存在的不同政务部门间网络交互难、数据共享难、业务协同难、办理成本高、办理过程不透明的问题，实现了政务服务“一次办好”，群众和企业的办事效率明显提高，是区块链应用于电子政务的一次成功尝试。

2. 北京市“区块链＋不动产登记”

不动产登记是指经权利人或利害关系人申请，由国家专职部门将有关不动产物权及其变动事项记载于不动产登记簿。我国传统的不动产登记模式主要存在如下几个问题：

第一，我国从 2015 年才开始实施不动产登记制度，此前的数据分散在各个部门，数据整理难度较大；第二，没有全国统一的信息收集和存储模式，不同地区的数据标准和格式不完全一致；第三，不少地区的不动产抵押登记仍需人工审核产权证明，耗费时间和人力成本，且存在弄虚造假和信息泄露的风险；第四，登记于纸质材料上的信息阻碍了信息的流通共享。

上述问题也引起了政府的关注，各部门纷纷出台文件推动解决不动产登记耗时长、办理难的问题。2019 年 2 月，国务院办公厅下发《关于压缩不动产登记办理时间的通知》，要求通过跨部门数据共享推动信息共享集成机制，压缩登记企业和群众的办事时间。2020 年 5 月，自然资源部、国家税务总局、中国银保监会联合出台的《关于协同推进“互联网＋不动产登记”方便企业和群众办事的意见》也要求全国地级及以上城市和具备条件的县市尽快实现不动产登记信息的共享，推行线上统一申请、集中受理和自助查询，实现“数据多跑路，群众少跑路”。

由此可以看出，新的不动产登记信息管理体系要能够实现公众和企业的高效信息查询，同时实现不同部门间的信息共享。而区块链技术高效、不可篡改、可追溯和实时变更的特性使其具备了天然的优势。北京市探索结合区块链技术与不动产信息登记，于 2020 年 2 月上线了基于区块链技术的“互联网＋不动产登记”平台，并正式上线 7 个应用场景。这一平台由北京市规划和自然资源委员会、北京市住房和城乡建设委员会、国家税务总局北京市税务局和北京市城市管理委员会共同打造，极大地推动了数据的跨部门共享，提高不动产登记办理效率。

北京市“区块链＋不动产登记”上线的 7 个具体应用场景如表 15－1 所示，从企业间非住宅不动产交易登记、抵押登记智能审批和抵押注销登记智能审批，到一证办理夫妻间房屋转移登记、存量房交易登记一网通办流程优化，再到一网通办业务填报材料精简、不动产登记电子证照数据上链及应用推广，实现了不动产登记的多方位覆盖。

表 15－1　北京市“区块链＋不动产登记”具体应用场景

序号	场景	描述
1	企业间非住宅不动产交易登记	交易双方可通过网上服务平台填写登记和纳税业务信息，身份验证通过且网上预审通过后，预约具体时间，到不动产登记大厅办理，只需约半小时即可办理完成
2	抵押登记智能审批	利用 OCR 识别技术，系统审批辅助人工审批，审批完成后自动生成电子证照。申请人可直接在服务网点完成业务，银行或公积金部门可直接获取电子证照，实现“凭证照放贷”
3	抵押注销登记智能审批	信息系统进行自动审批、自动登簿，不通过的转为人工审批。申请人同样可以在服务网点完成业务
4	一证办理夫妻间房屋转移登记	夫妻双方可通过网上服务平台填写登记业务信息，身份验证通过且网上预审通过后，预约具体时间，双方仅凭身份证到现场办理即可
5	存量房交易登记一网通办流程优化	流程优化后，申请人现场核验时，不再需要提交契税完税证明。申请人如果现场缴税，登记人员进行税费代征；如果网上缴税，登记部门从区块链平台获取缴税结果

续表

序号	场景	描述
6	一网通办业务填报材料精简	精简了申请人的填报材料。特定申请人（如北京市户籍人员）不用上传身份证照片，平台可通过数据共享自动获取
7	不动产登记电子证照数据上链及应用推广	申请人到电力、燃气等部门进行过户业务办理时，不需携带纸质不动产权证书，直接在手机端出示电子证照即可。此外，申请存量房补录业务的可登录网上服务平台进行办理，无须再到大厅办理

资料来源：https://ghzrzyw.beijing.gov.cn/zhengwuxinxi/zcwj/gfxwj/202409/t20240911_3864642.html.

联盟链上各部门进行上链存证以及共享的数据类型主要包括以下三类：第一类是不同部门各自负责的数据，如住建部门的房屋交易合同信息、税务部门的缴税信息、水电部门的缴费信息等，其上链存证有助于不同部门间的数据流通，打破信息壁垒；第二类是基于不动产登记的电子证照信息，居民在购房后往往需要办理电力、燃气、有线电视等过户，都需要不动产权证书这一重要的证明材料，将其以电子证照的形式存储在链中就有效避免了纸质材料存在的携带不方便、容易丢失等问题，方便了企业和个人的业务办理，也提高了市政管委部门的查验效率；第三类是各节点间的数据共享过程，即数据的产生、流通、授权、使用过程上链，实现信息全程可追溯，有助于防止信息滥用和信息泄露，保证信息安全可信。

相较于传统的不动产登记制度，"区块链＋不动产登记"主要有以下优势：一是通过信息共享改善了现有的不动产登记耗时长、办理慢的问题，提高了居民和企业的办事效率；二是节约了交易双方的信任成本，去中心化的共享方式降低了传统的不动产交易中对各种中介机构的依赖，为购房人节省了相应的费用或佣金；三是保证了登记信息的真实可信，链上的不动产信息都带有时间戳，使得信息难以篡改，从而有助于避免相关部门出现虚假登记、违规融资等腐败行为，助力营造良好的政务服务环境。

案例点评

北京市"区块链＋不动产登记"实现了不动产登记7个具体应用场景的精简化办理，相较于传统的不动产登记，解决了数据分散、数据标准不统一、数据流通难度大、人工审核耗时长且可靠性低的问题，提高了居民和企业的办事效率，避免了相关部门违规审核，有助于营造良好的政务服务环境。

15.3 数字身份

15.3.1 场景简述

世界银行将数字身份定义为通过电子化手段捕获与存储的描述个人独特身份属性的数据集合，用来判断身份主体能否在特定场合中参与电子交易等相关事务。世界经济论坛认为，伴随第四次工业革命的到来，更多交易都以数字方式进行，个人身份的数字化表示变得越来越重要，尤其当实体需要创建或认证身份以实现资源流动的目的时，一种能够被认可的数字身份形式对身份主体来说就具有非常重要的内在价值，并预测数字身份革命即将到来。

数字身份的建设也引起了我国相关部门的广泛关注，在“2020 可信区块链峰会”上，由公安部第一研究所、中国信通院、北京中盾安信科技发展有限公司牵头编写的《基于可信数字身份的区块链应用服务白皮书》正式发布。正如白皮书中所说：“可信数字身份是链上和链下的桥梁，是区块链走向合规监管的桥梁。可以说，区块链的健康发展，离不开可信数字身份的支撑。”

在数字身份的应用上，国内外政府和企业组织都展开了积极探索，旨在尽可能挖掘数字身份的应用价值并规避数字身份带来的风险。例如，欧盟在法律层面推出了《电子身份识别和信托服务条例》（Electronic IDentification and Authentication Services，eIDAS）以及与之配套的《通用数据保护条例》（General Data Protection Regulation，GDPR），旨在实现欧盟各成员国之间数字身份的实际互认，积极引导数字身份相关的创新实践。2020 年 3 月，由多国成立且中国为成员国之一的反洗钱金融行动特别工作组（Financial Action Task Force on Money Laundering）发布了《数字身份监管指引》，旨在规范全球数字身份的应用，降低因数字身份系统引发的洗钱风险。

15.3.2　痛点与需求

当前的数字身份管理系统主要存在如下问题：一是“数据孤岛”问题，用户的数字身份信息往往存在于不同部门、不同行业、不同企业中，各单位间的系统未实现互联互通，仍处于隔离状态，导致不同系统之间相互认证的流程复杂，难以进行一致性协同管理，身份提供者往往需要重复认证，跨域认证效率低；二是隐私安全问题，随着各大网络平台身份基本实现实名化，平台掌握了用户越来越多的数字身份信息，用户隐私泄露的风险有增无减，不论是平台对用户信息的肆意收集、存储、传输、买卖，还是来自外部的恶意攻击，都有可能导致信息的大规模泄露，严重威胁用户的隐私和相关利益，而为了避免此类事件的发生，平台也不得不承担高昂的维护费用。

因此，当前数字身份领域迫切需要一个新的解决方案，该方案应能够在实现数据共享的同时保障用户隐私。

15.3.3　区块链解决方案

1. 腾讯云 TDID

腾讯云分布式身份（Tencent Cloud Decentralized Identity，TDID）构建于腾讯云区块链服务平台（TBaaS）之上，是一套数字身份基础服务，可为跨系统、跨机构的可信数字身份和数据交换提供支持。简单来说，用户办理业务时往往需要大量的身份证明，如在办理入职时需要学位证明、技能资格证书、就业证、离职证明、银行薪资流水、健康体检报告、住房证明、亲属关系证明等，过去用户为了集齐资料，往往需要奔波于各个机构之间等待开具证明，而现在各机构可通过 TDID 管理身份和颁发凭证，用户在应用端授权后便可轻松实现身份验证，全程线上办理，省时省力。

具体而言，TDID 基于区块链技术，提供了一种分布式生成、持有和验证身份标识符 DID（decentralized identifiers）和承载身份数据的凭证 VC（verifiable credentials）的机制。也就是说，对于人、物、机构等各种实体，TDID 都能产生全局唯一的加密标识符，并在需要时进行第三方远程验证。

TDID 的具体架构如图 15－2 所示。

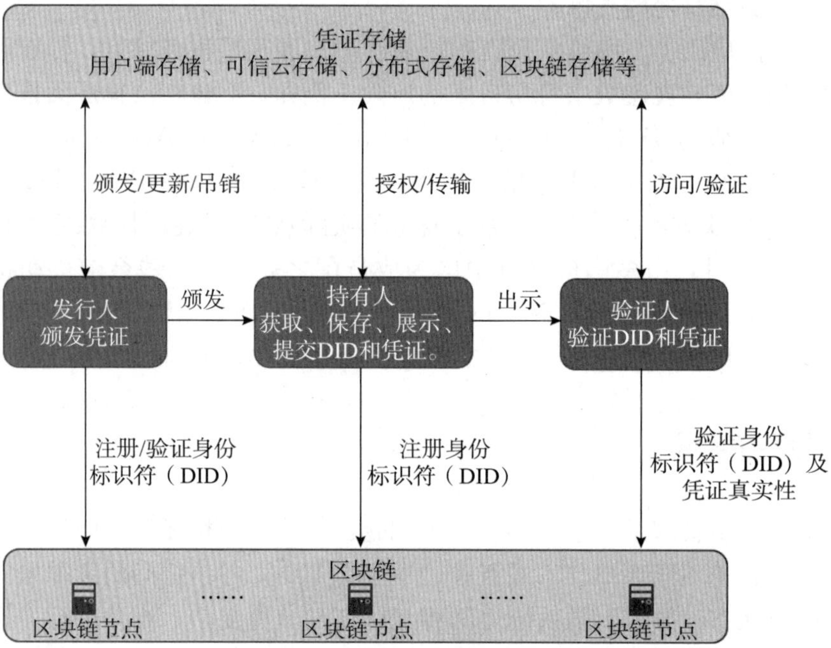

图 15－2　TDID 架构

资料来源：https://cloud.tencent.com/document/product/1439/56197.

在基础层，用户身份以节点的形式存储于区块链中，TDID 目前已经可以适配多种主流区块链底层网络，如长安链、FISCO BCOS、Fabric 等，且数据可移植至遵循同样规范的其他平台。未来 TDID 还将提供更多功能，覆盖更广泛的网络。

在系统层，TDID 为发行人、持有人和验证人构建了简单、易用的数字身份服务系统。首先，发行人和持有人注册身份标识符（DID）进行上链操作，在之后的凭证颁发环节，发行人在获得持有人的授权后验证持有人身份，验证通过后即可颁发、更新或吊销身份凭证，持有人收到凭证后可以对凭证信息进行选择性披露。在身份验证环节，验证人可以验证持有人的身份标识符（DID），并在获权访问凭证后对其真实性进行验证，无须对接发行人系统，依靠区块链服务即可独立、高效地验证身份的真实性。

在凭证存储层，对用户的数字凭证进行多形式存储，包括用户端存储、可信云存储、分布式存储、区块链存储，充分保障数据的安全可靠。此外，用户可以自主选择存储位置、自主管理或托管、将信息最小化或者选择性地披露给其他实体，保证用户身份安全。

目前，TDID 已经应用于政务、教育、医疗、供应链金融等领域。以教育为例，为解决教育背景不透明、教育资源分配不均等问题，TDID 给出了如图 15－3 所示的解决方案。用户的学历证明、学分证明、培训证明等存储于 TDID，用人单位可以直接从链上获取，也降低了监管机构的监管难度，为多方提供了安全可信的数据共享，实现了跨行业参与与权责认定。

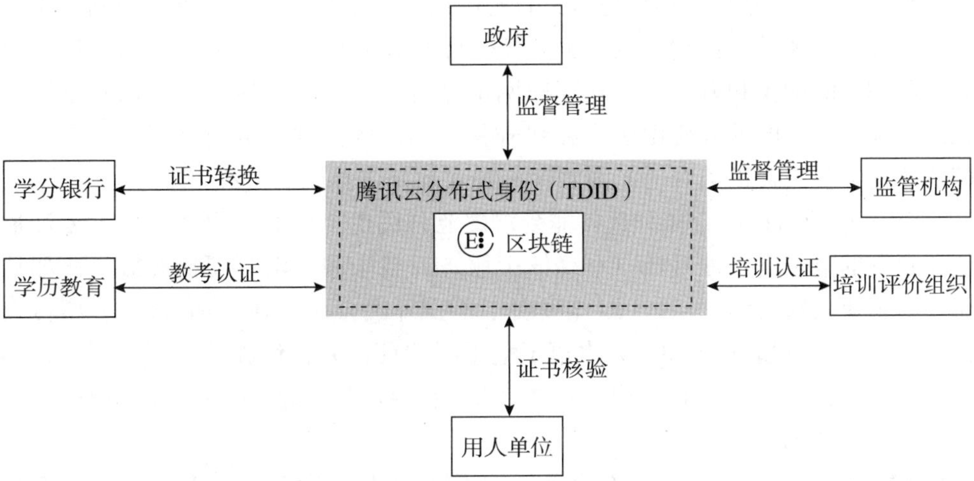

图 15－3　TDID 应用于教育领域的方案架构

资料来源：https://cloud.tencent.com/product/tdid.

相比传统的身份认证模式，TDID 为跨系统、跨机构、跨地域的数据交换和身份识别提供了新的可信基础设施，构建了可信数据流转通道，保证了用户的数据和隐私安全。

案例点评

TDID 为跨系统、跨机构的可信数字身份和数据交换提供了支持，用户无须奔波于各个机构之间等待开具身份证明，可以直接通过 TDID 线上管理身份和凭证。作为一套数字身份基础服务，TDID 已应用于政务、教育、医疗等多个领域，为实现政务一网通办、教育背景调查、医疗数据互联互通等提供了有力帮助。

2. 爱沙尼亚“e-Residency”项目

爱沙尼亚作为一个东欧国家，虽然只有 130 多万人口，但其人工智能、区块链、大数据等数字技术均处于世界前沿，享有“波罗的海硅谷”的美誉。爱沙尼亚是最先探索区块链技术应用的国家之一，也是世界上第一个在区块链上建立数字公民身份的国家，如今已经成为数字政府建设最先进的国家之一。

1999 年，爱沙尼亚提出了一个数字政府建设计划——e-Estonia，即“爱沙尼亚数字国家计划”，其目标是重建整个国家的基础设施和公共服务，将物理世界的一切上升至数字空间。在区块链诞生后，爱沙尼亚决定把所有的公共服务搬上链，目前，爱沙尼亚已经将所有公民的档案记录数字化。而在整个 e-Estonia 中，e-Residency 项目是其中的一大支柱。

爱沙尼亚在 2007 年受到网络攻击后，开始在政府的支持下发展基于区块链的 e-Residency项目，旨在为全球每个有意向的用户都提供一个值得信赖的欧盟公民身份，从而帮助投资者创建和运行全球业务，以促进爱沙尼亚公共和私营部门的商业活动。该项目于 2014 正式上线，如今，爱沙尼亚当地人自出生起便拥有两个身份：一个是类似身份证的传统 ID，另一个就是数字身份。数字身份其实是一个加密的数字 ID，可以通过多组数字密码来对应不同场景下的使用登记，它可以是 IC 芯片公民卡，也可以是集成个人信用信息的手机卡、信用卡。数字身份可以用于服务公民在生活中各方面的需求，如网络投票、报税、申请社会福利、银行服务等。目前该国 99.6%的银行交易可以通过电子银行完成，98%的纳税和海关申报在互联网上进行，97%的爱沙尼亚人拥有全国通用的电子就诊记录，98%的处方药由医生在线开具，99%的公共服务可在线。未来，爱沙尼亚政府还计划为公民提供免费的基因测序，建立起基于基因的公民 ID。①

e-Residency 项目面向全球开放，非爱沙尼亚公民也可以通过申请获得由爱沙尼亚政府认证和颁发的电子身份证号码，享受线上服务。整个服务流程便捷高效，比如从申请到注册一个企业只需要 18 分钟，因此吸引了不少外国公民。在 e-Residency 项目投入使用的 5 年之内，已有超过 64 000 人申请了电子居住证，并在世界各地开办了 1 万多家公司。不少知名人物，如德国前总理默克尔、法国总统马克龙、日本前首相安倍晋三等，也是该国的数字公民。

在技术实现上，e-Residency 依赖于三大不同的数字系统：e-ID、X-Road 和 KSI 区块链。

e-ID 是指电子身份证件，即数字身份服务，其中包括用于访问数字服务的基于电子身份证的系统。

X-Road 是一种开源数据交换层解决方案，以安全的方式在公共机构之间交换信息，并允许数据不仅在内部而且在国家之间自动交换。X-Road 打通了爱沙尼亚、芬兰、瑞典等国家的数百个不同的政府部门、银行机构，实现了跨国家、跨部门的信息共享。X-Road 的具体架构如图 15－4 所示，本质是大数据共享的联盟链，其中心由爱沙尼亚信息系统管理局维护，中心接受新成员，颁发访问所需的凭据，并监控实际使用中的每个交互流程，避免数据伪造和信息泄露。

而 e-ID 和 X-Road 的安全性保障都离不开 KSI 区块链，KSI 区块链是一种无密钥签名基础设施，用于保证用户的注册、身份、交易和数据隐私的完整性和安全性。KSI 通过区块链底层的数学方式验证所有的线上活动，个人无须系统管理者、密钥或政府人员等第三方的参与就可以验证记录的真实性，从而降低了政府的管理成本，提高了验证效率，也确保了活动的透明化与安全性，真正实现了 e-Estonia 官网首页所说的——“在 KSI 之下，历史无法重写”。

基于区块链的 e-Residency 为身份信息的存储和授权提供了更可靠的解决方案，得益于该项目，爱沙尼亚的每个公民可以检查政府记录的完整性，避免某些用户或政府管理者在背后篡改政府网站或个人数据，从而实现每个公民对政府高效透明的监督。② 然而，

① 砺之. 区块链赋能社会治理的海外实例. 群众，2019（24）：66－68.

② Khan S N，Shael M，Majdalawieh M. Blockchain technology as a support infrastructure in E-Government evolution at Dubai economic department. Proceedings of the 1st International Electronics Communication Conference，2019：124－130.

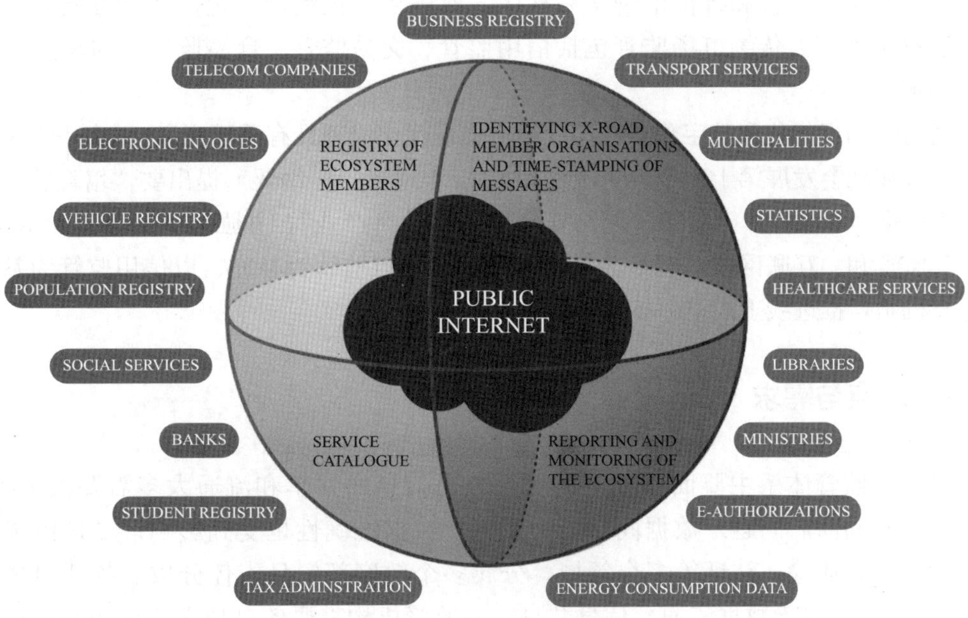

图 15-4 X-Road 具体架构

资料来源：https://x-road.global/x-road-technology-overview.

由于爱沙尼亚的电子居留权申请人的身份认证过于简单，只要求一个身份凭证，如护照或公民身份证，不符合反洗钱/反恐融资要求所设定的国际标准，因此，e-Residency可能导致犯罪和欺诈的风险逐渐引起了人们的关注，这也是未来 e-Residency 进一步完善的发展方向。①

案例点评

爱沙尼亚的 e-Residency 项目为该国每位公民都分配了一个电子身份，并据此实现了绝大部分服务的线上办理，包括 99.6%的银行交易、98%的纳税和海关申报以及 97%的电子就诊等，计划的对外开放也使得爱沙尼亚成为更活跃的商业市场。相较于传统数字身份，e-Residency 利用区块链技术保证了用户的数据安全并促进了数据共享，是“区块链+数字身份”的一次大胆尝试。

15.4 市场监管

15.4.1 场景简述

市场监管是以政府为核心的公权力主体依据法律、政策、规章、规则等，对正在损害或者潜在可能破坏市场秩序、损害社会整体利益的行为、主体等进行规制、引导、处

① Sullivan C, Burger E. E-residency and blockchain. Computer Law & Security Review, 2017, 33 (4): 470-481.

罚等，目的是保护产权和维护市场交易秩序，促进社会福利最大化，并尽可能公平地配置资源和分配财富。传统市场监管包括信用监管、交易监管、食品监管、知识产权监管等多个领域。

市场监管的现代化和数字化对我国社会主义现代化治理具有重要意义。《中华人民共和国国民经济和社会发展第十四个五年规划和 2035 年远景目标纲要》提出要“培育壮大人工智能、大数据、区块链、云计算、网络安全等新兴数字产业”，并强调“健全以‘双随机、一公开’监管和‘互联网＋监管’为基本手段、以重点监管为补充、以信用监管为基础的新型监管机制，推进线上线下一体化监管”。

15.4.2 痛点与需求

传统市场监管体系主要面临如下问题：一是信息的共享和流通大多需要人工报送，客观上存在时间滞后问题，数据同步能力受限，数据准确性也受到影响；二是传统市场监管包含工商、质检、认证等多个领域，分属多个政府部门且责任分散，各部门之间形成“数据孤岛”，缺乏数据流通、信息共享，各监管机构需要各自独立验证相同数据，导致监管效率降低；三是监管流程不透明，资金、食品、药品等存在流通路径冗长、流通环节复杂等问题，容易出现造假等现象，且由于监管流程不透明，监管难度也较大。

由此看出，市场监管要想解决上述问题、提升监管效率，需要对组织流程进行再造，破除条块壁垒和烦琐程序，实现全过程、全覆盖监管，实现信息跨边界、跨范围、跨隶属的共享，实现整体流程的透明可追溯，打造公正、公开、透明的营商环境。

而区块链技术作为由多个主体参与的分布式数据系统，具备分布式、透明、可追溯、防篡改、无需信任等特性，为提升监管效能提供了新的可能。区块链技术有助于实现全过程监管、全覆盖监管，突破原有体制分割。将区块链的去中心、分布式记账与市场监管融合，有助于化解监管权力条块分割形成的“数据孤岛”。[①]

15.4.3 区块链解决方案

1. 雄安区块链资金管理平台

2017 年 4 月 1 日，中共中央、国务院决定设立河北雄安新区，成为继深圳经济特区和上海浦东新区之后又一具有全国意义的新区，是以数字经济、数字社会和数字治理作为支柱的数字城市，也是全国区块链技术应用的前沿城市。目前，雄安新区已有多项区块链政务应用投入建设，包括在工程建设招标中引入区块链、“千年秀林”项目、区块链租房应用平台、基于区块链技术的智慧垃圾收集器、居民生成清洁能源并上链管理、个人积分系统、雄安征拆迁安置资金管理区块链平台、雄安区块链资金管理平台、“区块链-供应链”融资业务等。其服务主体包括政府机构、居民和企业，业务类型覆盖监管追溯、数据存证、电子政务等多个领域。

---

① 吴培钦. 区块链技术推动市场监管“链式”治理研究. 价格理论与实践，2021（5）：169－172.

其中，雄安区块链资金管理平台是由中国雄安集团推出的国内首个基于区块链技术的项目集成管理系统，从 2020 年 1 月开始建设，于 2020 年 9 月正式上线使用，具有合同管理、履约管理、资金支付等功能。该资金管理平台实现了对财政资金拨付、资金流转的全链路可追溯，将单方管理变为可视化的多方管理。

传统的工程资金拨付链路如图 15－5 所示，在传统的管理模式下，监管部门通常只能根据建设单位提报的项目进度、产值拨付资金进行监管，至于资金拨付到建设公司后的具体流向、用途等，缺乏有效的信息获取渠道，也缺乏责任追溯手段，因此建设单位项目层层转包、资金挪用、工资拖欠等问题屡禁不止，为工程质量安全埋下了隐患。

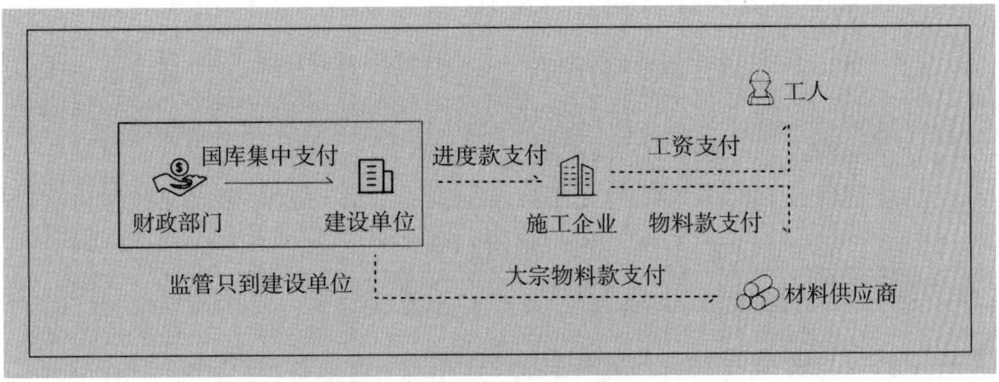

图 15－5 传统的工程资金拨付链路

资料来源：https://mp.weixin.qq.com/s/3Y0tJmgWmzqhUe5YxCa5Dw.

为解决上述问题，趣链科技与中国建设银行合作，为雄安新区搭建了基于区块链的建设资金监管系统。截至 2020 年末，系统已接入 4 家银行，在单个试点项目上监管触达金额规模超过 10 亿元。后续系统将逐步接入 20 余家银行，监管触达金额规模将达上百亿元。

在功能实现上，雄安区块链资金管理平台的功能主要包括如下三方面：一是“资金拨付监管”服务，平台将企业与总包商之间、总包商与分包商之间、分包商与施工人员之间的所有合同都上链，然后基于区块链的智能合约技术确认付款路径，从而实现一键式、穿透式付款，减少资金闲置和拨付途中的滞留环节，有效避免劳务拖欠、违规分包、转包及项目资金挪用的问题，保证资金精准发放、高效合规，平台的区块链穿透式资金拨付链路如图 15－6 所示；二是“项目资金支付”服务，平台与多家银行实现银企对接，中标企业上链后可通过平台直接实现项目资金的在线支付；三是“在线融资”服务，在项目招投标阶段、施工阶段和建设阶段，为项目供应链上下游各类企业提供新的融资渠道和优质的融资贷款、投资理财服务，解决中小企业融资难、融资贵的问题，目前该平台已成功实现金融系统内首例完全基于区块链增信的小微企业融资授信案例。

雄安区块链资金管理平台真正实现了资金的全流程穿透式管理，实现了监管部门、项目参与企业、项目参与个体的多方共赢。对监管部门而言，降低了监管和问题追溯的

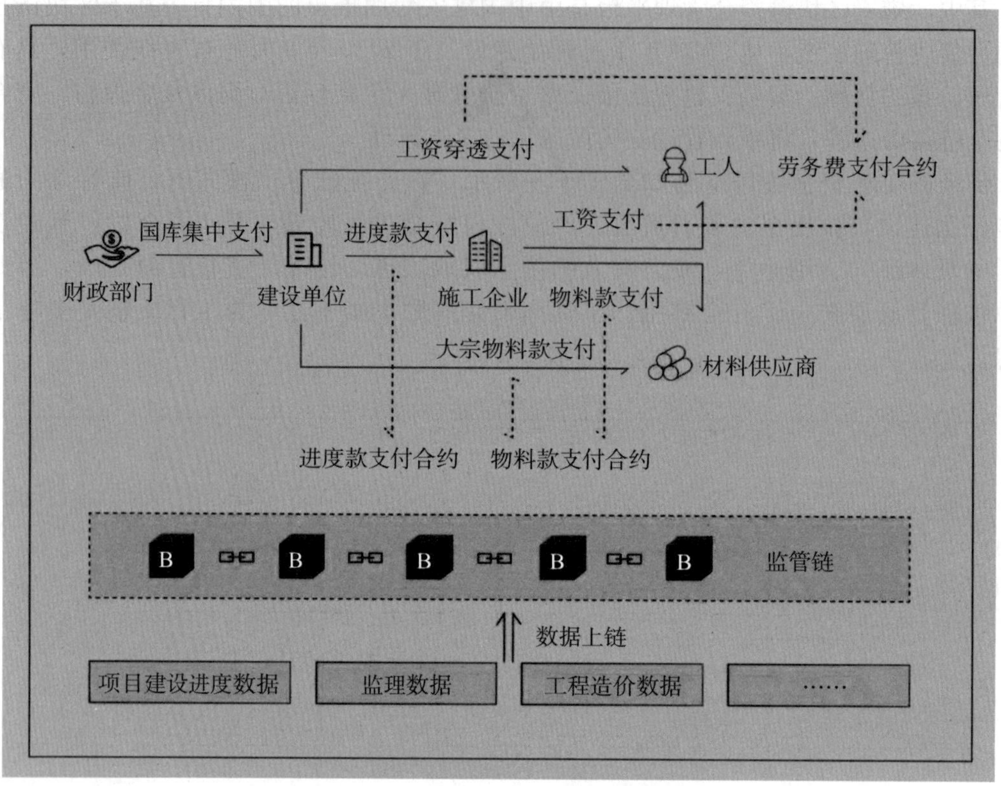

图 15-6 区块链穿透式资金拨付链路

资料来源：https://mp.weixin.qq.com/s/3Y0tJmgWmzqhUe5YxCa5Dw.

难度。对项目参与企业而言，获得了更多元的融资渠道和更可靠的融资策略。对项目参与个体而言，避免了被拖欠劳务费，维护了自身权益。正如中国雄安集团区块链技术负责人所说："雄安区块链实现了人与人之间的信任，是下一代互联网发展的里程碑技术，我相信雄安新区是区块链技术应用最佳的场所，可以按照最新的科技理念进行前瞻性的设计，它必将对雄安新区的未来产生深远的影响。"

案例点评

雄安区块链资金管理平台是国内首个基于区块链技术的项目集成管理系统，具有资金拨付监管、项目资金支付、在线融资等功能。平台实现了对财政资金拨付、资金流转的全链路可追溯，从而避免了传统工程建设中常出现的项目层层转包、资金挪用、工资拖欠等问题，保证了工程质量，有助于营造良好的工程环境。

2. 华为区块链危化品溯源平台

为深化贯彻落实习近平总书记关于"深入实施工业互联网创新发展战略""提升应急管理体系和能力现代化""从根本上消除事故隐患"的重要指示精神，国家有关部门发布了《"工业互联网＋安全生产"行动计划（2021—2023 年）》，并修订了《中华人民共和国安全生产法》，推进了新一代信息技术和危险化学品安全生产深度融合，构建了"工业互联网＋危化安全生产"技术体系和应用生态系统，提升了安全生产风险感知评估、监测预警和响应处置能力，强化了安全生产能力，为促进企业和监管部门安全管理数字化转型赋能。

然而，传统的危化品监管仍面临如下问题：一是危化品运输需要对资质进行层层审批，但多个部门间信息壁垒严重，申请人往往需要辗转于多个机构，费时费力，效率低且成本高；二是目前的资质证明多以纸质材料为主，容易出现造假、冒用、违规审批等行为，为运输埋下安全隐患；三是在危化品的运输过程中缺乏足够的信息记录，运输和交易过程不明朗，违规信息容易被掩盖或造假，事故发生后难以确定责任，加大了监管难度和监管成本。

为解决资质审查效率低、成本高以及资质证书容易造假的问题，华为区块链危化品溯源平台基于区块链技术提供了危化品登记管理服务，整体架构如图 15－7 所示。该方案为危化品分配唯一标识码，实现"一物一码""一车一码"，同时将危化品的相关信息上链，包括企业信息、数量、质量、关联危化品信息和包装信息等。此外，推出链上资质证明，资质证明的颁发和审查均可在链上进行，由质监局、交通运输局、公安局、环保局多部门共同监督，避免了资质造假、违规审批等情况的发生，在事故发生后也便于应急管理局迅速知悉具体情况，及时采取救援。

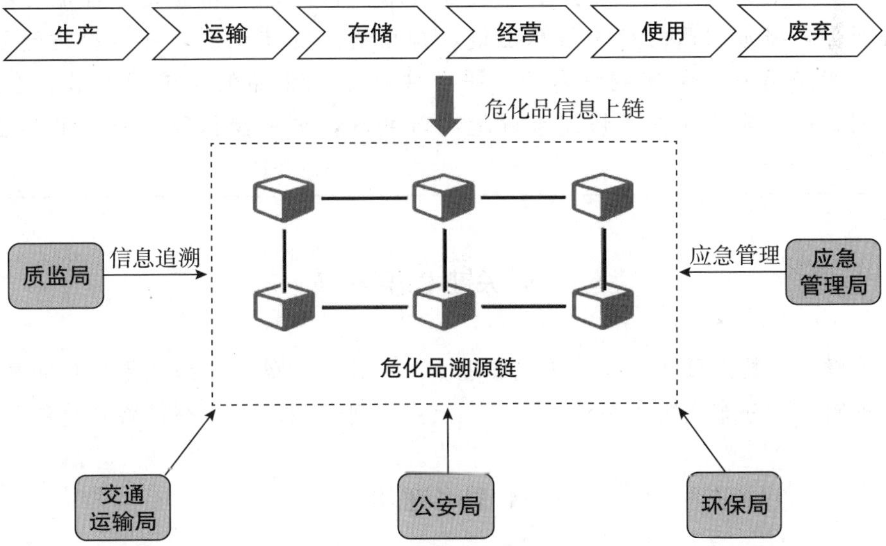

图 15－7　危化品登记管理服务架构

资料来源：https://www.huaweicloud.com/solution/blockchain/hazardous-chemicals.html.

为解决运输过程不透明、监管困难的问题，平台基于危化品等级管理服务提供了危化品运输管理服务，以汽油运输为例，其溯源链如图 15－8 所示。在汽油运输过程中对危化品进行跟踪，监控其定位信息、车牌信息、装卸载信息等。在汽油出入库过程中，对危化品信息实施确认，包括企业信息、仓库信息、入库还是出库等，由接收双方确认上报，确保信息与真实情况相符。通过交易过程的全部链上同步，平台和各部门可实时检测运输异常，实现危化品运输过程中的全流程跟踪以及全量监管，极大地降低了监管难度，保证了运输安全。

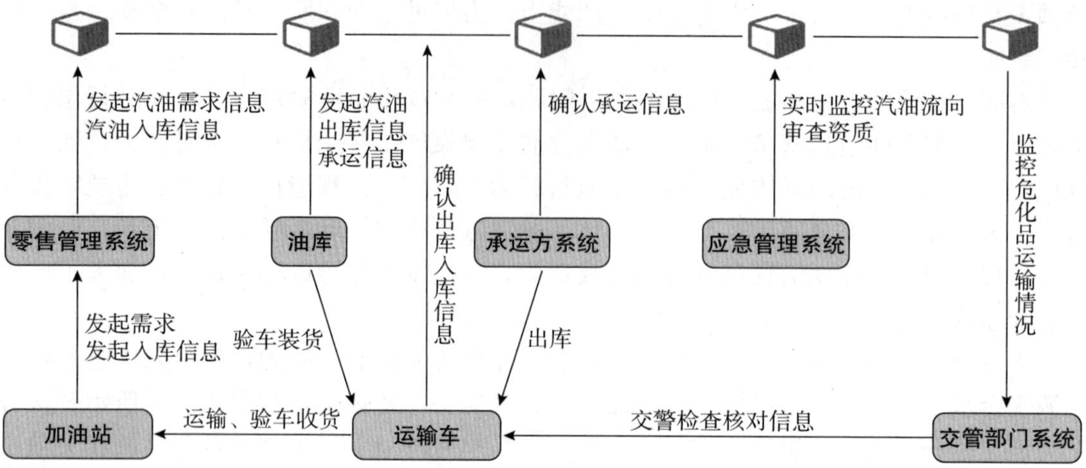

图 15－8　危化品溯源链

资料来源：https://www.huaweicloud.com/solution/blockchain/hazardous-chemicals.html.

案例点评

华为区块链危化品溯源平台基于区块链技术提供了危化品登记管理服务和危化品运输管理服务，将危化品的相关信息上链，推出链上资质证明，并监控运输过程中的定位信息、车牌信息、装卸载信息等。平台实现了危化品的全流程监管、全量监管、多部门协同监管，实现了信息快速准确地实时共享，进一步保障了危化品运输过程的安全可控。

关键术语

数字政府　数据孤岛　穿透式管理　一体化监管　跨边界信息共享
共识机制　分布式账本系统　不可篡改　全链路可追溯“上链”

思考题

1. 区块链技术具有什么特点？区块链赋能社会治理的核心价值是什么？

2. 区块链可以从哪些应用场景支撑社会治理的现代化转型？这些场景的痛点和需求分别是什么？

3. 区块链技术如何解决传统电子政务、数字身份、市场监管场景中的痛点问题？其在不同场景中的应用模式及发挥的作用有何异同？

4. 社会治理覆盖人群广、涉及事项多，对技术的稳定性、可靠性、安全性都提出了高要求，目前区块链技术在社会治理的应用中还面临什么挑战？

5. 案例分析题：除本章介绍的社会治理领域的区块链应用外，请再描述一个可以应用区块链技术的社会治理应用，包括应用场景、痛点与需求以及相应的区块链解决方案。

图书在版编目（CIP）数据

区块链：技术与应用/杜玮，陈润宇，许伟编著. 北京：中国人民大学出版社，2025. 1. --（新编 21 世纪数据科学与大数据技术系列教材）. -- ISBN 978-7-300-33409-7

Ⅰ. TP311. 135. 9

中国国家版本馆 CIP 数据核字第 2024FT6695 号

新编 21 世纪数据科学与大数据技术系列教材

区块链：技术与应用

杜　玮　陈润宇　许　伟　编著

Qukuailian Jishu yu Yingyong

出版发行	中国人民大学出版社		
社　　址	北京中关村大街 31 号	**邮政编码**	100080
电　　话	010－62511242（总编室）		010－62511770（质管部）
	010－82501766（邮购部）		010－62514148（门市部）
	010－62515195（发行公司）		010－62515275（盗版举报）
网　　址	http://www. crup. com. cn		
经　　销	新华书店		
印　　刷	北京市鑫霸印务有限公司		
开　　本	787 mm×1092 mm　1/16	**版　　次**	2025 年 1 月第 1 版
印　　张	17. 5 插页 1	**印　　次**	2025 年 1 月第 1 次印刷
字　　数	388 000	**定　　价**	42. 00 元

中国人民大学出版社　理工出版分社

教师教学服务说明

中国人民大学出版社理工出版分社以出版经典、高品质的数学、统计学、心理学、物理学、化学、计算机、电子信息、人工智能、环境科学与工程、生物工程、智能制造等领域的各层次教材为宗旨。

为了更好地为一线教师服务，理工出版分社着力建设了一批数字化、立体化的网络教学资源。教师可以通过以下方式获得免费下载教学资源的权限：

- 在中国人民大学出版社网站 www.crup.com.cn 进行注册，注册后进入“会员中心”，在左侧点击“我的教师认证”，填写相关信息，提交后等待审核。我们将在一个工作日内为您开通相关资源的下载权限。

- 如您急需教学资源或需要其他帮助，请加入教师 QQ 群或在工作时间与我们联络。

中国人民大学出版社　理工出版分社

教师 QQ 群：796820641(数据科学与大数据技术)
教师群仅限教师加入，入群请备注（学校+姓名）

联系电话：010-62511967，62511076

电子邮箱：lgcbfs@crup.com.cn

通讯地址：北京市海淀区中关村大街 31 号中国人民大学出版社 802室（100080）